機械学習の数理
100問シリーズ 3

スパース推定
100問
with R

鈴木 譲 著
Joe Suzuki

共立出版

シリーズ序文

機械学習の書籍としておびただしい数の書籍が出版されているが，ななめ読みで終わる，もしくは難しすぎて読めないものが多く，「身につける」という視点で書かれたものは非常に少ないと言ってよい。本シリーズは，100の問題を解くという，演習のスタイルをとりながら，数式を導き，R言語もしくはPythonのソースプログラムを追い，具体的に手を動かしてみて，読者が自分のスキルにしていくことを目的としている。

各巻では，各章でまず解説があり，そのあとに問題を掲載している。解説を読んでから問題を解くこともできるが，すぐに問題から取り組む読み方もできる。その場合，数学の問題において導出の細部がわからなくても，解説に戻ればわかるようになっている。

「機械学習の数理100問シリーズ」は，2018年以降に大阪大学基礎工学部情報科学科数理科学コース，大学院基礎工学研究科の講義でも使われ，また公開講座「機械学習・データ科学スプリングキャンプ」2018, 2019でも多くの参加者に解かれ，高い評価を得ている。また，その間に改良を重ねている。講義やセミナーでフィードバックを受け，洗練されたものだけを書籍のかたちにしている。

プログラム言語も，大学やデータサイエンスで用いられているR言語と企業や機械学習で用いられているPythonの2種類のバージョンを出す。これも本シリーズの特徴の一つである。

本シリーズのそれぞれの書籍を読むことで，機械学習に関する知識が得られることはもちろんだが，脳裏に数学的ロジックを構築し，プログラムを構成して具体的に検証していくという，データサイエンス業界で活躍するための資質が得られる。「数理」「情報」「データ」といった人工知能時代を勝ち抜くための，必須のスキルを身につけるためにうってつけのシリーズ，それが本シリーズである。

まえがき

スパース推定の本質をさぐる

遺伝子解析のように，サンプル数と比較して変数の個数が圧倒的に多い，いわゆるスパースな状況でのデータ解析，それがスパース推定です。最初に，本書がなぜ生まれたのかについて，説明させていただきます。

私がスパース推定を勉強し始めたのは，ちょうど3年前です。2017年，阪大の数学科から現在の職場（基礎工数理）に異動になりました。それまでの研究分野である情報理論とグラフィカルモデルだけでは，学生のニーズに対応しきれないと思い，その年の秋から，学生と *"Statistical Learning with Sparsity"*（T. Hastie, R. Tibshirani, M. Wainwright；「グリーン本」とよばれる有名な書籍です）の輪講をはじめたのがきっかけでした。これはエキスパート向けのモノグラフで，よく知らない人に何か説明するという本ではありません。私は，理解するためにインターネットからダウンロードして，50〜100程度の論文を読みました。普通の大学院生やエンジニアには難しいと思います。読破するには，高いモチベーションが要求されます。並大抵のことではありません。

2018年3月，私は自分が責任者になっている「機械学習・データ科学スプリングキャンプ」という阪大の公開講座に，川野秀一・松井秀俊・廣瀬 慧の3氏を招待しました。当時，3氏による『スパース推定法による統計モデリング』(共立出版) [17] という書籍が出版され，イベントは最高の盛り上がりをみせました。私自身は，同じイベントの別の日に「機械学習の数理100問」というテーマで話をさせていただきました（これは，本書と同じ「機械学習の数理100問シリーズ」の『統計的機械学習の数理100問 with R』として2020年4月に出版されています)。そのときに，次の100問があるとすれば，スパース推定かもしれないと思いました。

そして，2019年4月からの阪大の大学院の講義で，スパース推定に関する演習問題100問を作って学生に解かせました（実際には128問になっていました)。「それらを解けば，グリーン本をスラスラ読める」というような問題を作成しました。理論的（数学的）な問題，ソースプログラムを読む問題が半分ずつになっていて，知識を得ることだけでなく，「機械学習100問シリーズ」の他の書籍と同様，ロジックを脳裏に構築することが目的となっています。

その後，2019年11月に開催した日本行動計量学会主催の秋の行動計量セミナー「スパース推定：手を動かしてみる」，2018年度と2019年度の学部3年のセミナー，2019年度の卒論セミナーでも，その100問を利用し，学生からのフィードバックなどの情報から，より良いものへと改訂を重ねていきました。

書籍出版が現実の話となったのは，2019年12月に「機械学習の数理100問」[16] をシリーズ化するという話になったときでした。私は躊躇なく，「次はスパース推定でお願いします」と共立出版の編集者の方に伝えました。

正直なところ，この書籍を出版するにあたって，かなりの時間と労力を要しています。読者の皆さんが，私と同じ道を辿らずに，効率的にスパース推定を学ぶことができればという思いから，本書が誕生しました。数式の導出やソースプログラムなど，ほぼすべて掲載しているので，セミナーや卒論・修論でスパース推定をイチから知りたいという方には最適かと思います。また，これまで語られていないスパース推定の本質を，可能な限り取り入れました。その意味で，スパース推定の専門の研究者の方でも楽しめるような内容になっています。

本シリーズの特徴

本書というよりは，本シリーズの特徴を以下のようにまとめてみました。

1. 身につける：ロジックを構築する
   数学的に概念を把握し，プログラムを構成して，実行して動作を確認します。そのサイクルを繰り返すことによって，読者の皆さんの脳裏に，「ロジック」を構築していきます。機械学習の知識だけではなく，視点が身につきますので，新しいスパース推定の技術が出現しても追従できます。100 問を解いてから，「大変勉強になりました」と言う学生がほとんどです。

2. お話だけで終わらない：コードがあるのですぐにコードー（行動）に移せる
   機械学習の書籍でソースプログラムがないと，非常に不便です。また，パッケージがあっても，ソースプログラムがないとアルゴリズムの改良ができません。git などでソースが公開されている場合もありますが，MATLAB や Python しかなかったり，十分でない場合もあります。本書では，ほとんどの処理にプログラムのコードが書かれていて，数学がわからなくても，それが何を意味するかを理解できます。

3. 使い方だけで終わらない：大学教授が書いた学術書
   パッケージの使い方や実行例ばかりからなる書籍も，それについてよく知らない人がきっかけを掴めるなどの意味はありますが，手順にしたがって機械学習の処理を実行できても，どのような動作をしているかを理解できないので，満足感として限界があります。本書では，スパース推定の各処理の数学的原理とそれを実現するコードを提示しているので，疑問の生じる余地がありません。本書はどちらかというと，アカデミックで本格的な書籍に属します。

4. 100 問を解く：学生からのフィードバックで改善を重ねた大学の演習問題
   本書の演習問題は，大学の講義で使われ，学生からのフィードバックで改良を重ね，選びぬかれた最適な 100 問になっています。そして，各章の本文はその解説になっていて，本文を読めば，演習問題はすべて解けるようになっています。

5. 書籍内で話が閉じている (self-contained)

   定理の証明などで，詳細は文献○○を参照してください，というように書いてあって落胆した経験はないでしょうか。よほど興味のある読者（研究者など）でない限り，その参考文献をたどって調査する人はいないと思います。本書では，外部の文献を引用するような状況を避けるように，題材の選び方を工夫しています。また，証明は平易な導出にし，難しい証明は各章末の付録においています。本書では，付録まで含めれば，ほぼすべての議論が完結しています。

6. 売りっぱなしではない：ビデオ，オンラインの質疑応答，プログラムファイル

   大学の講義では，slack で 24/365 体制で学生からの質問に回答していますが，本書では Facebook のファンページを利用して，著者・読者で気軽にやりとりできるようになっています。また，各章 10～15 分のビデオを公開しています。さらに，本書にあるプログラムは，git からダウンロードできるようになっています。

7. 線形代数と機械学習の一般知識

   機械学習や統計学を学習するうえでネックになるのが，線形代数です。研究者向きのものを除くと，線形代数の知識を仮定している書籍は少なく，本質に踏み込めないものがほとんどです。そのため，本シリーズ第 1 号の『統計的機械学習の数理 100 問 with R』，『同 with Python』では，第 0 章として「線形代数」という章を用意しています。14 ページしかありませんが，例だけでなく，証明もすべて掲載しています。線形代数をご存知の方はスキップしていただいて結構ですが，自信のない方は休みの日を 1 日使って読まれてもよいかと思います。また，『統計的機械学習の数理 100 問 with R』，『同 with Python』には機械学習の入門的な知識が含まれています。不安な方は，適宜ご覧ください。

謝辞

共立出版の皆様，特に本シリーズの担当編集者の大谷早紀氏には，本書の出版に際して，数式やプログラムのチェックなど多岐にわたりお世話いただいた。また，大阪大学大学院生の新村亮介君，亀井友裕君には，数式やプログラムの論理ミスを厳しく指摘してもらった。さらに，この 3 年の間，スパース推定に関してご助言いただいた川野秀一（電気通信大学），松井秀俊（滋賀大学），廣瀬 慧（九州大学）の 3 氏には，この場を借りて御礼申し上げたい。

目　次

第1章　線形回帰 1

1.1　線形回帰　1
1.2　劣微分　3
1.3　Lasso　6
1.4　Ridge　12
1.5　Lasso と Ridge を比較して　14
1.6　elastic ネット　18
1.7　λの値の設定　21

問題1〜20　*24*

第2章　一般化線形回帰 33

2.1　線形回帰の Lasso の一般化　33
2.2　2値のロジスティック回帰　34
2.3　多値のロジスティック回帰　41
2.4　ポアッソン回帰　45
2.5　生存時間解析　48
付録　命題の証明　55

問題21〜33　*58*

第3章　グループ Lasso 71

3.1　グループ数が1の場合　72
3.2　近接勾配法　76
3.3　グループ Lasso　79
3.4　スパースグループ Lasso　80
3.5　オーバーラップグループ Lasso　82
3.6　目的変数が複数個ある場合のグループ Lasso　84
3.7　ロジスティック回帰におけるグループ Lasso　86
3.8　一般化加法モデルにおけるグループ Lasso　90
付録　命題の証明　92

問題 34〜46 *94*

第 4 章 Fused Lasso 103

4.1 Fused Lasso の適用事例 104
4.2 動的計画法による Fused Lasso の解法 107
4.3 LARS 110
4.4 Lasso の双対問題と一般化 Lasso 113
4.5 ADMM 120
付録 命題の証明 123

問題 47〜61 *128*

第 5 章 グラフィカルモデル 137

5.1 グラフィカルモデル 137
5.2 グラフィカル Lasso 141
5.3 疑似尤度を用いたグラフィカルモデルの推定 148
5.4 Joint グラフィカル Lasso 151
付録 命題の証明 156

問題 62〜75 *158*

第 6 章 行列分解 169

6.1 特異値分解 170
6.2 Eckart-Young の定理 173
6.3 ノルム 176
6.4 低階数近似のスパースの適用 179
付録 命題の証明 182

問題 76〜87 *185*

第 7 章 多変量解析 191

7.1 主成分分析 (1)：SCoTLASS 191
7.2 主成分分析 (2)：SPCA 195
7.3 K-means クラスタリング 198
7.4 凸クラスタリング 202
付録 命題の証明 209

問題 88〜100 *212*

参考文献 223

索 引 225

以下では，実数全体を $\mathbb{R}$ と書き，$n \times m$ の実数成分の行列の集合を $\mathbb{R}^{n\times m}$，$n \times 1$ の実数成分の行列（列ベクトル）の集合を $\mathbb{R}^n$ と書くものとする。また，行列やベクトルの転置は，A^T, b^T のように右上に T を上付きで表記する。

第 1 章　線形回帰

通常の統計学では，サンプル数 N のほうが変数の個数 p より大きい状況を仮定する。そうでないと，線形回帰で最小二乗法の解が求まらなかったり，情報量基準を用いて最適な複数の変数を探そうにも，2^p 個すべての組合せを比較しなくてはならず，計算量的に困難であったりする。

そのような，いわゆるスパースな状況では，線形回帰においても，純粋な二乗誤差ではなく，それに係数の値が大きくならなくするための項（正則化項）を加えた目的関数を最小にすることが多い。その正則化項が係数の **L1** ノルムの定数 λ 倍であるときは **Lasso**，**L2** ノルムの定数 λ 倍であるときは **Ridge** とよぶ。**Lasso** の場合，その定数 λ を大きくしていくと **0** になる係数が出てきて，最終的にすべての係数が **0** になる。その意味で，**Lasso** はモデル選択の役割を担っているといえる。

本章では，**Ridge** と比較しながら，**Lasso** の性質を理解する。さらに，**Ridge** と **Lasso** のよいところを組み合わせた **elastic** ネットの動作について学ぶ。最後に，定数 λ の選び方について学ぶ。

1.1　線形回帰

本章の以下では，$N \geq 1$ および $p \geq 1$ を整数とし，行列 $X \in \mathbb{R}^{N\times p}$ の (i,j) 成分およびベクトル $y \in \mathbb{R}^N$ の第 k 成分をそれぞれ $x_{i,j}$ および y_k と書くものとする。そして X, y から，$\|y-\beta_0-X\beta\|^2$ を最小にする切片 $\beta_0 \in \mathbb{R}$ と傾き $\beta = [\beta_1, \ldots, \beta_p]^T$ を求める。ただし，$z = [z_1, \ldots, z_N]^T$ に対して L2 ノルムを $\|z\| := \sqrt{\sum_{i=1}^N z_i^2}$ と書くものとする。

まず簡単のため，X の第 j 列 $(j = 1, \ldots, p)$ および y が中心化されているものと仮定する。すなわち，各 $j = 1, \ldots, p$ で $\bar{x}_j := \frac{1}{N}\sum_{i=1}^N x_{i,j}$ とおいたときに事前に $x_{i,j}$ から $\bar{x}_j$ が引かれていて，$\bar{x}_j = 0$ となっているとする。同様に，$\bar{y} := \frac{1}{N}\sum_{i=1}^N y_i$ とおいたときに事前に y_i から $\bar{y}$ が引かれていて，$\bar{y} = 0$ となっているとする。このとき，最小二乗法の解 $(\hat{\beta}_0, \hat{\beta})$ のうち，$\hat{\beta}_0$ は 0 となる。実際，

$$0 = \frac{\partial}{\partial \beta_0}\sum_{i=1}^N (y_i - \beta_0 - \sum_{j=1}^p x_{i,j}\beta_j)^2 = -2N(\bar{y} - \beta_0 - \sum_{j=1}^p \bar{x}_j\beta_j) = -2N\beta_0$$

が成立する。そこで以下では，一般性を失うことなく切片 β_0 を 0 と仮定して，議論を進める。

まず，次式の等号が成立することに注意する。

$$\begin{bmatrix} \dfrac{\partial}{\partial \beta_1} \displaystyle\sum_{i=1}^{N}(y_i - \sum_{k=1}^{p} \beta_k x_{i,k})^2 \\ \vdots \\ \dfrac{\partial}{\partial \beta_p} \displaystyle\sum_{i=1}^{N}(y_i - \sum_{k=1}^{p} \beta_k x_{i,k})^2 \end{bmatrix} = -2 \begin{bmatrix} x_{1,1} & \cdots & x_{N,1} \\ \vdots & \ddots & \vdots \\ x_{1,p} & \cdots & x_{N,p} \end{bmatrix} \begin{bmatrix} y_1 - \displaystyle\sum_{k=1}^{p} \beta_k x_{1,k} \\ \vdots \\ y_N - \displaystyle\sum_{k=1}^{p} \beta_k x_{N,k} \end{bmatrix}$$

$$= -2X^T(y - X\beta) \tag{1.1}$$

実際，各辺の第 j 成分は

$$-2\sum_{i=1}^{N} x_{i,j}(y_i - \sum_{k=1}^{p} \beta_k x_{i,k})$$

と書ける。そして，(1.1) の右辺を 0 とおいたときの β は，$X^T X$ が正則のとき，

$$\hat{\beta} = (X^T X)^{-1} X^T y \tag{1.2}$$

と書ける。特に $p = 1$ の場合，X の各列を $x_1, \ldots, x_N$ と書くと，

$$\hat{\beta} = \frac{\sum_{i=1}^{N} x_i y_i}{\sum_{i=1}^{N} x_i^2} \tag{1.3}$$

とできる。中心化をしてもしなくても，得られる傾き $\hat{\beta}$ は同じ値になるが，切片 $\hat{\beta}_0$ は

$$\hat{\beta}_0 = \bar{y} - \sum_{j=1}^{p} \bar{x}_j \hat{\beta}_j \tag{1.4}$$

で求めることができる。ただし，$\bar{x}_j$ $(j = 1, \ldots, p)$, $\bar{y}$ は中心化をする前の算術平均である。

これを R 言語で実現すると，以下のようになる。

```
inner.prod = function(x, y) return(sum(x * y))
linear = function(X, y) {
  n = nrow(X); p = ncol(X)
  X = as.matrix(X); x.bar = array(dim = p); for (j in 1:p) x.bar[j] = mean(X[, j])
  for (j in 1:p) X[, j] = X[, j] - x.bar[j]          ## Xの中心化
  y = as.vector(y); y.bar = mean(y); y = y - y.bar   ## yの中心化
  beta = as.vector(solve(t(X) %*% X) %*% t(X) %*% y)
  beta.0 = y.bar - sum(x.bar * beta)
  return(list(beta = beta, beta.0 = beta.0))
}
```

本書では，スパースな状況，すなわちサンプル数 N と比較して変数の個数 p のほうが大きい状況を想定する。しかしながら，$N < p$ であれば $X^T X$ の逆行列は存在しない。実際，

$$\mathrm{rank}(X^T X) \le \mathrm{rank}(X) \le \min\{N, p\} = N < p$$

より，$X^T X$ は正則ではない。また，X に同じ列が 2 個ある場合にも，$\mathrm{rank}(X) < p$ より逆行列が存在しない。

他方，p の値が大きいと，p 個用意された説明変数から目的変数を説明する変数を実際に選択する際,

$$\{\}, \{1\}, \{2\}, \ldots, \{1, \ldots, p\}$$

の 2^p 個のいずれか（p 変数のそれぞれを選択するかしないかのいずれか）を選ぶ必要がある。そして，情報量基準やクロスバリデーションで変数の組合せを見出す場合に，変数の個数 p に対して指数的な計算量が必要となる。

以下ではそうした問題に対処するために，定数 $\lambda \geq 0$ に対して，β の各成分が大きくなることに対する罰則を $\|y - X\beta\|^2$ に加え,

$$L := \frac{1}{2N}\|y - X\beta\|^2 + \lambda\|\beta\|_1 \tag{1.5}$$

もしくは

$$L := \frac{1}{N}\|y - X\beta\|^2 + \lambda\|\beta\|_2^2 \tag{1.6}$$

の値を最小にする $\beta \in \mathbb{R}^p$ を求める問題を検討する。ただし，$\beta = [\beta_1, \ldots, \beta_p]$ に対して，$\|\beta\|_1 := \sum_{j=1}^p |\beta_j|$ で L1 ノルム，$\|\beta\|_2 := \sqrt{\sum_{j=1}^p \beta_j^2}$ で L2 ノルムをあらわすものとする。具体的には，$X \in \mathbb{R}^{N\times p}$ および $y \in \mathbb{R}^N$ を中心化したものについて，それぞれ (1.5) もしくは (1.6) を最小にする $\hat{\beta} \in \mathbb{R}^p$ を求め（それぞれ Lasso, Ridge とよばれる），最後に (1.4) によって $\hat{\beta}_0$ を求める。

1.2 劣微分

まず，Lasso の処理を検討するために，微分できない関数が含まれる場合の最適化を考える。$f(x) = x^3 - 2x + 1$ のような 1 変数の多項式の関数について極大極小になる x を求めるには，微分して $f'(x) = 0$ とおいた方程式の解を求めればよい。しかし，$f(x) = x^2 + x + 2|x|$ のように絶対値が含まれている場合にはどうすればよいだろうか。そのために，微分の概念を拡張する。

以下の議論では，f が凸であることを仮定する [6, 4]。一般に，任意の $0 < \alpha < 1$ と $x, y \in \mathbb{R}$ について

$$f(\alpha x + (1-\alpha)y) \leq \alpha f(x) + (1-\alpha)f(y)$$

が成立するとき，f は（下に）凸であるという[1)]。たとえば，$f(x) = |x|$ は凸である（図 1.1 左），というのも

$$|\alpha x + (1-\alpha)y| \leq \alpha|x| + (1-\alpha)|y|$$

が成立するからである。実際，両辺とも非負であるため，右辺の二乗から左辺の二乗を引くと，$2\alpha(1-\alpha)(|xy| - xy) \geq 0$ となる。また,

$$f(x) = \begin{cases} 1, & x \neq 0 \\ 0, & x = 0 \end{cases} \tag{1.7}$$

は,

$$f(\alpha \cdot 0 + (1-\alpha)\cdot 1) = 1 > 1 - \alpha = \alpha f(0) + (1-\alpha)f(1)$$

1) 本書では，凸といえば下に凸な関数を意味する。

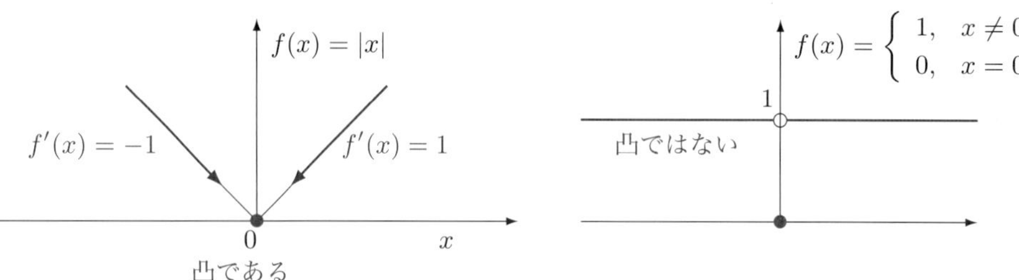

図 1.1　左：$f(x) = |x|$ は凸である。ただし原点では，両方向からの微分係数が一致せず，微分できない。右：概形だけからは判断できないが，凸ではない。

が成立するので凸ではない（図 1.1 右）。さらに，関数 f, g が凸であれば，任意の $\beta, \gamma \geq 0$ に対して関数 $\beta f(x) + \gamma g(x)$ も凸である。実際，

$$\begin{aligned} &\beta\{f(\alpha x + (1-\alpha)y)\} + \gamma\{g(\alpha x + (1-\alpha)y)\} \\ &\leq \alpha\beta f(x) + (1-\alpha)\beta f(y) + \alpha\gamma g(x) + (1-\alpha)\gamma g(y) \\ &= \alpha\{\beta f(x) + \gamma g(x)\} + (1-\alpha)\{\beta f(y) + \gamma g(y)\} \end{aligned}$$

が成り立つ。

そして，凸関数 $f : \mathbb{R} \to \mathbb{R}$ と $x_0 \in \mathbb{R}$ について，任意の $x \in \mathbb{R}$ に対し

$$f(x) \geq f(x_0) + z(x - x_0) \tag{1.8}$$

であるような $z \in \mathbb{R}$ の集合を，f の x_0 における劣微分という。

もし f が x_0 で微分可能であれば，z は $f'(x_0)$ の 1 要素のみからなる集合である[2)]。このことを以下に示す。

まず，凸関数 f が x_0 で微分可能なとき，$f(x) \geq f(x_0) + f'(x_0)(x - x_0)$ が成立する。実際，

$$f(\alpha x + (1-\alpha)x_0) \leq \alpha f(x) + (1-\alpha)f(x_0)$$

を

$$f(x) \geq f(x_0) + \frac{f(x_0 + \alpha(x - x_0)) - f(x_0)}{\alpha(x - x_0)}(x - x_0)$$

のように変形すればよい。$x < x_0$, $x > x_0$ のいずれであっても，

$$\lim_{\alpha \searrow 0} \frac{f(x_0 + \alpha(x - x_0)) - f(x_0)}{\alpha(x - x_0)} = f'(x_0)$$

となるため，上記の式が成り立つ。

また，凸関数 f が x_0 で微分可能なとき，(1.8) を満足する z は $f'(x_0)$ 以外には存在しないことも示せる。実際，$x > x_0$ で (1.8) が成立するためには $\dfrac{f(x) - f(x_0)}{x - x_0} \geq z$ が，$x < x_0$ で (1.8) が成立

2) このような場合，$\{f'(x_0)\}$ というような集合の形ではなく，$f'(x_0)$ というような要素の形で書くものとする。

するためには $\dfrac{f(x)-f(x_0)}{x-x_0} \le z$ が成り立つ必要がある。したがって，z は x_0 における左微分以上かつ右微分以下でなければならない。f は x_0 で微分可能であるため，微分係数はそれらと一致する必要がある。

本書で扱うのは，特に $f(x)=|x|$ で $x_0=0$ の場合である。すなわち，(1.8) が任意の $x\in\mathbb{R}$ において $|x|\ge zx$ となる z の集合である。そのような z は -1 以上 1 以下という区間にあり，

$$\text{任意の } x \text{ で } |x| \ge zx \iff |z| \le 1$$

が成り立つ。これを示してみよう。任意の x で $|x|\ge zx$ であれば，$x>0$ では $z\le 1$ が，$x<0$ では $z\ge -1$ が成り立つことが必要となる。逆に $-1\le z\le 1$ であれば，$zx\le |z||x|\le |x|$ が任意の $x\in\mathbb{R}$ で成立する。

◆ **例 1**　$x<0, x=0, x>0$ で場合分けして，$x^2-3x+|x|, x^2+x+2|x|$ が極小となる x を求める。$x\ne 0$ では通常の微分ができ，$f(x)=|x|$ の $x=0$ での劣微分が $[-1,1]$ である点に注意する。

$$x^2-3x+|x| = \begin{cases} x^2-3x+x, & x\ge 0 \\ x^2-3x-x, & x<0 \end{cases} = \begin{cases} x^2-2x, & x\ge 0 \\ x^2-4x, & x<0 \end{cases}$$

$$(x^2-3x+|x|)' = \begin{cases} 2x-2, & x>0 \\ 2x-3+[-1,1] = -3+[-1,1] = [-4,-2] \not\ni 0, & x=0 \\ 2x-4<0, & x<0 \end{cases}$$

したがって，$x^2-3x+|x|$ は $x=1$ で極小となる（図 1.2 左）。

$$x^2+x+2|x| = \begin{cases} x^2+x+2x, & x\ge 0 \\ x^2+x-2x, & x<0 \end{cases} = \begin{cases} x^2+3x, & x\ge 0 \\ x^2-x, & x<0 \end{cases}$$

$$(x^2+x+2|x|)' = \begin{cases} 2x+3>0, & x>0 \\ 2x+1+2[-1,1] = 1+2[-1,1] = [-1,3] \ni 0, & x=0 \\ 2x-1<0, & x<0 \end{cases}$$

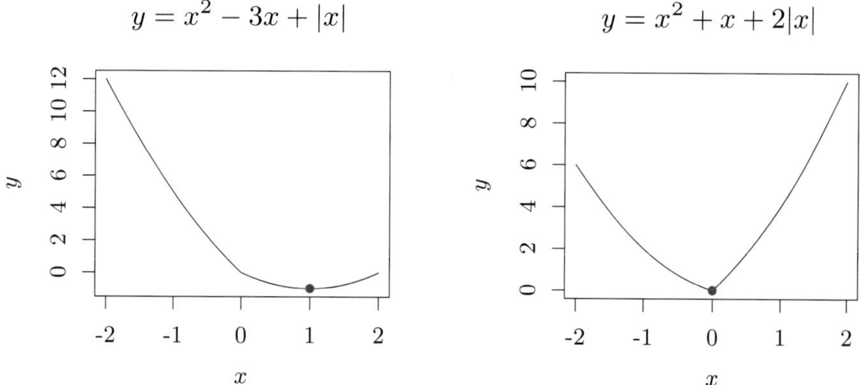

図 1.2　$x^2-3x+|x|$（左）は $x=1$ で極小，$x^2+x+2|x|$（右）は $x=0$ で極小。ともに $x=0$ では微分ができないが，右図では微分できなくても極小になっている。

したがって，$x^2+x+2|x|$ は $x=0$ で極小となる（図1.2右）。作図は以下のコードによった。

```
curve(x ^ 2 - 3 * x + abs(x), -2, 2, main = "y = x^2 - 3x + |x|")
points(1, -1, col = "red", pch = 16)
curve(x ^ 2 + x + 2 * abs(x), -2, 2, main = "y = x^2 + x + 2|x|")
points(0, 0, col = "red", pch = 16)
```

$f(x)=|x|$ の $x=0$ での劣微分が区間 $[-1,1]$ であることが，本節の結論である。

1.3 Lasso

1.1節で述べたように，

$$L := \frac{1}{2N}\|y-X\beta\|^2+\lambda\|\beta\|_1 \tag{1.5}$$

を最小にする問題をLassoという [29]。

(1.5) と (1.6) の定式化を見る限り，係数 β の大きさを抑制するという意味でLassoとRidgeは共通であるが，Lassoは特定の係数だけを非ゼロにする，いわゆる変数選択としての役割をもっている。そのメカニズムをみていこう。

(1.5) において第1項を2で割っているのは，本質的ではない。λ を2倍にすれば等価な定式化が得られる。簡単のため，最初に

$$\frac{1}{N}\sum_{i=1}^{N}x_{i,j}x_{i,k}=\begin{cases}1, & j=k\\ 0, & j\neq k\end{cases} \tag{1.9}$$

を仮定し，$s_j=\dfrac{1}{N}\displaystyle\sum_{i=1}^{N}x_{i,j}y_i$ とおく。こうすると計算が容易になる。

L の β_j に関する劣微分を求めると，

$$0\in -\frac{1}{N}\sum_{i=1}^{N}x_{i,j}\left(y_i-\sum_{k=1}^{p}x_{i,k}\beta_k\right)+\lambda\begin{cases}1, & \beta_j>0\\ [-1,1], & \beta_j=0\\ -1, & \beta_j<0\end{cases} \tag{1.10}$$

が得られる。これはさらに

$$0\in\begin{cases}-s_j+\beta_j+\lambda, & \beta_j>0\\ -s_j+\beta_j+\lambda[-1,1], & \beta_j=0\\ -s_j+\beta_j-\lambda, & \beta_j<0\end{cases}$$

となるので，

$$\beta_j=\begin{cases}s_j-\lambda, & s_j>\lambda\\ 0, & -\lambda\le s_j\le\lambda\\ s_j+\lambda, & s_j<-\lambda\end{cases}$$

と書ける。この右辺は，関数

$$\mathcal{S}_\lambda(x)=\begin{cases}x-\lambda, & x>\lambda\\ 0, & -\lambda\le x\le\lambda\\ x+\lambda, & x<-\lambda\end{cases} \tag{1.11}$$

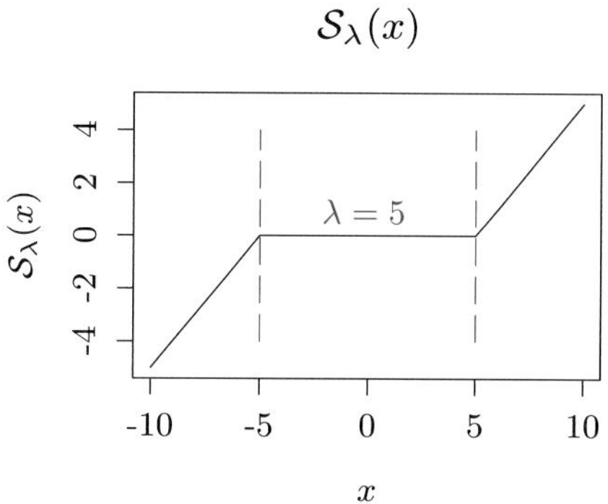

図 **1.3** $\mathcal{S}_\lambda(x)$ の概形。$\lambda = 5$ とした。

を用いてさらに $\beta_j = \mathcal{S}_\lambda(s_j)$ と書ける。$\lambda = 5$ の場合の $\mathcal{S}_\lambda(x)$ の概形を図 1.3 に示す。描画のため，ここでは下記のようなコードを用いている。

```
soft.th = function(lambda, x) return(sign(x) * pmax(abs(x) - lambda, 0))
curve(soft.th(5, x), -10, 10, main = "soft.th(lambda, x)")
segments(-5, -4, -5, 4, lty = 5, col = "blue"); segments(5, -4, 5, 4, lty = 5, col = "blue")
text(-0.2, 1, "lambda = 5", cex = 1.5, col = "red")
```

次に，(1.9) の仮定がない場合にはどのような処理を組めばよいだろうか。(1.10) を

$$0 \in -\frac{1}{N}\sum_{i=1}^{N} x_{i,j}(r_{i,j} - x_{i,j}\beta_j) + \lambda \begin{cases} 1, & \beta_j > 0 \\ [-1, 1], & \beta_j = 0 \\ -1, & \beta_j < 0 \end{cases}$$

として，特に $y_i - \sum_{k \neq j} x_{i,k}\beta_k$ を $r_{i,j}$ に，$\frac{1}{N}\sum_{i=1}^{N} r_{i,j}x_{i,j}$ を s_j に置き換える。そして，β_k $(k \neq j)$ を固定して β_j を更新する。これを $j = 1$ から $j = p$ まで何度も繰り返して収束を待つ（座標降下法）。たとえば以下のような処理を構成できる。

```
linear.lasso = function(X, y, lambda = 0, beta = rep(0, ncol(X))) {
  n = nrow(X); p = ncol(X)
  res = centralize(X, y)    ## 中心化(下記参照)
  X = res$X; y = res$y
  eps = 1; beta.old = beta
  while (eps > 0.001) {     ## このループの収束を待つ
    for (j in 1:p) {
      r = y - as.matrix(X[, -j]) %*% beta[-j]
      beta[j] = soft.th(lambda, sum(r * X[, j]) / n) / (sum(X[, j] * X[, j]) / n)
    }
    eps = max(abs(beta - beta.old)); beta.old = beta
  }
  beta = beta / res$X.sd    ## 各変数の係数を正規化前のものに戻す
  beta.0 = res$y.bar - sum(res$X.bar * beta)
```

```
  return(list(beta = beta, beta.0 = beta.0))
}
```

ここで，中心化してβを求めたあとで$\bar{x}_j$ $(j = 1, \ldots, p)$, $\bar{y}$からβ_0の値を求めている点に注意したい。下記の関数 centralize では，中心化した5個の結果をリストとして出力する。

```
centralize = function(X, y, standardize = TRUE) {
  X = as.matrix(X)
  n = nrow(X); p = ncol(X)
  X.bar = array(dim = p)          ## Xの各列の平均
  X.sd = array(dim = p)           ## Xの各列の標準偏差
  for (j in 1:p) {
    X.bar[j] = mean(X[, j])
    X[, j] = (X[, j] - X.bar[j])  ## Xの各列の中心化
    X.sd[j] = sqrt(var(X[, j]))
    if (standardize == TRUE) X[, j] = X[, j] / X.sd[j]    ## Xの各列の標準化
  }
  if (class(y) == "matrix") {     ## yが行列の場合
    K = ncol(y)
    y.bar = array(dim = K)        ## yの平均
    for (k in 1:K) {
      y.bar[k] = mean(y[, k])
      y[, k] = y[, k] - y.bar[k]  ## yの中心化
    }
  } else {                        ## yがベクトルの場合
    y.bar = mean(y)
    y = y - y.bar
  }
  return(list(X = X, y = y, X.bar = X.bar, X.sd = X.sd, y.bar = y.bar))
}
```

また，Lassoの処理の前で正規化し，処理の後で戻している。これは，正則化がすべての変数に一様に働くことをねらいとしたものである。すなわち，$\hat{\beta}_j$の値がλ以下の場合に0とみなすという処理をしているので，その際に異なる$j = 1, \ldots, p$で差異が生じないようにしている。Xのj列をscale[j]で割っていて，その分β_jの推定値が大きくなるが，β_jの値もscale[j]で割っている。

◆ **例 2**　米国犯罪データ https://web.stanford.edu/~hastie/StatLearnSparsity/data.html をテキストファイル crime.txt に格納し，人口100万人あたりの犯罪率を目的変数として，下記の中から説明変数を選択するためにLassoを行った。

列	説明/目的	変数の意味
1	目的	人口 100 万人あたりの犯罪率
2		(今回は用いない)
3	説明	警察への年間資金
4	説明	25 歳以上で高校を卒業した人の割合
5	説明	16–19 歳で高校に通っていない人の割合
6	説明	18–24 歳で大学生の割合
7	説明	25 歳以上で 4 年制大学を卒業した人の割合

以下の処理により，関数 linear.lasso を呼んで実行した。

```
df = read.table("crime.txt")
x = df[, 3:7]; y = df[, 1]; p = ncol(x); lambda.seq = seq(0, 200, 0.1)
plot(lambda.seq, xlim = c(0, 200), ylim = c(-10, 20), xlab = "lambda", ylab = "beta",
     main = "各 lambda についての各係数の値", type = "n", col = "red")
r = length(lambda.seq)
coef.seq = array(dim = c(r, p))
for (i in 1:r) coef.seq[i, ] = linear.lasso(x, y, lambda.seq[i])$beta
for (j in 1:p) {
  par(new = TRUE); lines(lambda.seq, coef.seq[, j], col = j)
}
legend("topright",
       legend = c("警察への年間資金", "25 歳以上で高校を卒業した人の割合",
                  "16-19 歳で高校に通っていない人の割合", "18-24 歳で大学生の割合",
                  "25 歳以上で 4 年制大学を卒業した人の割合"),
       col = 1:p, lwd = 2, cex = .8)
```

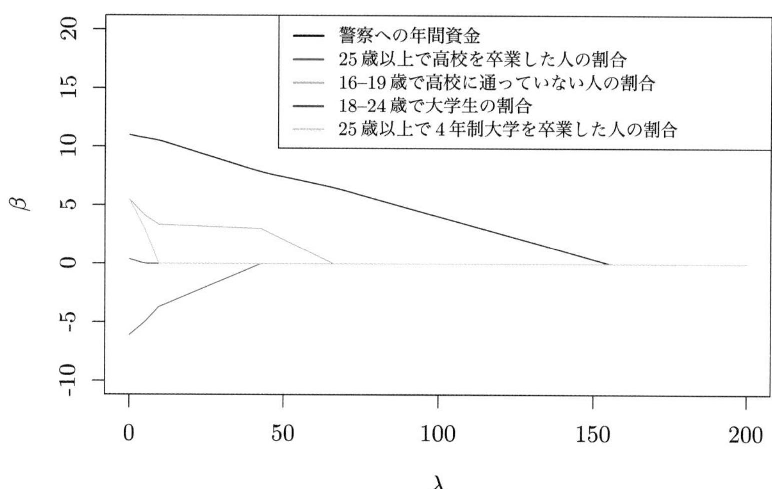

図 1.4 例 2 の実行結果。Lasso の場合でも λ の増加とともに係数が減少するが，ある λ の値から先は係数が 0 になる。0 になるタイミングは変数ごとにまちまちであることがわかる。

図1.4からわかるように，λの増加とともに係数の絶対値は減少するが，各係数それぞれで，あるλから先は値が0になっていることがわかる。つまり，λごとに係数が0でない変数の集合が異なっている。λが大きいほど，選択される変数集合が小さくなっている。

座標降下法では，最初にλの値を大きくしてすべての係数を0にし，λの値を徐々に小さくしていくような処理を組むことが多い。このような手法をwarm startという。これは，すべてのλについての係数βを求めるときに，βの初期値として，隣接しているλに対するβの推定値を用いると効率がよいことによる。たとえば以下のような処理を構成する。

```
warm.start = function(X, y, lambda.max = 100) {
  dec = round(lambda.max / 50); lambda.seq = seq(lambda.max, 1, -dec)
  r = length(lambda.seq); p = ncol(X); coef.seq = matrix(nrow = r, ncol = p)
  coef.seq[1, ] = linear.lasso(X, y, lambda.seq[1])$beta
  for (k in 2:r) coef.seq[k, ] = linear.lasso(X, y, lambda.seq[k], coef.seq[(k - 1), ])$beta
  return(coef.seq)
}
```

◆ **例 3** 例2における各λに対応する係数βの値を，warm startで求めた。

```
crime = read.table("crime.txt"); X = crime[, 3:7]; y = crime[, 1]
coef.seq = warm.start(X, y, 200)
p = ncol(X); lambda.max = 200; dec = round(lambda.max / 50)
lambda.seq = seq(lambda.max, 1, -dec)
plot(log(lambda.seq), coef.seq[, 1], xlab = "log(lambda)", ylab = "係数",
     ylim = c(min(coef.seq), max(coef.seq)), type = "n")
for (j in 1:p) lines(log(lambda.seq), coef.seq[, j], col = j)
```

最初にλの値を十分大きくしてすべてのβ_j $(j = 1, \ldots, p)$を0に設定したあと，λの値を下げながら，座標降下法を実行することを考える。ここで簡単のため，各$j = 1, \ldots, p$について$\sum_{i=1}^N x_{i,j}^2 = 1$であって，$\sum_{i=1}^N x_{i,j}y_i$の値がすべて異なることを仮定する。このとき，$\beta_j = 0\ (j = 1, \ldots, p)$である$\lambda$の最小値は$\lambda = \displaystyle\max_{1 \le j \le p} \left| \frac{1}{N} \sum_{i=1}^N x_{i,j} y_i \right|$で与えられる。実際，それより大きな$\lambda$の値では，すべての$j = 1, \ldots, p$に対して$\beta_j = 0$かつ$r_{i,j} = y_i\ (i = 1, \ldots, N)$であって，

$$-\lambda \le -\frac{1}{N} \sum_{i=1}^N x_{i,j}(r_{i,j} - x_{i,j}\beta_j) \le \lambda$$

が成立する。そして，λを小さくすると，1個のjについて$\frac{1}{N}|\sum_{i=1}^N x_{i,j}(r_{i,j} - x_{i,j}\beta_j)| = \lambda$が成り立つ。また$\beta_k = 0\ (k \neq j)$であるため，さらに小さくすると，当面$r_{i,j} = y_i\ (i = 1, \ldots, N)$が維持されるので，その$j$に関しては$|\frac{1}{N}\sum_{i=1}^N x_{i,j}y_i|$の値が$\lambda$より小さくなる。

Lassoを扱う標準的なRパッケージとして，`glmnet`がよく用いられる[11]。

◆ **例 4 (Boston)** `MASS`パッケージに入っているBostonデータセットに対し，第14列目を目的変数として，それ以外の13変数を説明変数として，同様にグラフを描いた（図1.5）。

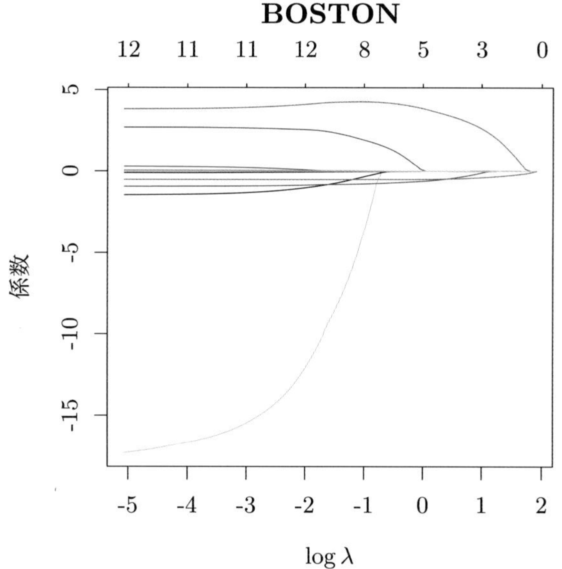

図 1.5 例 4 の実行例。最上段の数字は，非ゼロとして推定されている係数の個数。

```
library(glmnet); library(MASS)
df = Boston; x = as.matrix(df[, 1:13]); y = df[, 14]
fit = glmnet(x, y); plot(fit, xvar = "lambda", main = "BOSTON")
```

列	変数	変数の意味
1	CRIM	町ごとの一人あたりの犯罪率
2	ZN	宅地の比率が 25,000 平方フィートを超える敷地に区画されている
3	INDUS	町あたりの非小売業エーカーの割合
4	CHAS	チャーリーズ川ダミー変数（川の境界にある場合は 1，それ以外の場合は 0）
5	NOX	一酸化窒素濃度（1,000 万分の 1）
6	RM	1 住戸あたりの平均部屋数
7	AGE	1940 年以前に建設された所有占有ユニットの年齢比率
8	DIS	5 つのボストンの雇用センターまでの加重距離
9	RAD	ラジアルハイウェイへのアクセス可能性の指標
10	TAX	10,000 ドルあたりの税全額固定資産税率
11	PTRATIO	生徒と教師の比率
12	BLACK	町における黒人の割合
13	LSTAT	人口あたり地位が低い率
14	MEDV	1,000 ドルでの所有者居住住宅の中央値

ここまでで，Lasso は変数選択としての役割が重要であることを理解することができた。しかし，それではどうして (1.5) を最小にする $\beta \in \mathbb{R}^p$ を求める必要があるのだろうか。なぜ通常の情報量基準のように

$$\frac{1}{2N}\|y - X\beta\|^2 + \lambda\|\beta\|_0 \tag{1.12}$$

を最小にする β を求めてはいけないのだろうか。ここで，$\|\cdot\|_0$ はそのベクトルに含まれる非ゼロ要素の個数である。

Lasso や，次節で述べる Ridge は，最小化すべき式が凸であるというメリットがある。関数が大域的に凸であれば，最小と極小が一致するので効率よく最適解を見出すことができる。逆に (1.12) の最小化は変数の個数 p に対して指数的な時間を要する。実際，(1.7) が凸でないため，$\|\beta\|_0$ は凸にはならない。このため，(1.5) を最小にする $\beta \in \mathbb{R}^p$ を求める必要がある。どのような最適化も，効率のよい探索アルゴリズムが存在してはじめて意味をもつ。

1.4 Ridge

1.1 節において，$X \in \mathbb{R}^{N\times p}$，$y \in \mathbb{R}^N$ について，行列 X^TX が正則であることを仮定し，二乗誤差 $\|y - X\beta\|^2$ を最小にする β が $\hat{\beta} = (X^TX)^{-1}X^Ty$ を満たすことを導いた。

まず，$N \geq p$ であれば行列 X^TX が正則でない可能性は低いが，行列式の値が小さいと，信頼区間が大きくなるなど不都合である。そこで，$\lambda \geq 0$ をある定数として，二乗誤差に β のノルムの λ 倍を加えた

$$L := \frac{1}{N}\|y - X\beta\|^2 + \lambda\|\beta\|_2^2 \tag{1.6}$$

を最小化する方法がよく用いられている。この方法を Ridge とよぶ。L を β で微分すると，

$$0 = -\frac{2}{N}X^T(y - X\beta) + 2\lambda\beta$$

となって，$X^TX + \lambda I$ が正則であれば，

$$\hat{\beta} = (X^TX + N\lambda I)^{-1}X^Ty$$

が得られる。

ここで，$\lambda > 0$ である限り，$N < p$ であったとしても，$X^TX + N\lambda I$ が正則になることが保証される。実際，X^TX は非負定値であるから，固有値 $\mu_1, \ldots, \mu_p$ はすべて非負である。したがって，$X^TX + N\lambda I$ の固有値は

$$\det(X^TX + N\lambda I - tI) = 0 \implies t = \mu_1 + N\lambda, \ldots, \mu_p + N\lambda > 0$$

のように求まり，すべて正であることがわかる。

また，すべての固有値が正であることは，その積である $\det(X^TX + N\lambda I)$ が正，すなわち $X^TX + N\lambda I$ が正則であることを意味する。このことは，p, N の大小にかかわらず成立する。もし $N < p$ であれば，$X^TX \in \mathbb{R}^{p\times p}$ は階数が N 以下であって，正則ではない。したがって，この場合には

$$\lambda > 0 \iff X^TX + N\lambda I \text{ が正則}$$

となる。

Ridge については，たとえば下記のような処理を構成することができる。

```
ridge = function(X, y, lambda = 0) {
```

```
  X = as.matrix(X); p = ncol(X); n = length(y)
  res = centralize(X, y); X = res$X; y = res$y
  ## Ridgeの処理は, 次の1行のみ
  beta = drop(solve(t(X) %*% X + n * lambda * diag(p)) %*% t(X) %*% y)
  beta = beta / res$X.sd  ## 各変数の係数を正規化前のものに戻す
  beta.0 = res$y.bar - sum(res$X.bar * beta)
  return(list(beta = beta, beta.0 = beta.0))
}
```

◆ **例 5** 例 2 と同じ米国犯罪データについて，下記のような処理を行った。各説明変数の係数の大きさを抑制するために，関数 ridge を呼んで実行している。

```
df = read.table("crime.txt")
x = df[, 3:7]; y = df[, 1]; p = ncol(x); lambda.seq = seq(0, 100, 0.1)
plot(lambda.seq, xlim = c(0, 100), ylim = c(-10, 20), xlab = "lambda", ylab = "beta",
     main = "各 lambda についての各係数の値", type = "n", col = "red")
r = length(lambda.seq)
coef.seq = array(dim = c(r, p))
for (i in 1:r) coef.seq[i, ] = ridge(x, y, lambda.seq[i])$beta
for (j in 1:p) {
  par(new = TRUE); lines(lambda.seq, coef.seq[, j], col = j)
}
legend("topright",
       legend = c("警察への年間資金", "25 歳以上で高校を卒業した人の割合",
                  "16-19 歳で高校に通っていない人の割合", "18-24 歳で大学生の割合",
                  "25 歳以上で 4 年制大学を卒業した人の割合"),
       col = 1:p, lwd = 2, cex = .8)
```

図 1.6 に，λ の値とともに各係数がどのように変化するかを図示した。

```
crime = read.table("crime.txt")
X = crime[, 3:7]
y = crime[, 1]
linear(X, y)
```

```
$beta
[1] 10.9806703 -6.0885294  5.4803042  0.3770443  5.5004712
$beta.0
[1] 489.6486
```

```
ridge(X, y)
```

```
$beta
[1] 10.9806703 -6.0885294  5.4803042  0.3770443  5.5004712
$beta.0
[1] 489.6486
```

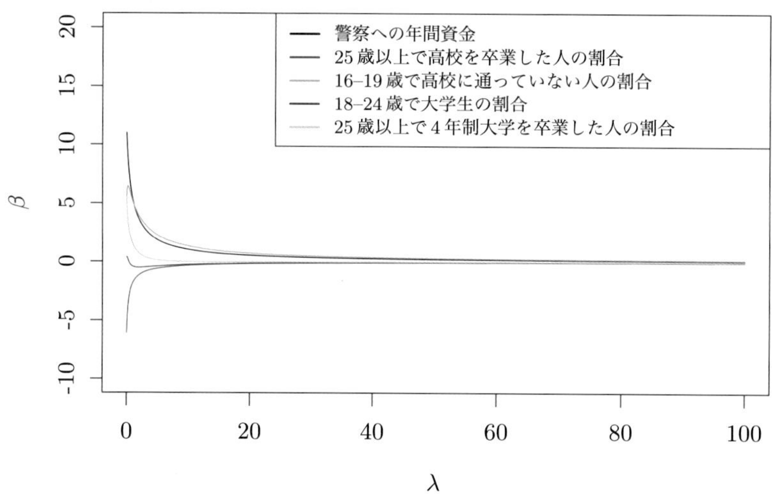

図 1.6 例5の実行例。Ridgeによる各λに対するβの係数の変化。λの値を大きくすると，各係数は減少して0に漸近する。

```
ridge(X, y, 200)
```

```
$beta
[1] 0.056351799 -0.019763974  0.077863094 -0.017121797 -0.007039304
$beta.0
[1] 716.4044
```

1.5 LassoとRidgeを比較して

次に，Lassoの図1.4とRidgeの図1.6を比較してみる。λが大きくなるにつれて各係数の絶対値が減少し，0に近づく点では同じである。しかし，Lassoではλの値がある一定以上になると各係数の値がちょうど0になり，その0になるタイミングが変数ごとに異なる。そのためLassoは変数選択に用いることができる。

数学的な解析も十分に行ってきたが，直感的な意味を幾何学的に把握してみたい。図1.7のような図は，LassoとRidgeを説明するのによく用いられている。

$p=2$とし，$X \in \mathbb{R}^{N\times p}$が$x_{i,1}, x_{i,2}\ (i=1,\ldots,N)$の2列からなっているとしよう。最小二乗法では，$S := \sum_{i=1}^{N}(y_i - \beta_1 x_{i,1} - \beta_2 x_{i,2})^2$を最小にする$\beta_1, \beta_2$を求めていた。それらを$\hat{\beta}_1, \hat{\beta}_2$とおこう。ここで，$\hat{y}_i = x_{i,1}\hat{\beta}_1 + x_{i,2}\hat{\beta}_2$とおけば，

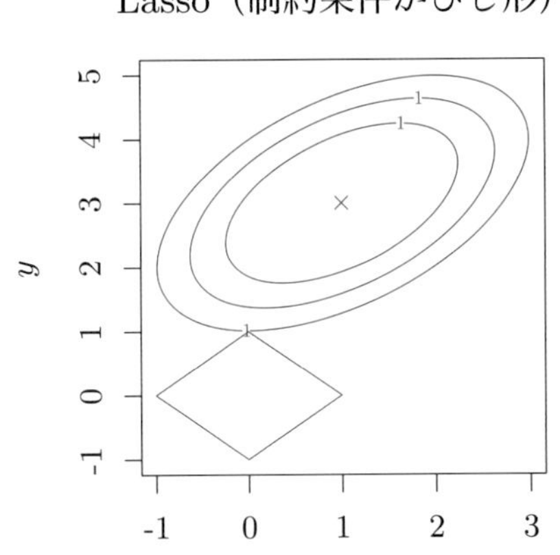

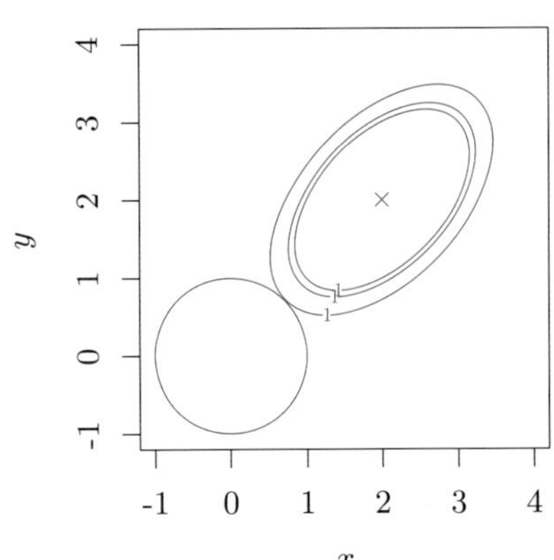

図 1.7 楕円は中心が $(\hat{\beta}_1, \hat{\beta}_2)$ で (1.13) の値が等しい等高線。左図のひし形は L1 正則化の制約式 $|\beta_1| + |\beta_2| \le C'$ であり，右図の円は L2 正則化の制約式 $\beta_1^2 + \beta_2^2 \le C$ である。

$$\sum_{i=1}^{N} x_{i,1}(y_i - \hat{y}_i) = \sum_{i=1}^{N} x_{i,2}(y_i - \hat{y}_i) = 0$$

と書けて，任意の β_1, β_2 について

$$y_i - \beta_1 x_{i,1} - \beta_2 x_{i,2} = y_i - \hat{y}_i - (\beta_1 - \hat{\beta}_1)x_{i,1} - (\beta_2 - \hat{\beta}_2)x_{i,2}$$

であることを用いると，最小にすべき $\sum_{i=1}^{N}(y_i - \beta_1 x_{i,1} - \beta_2 x_{i,2})^2$ が

$$(\beta_1 - \hat{\beta}_1)^2 \sum_{i=1}^{N} x_{i,1}^2 + 2(\beta_1 - \hat{\beta}_1)(\beta_2 - \hat{\beta}_2) \sum_{i=1}^{N} x_{i,1}x_{i,2} + (\beta_2 - \hat{\beta}_2)^2 \sum_{i=1}^{N} x_{i,2}^2 + \sum_{i=1}^{N} (y_i - \hat{y}_i)^2 \quad (1.13)$$

のように書ける。もちろん，$(\beta_1, \beta_2) = (\hat{\beta}_1, \hat{\beta}_2)$ とすれば最小値 (= RSS) が得られる。

しかし，Lasso, Ridge のそれぞれで，(1.5), (1.6) が，$\beta_1^2 + \beta_2^2 \le C$, $|\beta_1| + |\beta_2| \le C'$ という制約を満足するうえで，(1.13) を最小にする (β_1, β_2) の値を求める問題になっていることがわかる（λ が大きいことと C, C' が小さいことが同値になる）。

Lasso の場合，図 1.7 左のようになる。楕円は中心が $(\hat{\beta}_1, \hat{\beta}_2)$ で (1.13) の値が等しい等高線を示している。この楕円の等高線を広げていき，はじめてひし形と接したとき，その (β_1, β_2) が Lasso の解である。ひし形が小さい（λ が大きい）と，ひし形の 4 頂点のいずれかと接することが多くなる。すなわち，β_1, β_2 のいずれかが 0 になる。しかし Ridge の場合，図 1.7 右のように Lasso のひし形が円に置き換えられるため，$\beta_1 = 0$，$\beta_2 = 0$ が生じる確率は低い。

簡単のため，Lasso で楕円が円になる場合を考えてみよう（一般には図 1.8 のように楕円）。このとき，図 1.8 の緑の位置に最小二乗法の解 $(\hat{\beta}_1, \hat{\beta}_2)$ がくれば，$\beta_1 = 0$ または $\beta_2 = 0$ が解となる。そして，ひし形が小さくなる（λ が大きくなる）と，$(\hat{\beta}_1, \hat{\beta}_2)$ が同じでも緑の範囲が大きくなる。これが，Lasso が変数選択の役割を果たす理由になっている。

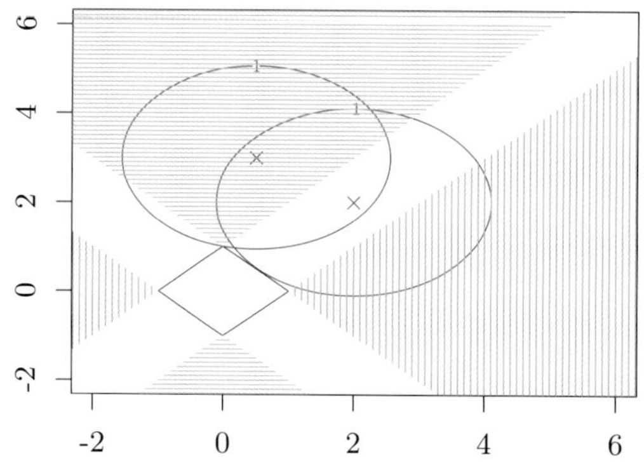

図 1.8 緑の部分は，$\beta_1 = 0, \beta_2 = 0$ のいずれかが解となる楕円の中心 $(\hat{\beta}_1, \hat{\beta}_2)$ の範囲である。

そして，見逃すことができない Ridge のメリットとして共線性がある。これは，説明変数のデータ行列 X に類似の列がある場合，首尾よく動作することである。

$$VIF := \frac{1}{1 - R^2_{X_j|X_{-j}}}$$

で定義される VIF (Variance Inflation Factor) の値が大きいほど，j 番目の列の変数がそれ以外の変数によってよく説明されていることを意味する。ここで，$R^2_{X_j|X_{-j}}$ は X_j を目的変数，それ以外を説明変数としたときの決定係数の二乗をあらわすこととした。

◆ **例 6** Boston データセットの VIF を求めてみると，9 番目の変数 (RAD) および 10 番目の変数 (TAX) の共線性が強いことがわかる。

```
R2 = function(x, y) {
  y.hat = lm(y ~ x)$fitted.values; y.bar = mean(y)
  RSS = sum((y - y.hat) ^ 2); TSS = sum((y - y.bar) ^ 2)
  return(1 - RSS / TSS)
}
vif = function(x) {
  p = ncol(x); values = array(dim = p)
  for (j in 1:p) values[j] = 1 / (1 - R2(x[, -j], x[, j]))
  return(values)
}
library(MASS); x = as.matrix(Boston); vif(x)
```

```
[1] 1.831537 2.352186 3.992503 1.095223 4.586920 2.260374 3.100843
[8] 4.396007 7.808198 9.205542 1.993016 1.381463 3.581585 3.855684
```

通常の線形回帰では，VIF の値が大きいと，推定された係数 $\hat{\beta}$ の値が不安定になり，特に 2 列が完全に一致しているときは推定値が求まらない。また Lasso の場合，2 列が類似しているとき，一方の係数が 0，他方の係数が非ゼロとして推定されることが多い。しかし Ridge の場合，$\lambda > 0$ で

あれば X の列 j, k が一致するときでも推定値が求まり，両者が一致するという性質がある。

実際,

$$L = \frac{1}{N}\sum_{i=1}^{N}(y_i - \sum_{j=1}^{p} x_{i,j}\beta_j)^2 + \lambda\sum_{j=1}^{p}\beta_j^2$$

を β_k, β_l で偏微分して 0 とおく。

$$0 = \begin{cases} -\dfrac{1}{N}\displaystyle\sum_{i=1}^{N} x_{i,k}(y_i - \sum_{j=1}^{p} x_{i,j}\beta_j) + \lambda\beta_k \\ -\dfrac{1}{N}\displaystyle\sum_{i=1}^{N} x_{i,l}(y_i - \sum_{j=1}^{p} x_{i,j}\beta_j) + \lambda\beta_l \end{cases}$$

そして，それらに $x_{i,k} = x_{i,l}$ を代入すると

$$\beta_k = \frac{1}{\lambda N}\sum_{i=1}^{N} x_{i,k}(y_i - \sum_{j=1}^{p} x_{i,j}\beta_j) = \frac{1}{\lambda N}\sum_{i=1}^{N} x_{i,l}(y_i - \sum_{j=1}^{p} x_{i,j}\beta_j) = \beta_l$$

となる。

◆ **例 7** 変数 X_1, X_2, X_3 および X_4, X_5, X_6 のそれぞれで，強い相関をもつデータについて，変数 Y への線形回帰を Lasso で行いたい。下記のような分布にしたがうデータを $N = 500$ 組発生させた。

$$z_1, z_2 \sim N(0,1)$$
$$\begin{cases} x_j = z_1 + \varepsilon_j/5, & j = 1,2,3 \\ x_j = z_2 + \varepsilon_j/5, & j = 4,5,6 \end{cases}$$
$$y := 3z_1 - 1.5z_2 + 2\varepsilon$$

そして，$X \in \mathbb{R}^{N\times p}$, $y \in \mathbb{R}^N$ に対して線形回帰の Lasso を適用した。λ とともに係数がどのように変化するかを，図 1.9 に示した。本来は，類似している変数どうしで類似した係数の値をもつことを期待してもよいが，Lasso ではそのような傾向は示さなかった。

```
n = 500; x = array(dim = c(n, 6)); z = array(dim = c(n, 2))
for (i in 1:2) z[, i] = rnorm(n)
y = 3 * z[, 1] - 1.5 * z[, 2] + 2 * rnorm(n)
for (j in 1:3) x[, j] = z[, 1] + rnorm(n) / 5
for (j in 4:6) x[, j] = z[, 2] + rnorm(n) / 5
glm.fit = glmnet(x, y); plot(glm.fit)
legend("topleft", legend = c("X1", "X2", "X3", "X4", "X5", "X6"), col = 1:6, lwd = 2, cex =
  .8)
```

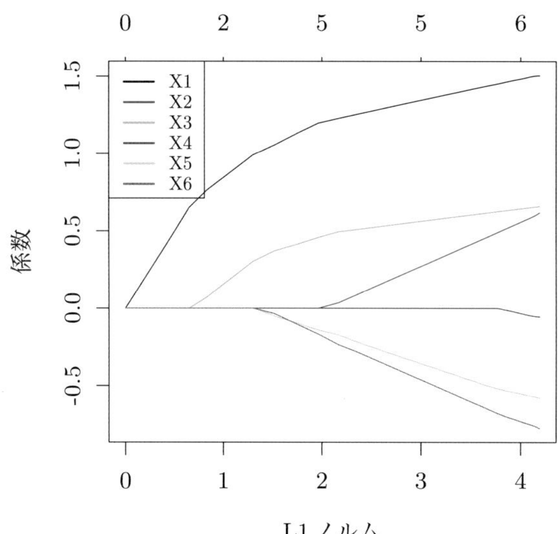

図 1.9 例 7 の実行結果。Lasso の場合，Ridge とは異なり，類似している変数どうしが類似した係数をもたなかった。glmnet パッケージを利用すると，デフォルトでは横軸が L1 ノルムとなる [11]。これは $\sum_{j=1}^p |\beta_j|$ の値を意味し，λ が大きいほど小さくなる。したがって，λ や $\log\lambda$ を横軸にとった場合とは左右逆になる。

1.6 elastic ネット

前節までで，Lasso と Ridge のメリットとデメリットについて議論した。本節では，両者のメリットを活かすために提案された elastic ネットについて学ぶ。具体的には，

$$L := \frac{1}{2N}\|y - X\beta\|_2^2 + \lambda\left\{\frac{1-\alpha}{2}\|\beta\|_2^2 + \alpha\|\beta\|_1\right\} \tag{1.14}$$

を最小にする β を求めることになる。(1.14) を最小にする β_j は，Lasso ($\alpha = 1$) の場合 $\hat{\beta}_j = \dfrac{S_\lambda(\frac{1}{N}\sum_{i=1}^N r_{i,j}x_{i,j})}{\frac{1}{N}\sum_{i=1}^N x_{i,j}^2}$，Ridge ($\alpha = 0$) の場合 $\hat{\beta}_j = \dfrac{\frac{1}{N}\sum_{i=1}^N r_{i,j}x_{i,j}}{\frac{1}{N}\sum_{i=1}^N x_{i,j}^2 + \lambda}$ となる。一般には

$$\hat{\beta}_j = \frac{S_{\lambda\alpha}(\frac{1}{N}\sum_{i=1}^N r_{i,j}x_{i,j})}{\frac{1}{N}\sum_{i=1}^N x_{i,j}^2 + \lambda(1-\alpha)} \tag{1.15}$$

となり，これを elastic ネットという。実際，各 $j = 1, \ldots, p$ について β_j で (1.14) の劣微分をとると，

$$0 \in -\frac{1}{N}\sum_{i=1}^N x_{i,j}(y_i - \sum_{k=1}^p x_{i,k}\beta_k) + \lambda(1-\alpha)\beta_j + \lambda\alpha\begin{cases} 1, & \beta_j > 0 \\ [-1,1], & \beta_j = 0 \\ -1, & \beta_j < 0 \end{cases}$$

$$\Longleftrightarrow\ 0 \in -\frac{1}{N}\sum_{i=1}^N x_{i,j}r_{i,j} + \left\{\frac{1}{N}\sum_{i=1}^N x_{i,j}^2 + \lambda(1-\alpha)\right\}\beta_j + \lambda\alpha\begin{cases} 1, & \beta_j > 0 \\ [-1,1], & \beta_j = 0 \\ -1, & \beta_j < 0 \end{cases}$$

$$\iff \left\{\frac{1}{N}\sum_{i=1}^{N} x_{i,j}^2 + \lambda(1-\alpha)\right\}\beta = \mathcal{S}_{\lambda\alpha}\left(\frac{1}{N}\sum_{i=1}^{N} x_{i,j} r_{i,j}\right)$$

とできる。ただし，$s_j := \dfrac{1}{N}\displaystyle\sum_{i=1}^{N} x_{i,j} r_{i,j}$, $t_j := \dfrac{1}{N}\displaystyle\sum_{i=1}^{N} x_{i,j}^2 + \lambda(1-\alpha)$, $\mu := \lambda\alpha$ として，

$$0 \in -s_j + t_j\beta_j + \mu\begin{cases} 1, & \beta_j > 0 \\ [-1,1], & \beta_j = 0 \\ -1, & \beta_j < 0 \end{cases} \iff t_j\beta_j = \mathcal{S}_\mu(s_j)$$

を用いた。ただし，$\mathcal{S}_\lambda : \mathbb{R}^p \to \mathbb{R}^p$ は，成分ごとに (1.11) の $\mathcal{S}_\lambda$ を施す関数であるものとする。

(1.15) に基づいて elastic ネットの具体的な処理を構成すると，以下のようになる。# の行で引数 α を加えたほか，本質的な差異は ## の 2 行でしかない。

```
linear.lasso = function(X, y, lambda = 0, beta = rep(0, ncol(X)), alpha = 1) {  #
  X = as.matrix(X); n = nrow(X); p = ncol(X); X.bar = array(dim = p)
  for (j in 1:p) {X.bar[j] = mean(X[, j]); X[, j] = X[, j] - X.bar[j]}
  y.bar = mean(y); y = y - y.bar
  scale = array(dim = p)
  for (j in 1:p) {scale[j] = sqrt(sum(X[, j] ^ 2) / n); X[, j] = X[, j] / scale[j]}
  eps = 1; beta.old = beta
  while (eps > 0.001) {
    for (j in 1:p) {
      r = y - as.matrix(X[, -j]) %*% beta[-j]
      beta[j] = soft.th(lambda * alpha,            ##
      sum(r * X[, j]) / n) / (sum(X[, j] * X[, j]) / n +
        lambda * (1 - alpha))                      ##
    }
    eps = max(abs(beta - beta.old)); beta.old = beta
  }
  for (j in 1:p) beta[j] = beta[j] / scale[j]
  beta.0 = y.bar - sum(X.bar * beta)
  return(list(beta = beta, beta.0 = beta.0))
}
```

◆ **例 8** 例 7 の `glm.fit = glmnet(x, y)` に `alpha = 0, 0.25, 0.5, 0.75` のオプションを含めると，図 1.10 のグラフが得られた。$\alpha = 0$ に近いほど，類似の変数に対する係数が類似の値をもち，共線性に対応していることがわかる。

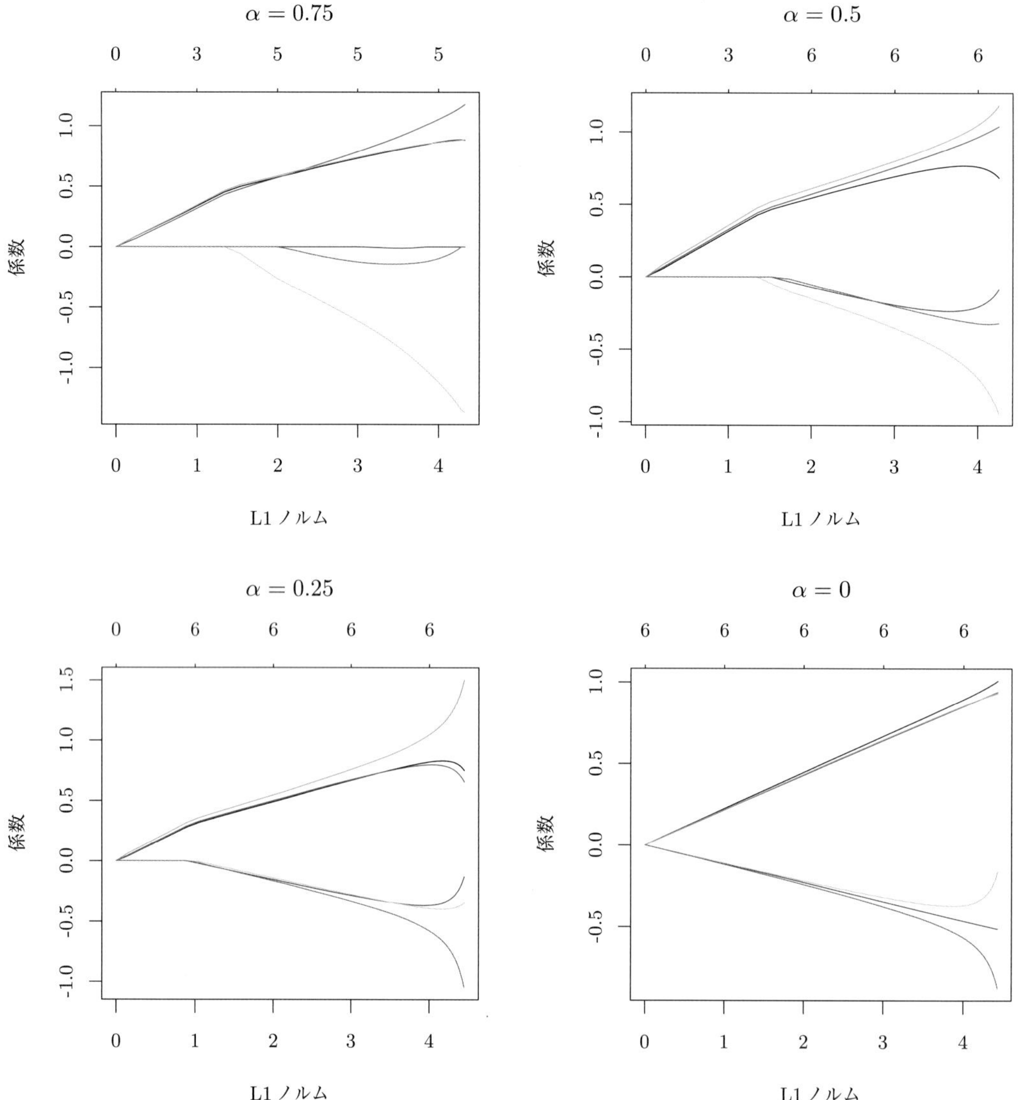

図 1.10　例 8 の実行結果。α の値が 0 に近いほど（Ridge に近いほど），共線性に対応していることがわかる。$\alpha = 1$ (Lasso) の場合に類似の変数の係数を同等に扱わなかったことと対照的である。

1.7 λの値の設定

Lassoの処理では，CRANパッケージ glmnet がよく用いられる。これまで，原理を理解するためにスクラッチから処理を構成していたが，そこに含まれている関数を適用すればよい。

λの値の設定は，クロスバリデーション (CV) を適用することが多い[3)]。

たとえば10-fold CVであれば，各λに対し，9グループでβを推定し，残りの1グループでテストを行って評価する。それを10回繰り返して平均の評価値を得る。そして，その評価値の最も高いλを用いる。関数 cv.glmnet に説明変数と目的変数の観測データを与えると，種々のλの値での評価を行い，評価が最高であったλの値を出力する。

◆ **例 9** 例2，例5で用いた米国犯罪データに関数 cv.glmnet を適用し，最適なλの値を得て，それを用いて通常のLassoを行い，係数βを得た。各λでのテストデータの最小二乗値とその信頼区間も出力できるようになっている（図1.11）。図の最上部にある数値は，そのλで何個の変数の係数が非ゼロであるかをあらわしている。

```
library(glmnet)
df = read.table("crime.txt"); X = as.matrix(df[, 3:7]); y = as.vector(df[, 1])
cv.fit = cv.glmnet(X, y); plot(cv.fit)
lambda.min = cv.fit$lambda.min; lambda.min
```

```
[1] 20.03869
```

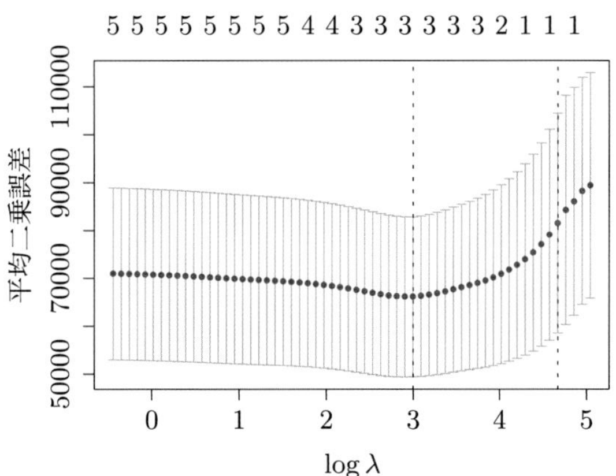

図1.11 例9の実行結果。関数 cv.glmnet を用いて，各λでの評価値（テストデータによる二乗誤差）を得た。これは赤い点で示されている。また，その上下に伸びるのは真の値の信頼区間である。$\log \lambda_{min} = 3$ ($\lambda_{min} = 20$) 前後が最適になっている。図の上にある $5, \ldots, 5, 4, 4, 3, \ldots, 3, 2, 1, 1, 1$ の数値は，係数が非ゼロの変数の個数。

3) 本シリーズ『統計的機械学習の数理100問 with R』第3章を参照のこと。

```
fit = glmnet(X, y, lambda = lambda.min); fit$beta
```

```
5 x 1 sparse Matrix of class "dgCMatrix"
           s0
V3  9.656911
V4 -2.527286
V5  3.229431
V6  .
V7  .
```

elastic ネットの場合，(α, λ) の二重ループのクロスバリデーションを施す。`cv.glmnet` で出力される `cvm` はクロスバリデーションの評価値になる。

◆ **例 10** データを乱数で発生させて，(α, λ) の二重ループのクロスバリデーションを施してみた。

```
n = 500; x = array(dim = c(n, 6)); z = array(dim = c(n, 2))
for (i in 1:2) z[, i] = rnorm(n)
y = 3 * z[, 1] - 1.5 * z[, 2] + 2 * rnorm(n)
for (j in 1:3) x[, j] = z[, 1] + rnorm(n) / 5
for (j in 4:6) x[, j] = z[, 2] + rnorm(n) / 5
best.score = Inf
for (alpha in seq(0, 1, 0.01)) {
  res = cv.glmnet(x, y, alpha = alpha)
  lambda = res$lambda.min; min.cvm = min(res$cvm)
  if (min.cvm < best.score) {alpha.min = alpha; lambda.min = lambda; best.score = min.cvm}
}
alpha.min
```

```
[1] 0.47
```

```
lambda.min
```

```
[1] 0.05042894
```

```
glmnet(x, y, alpha = alpha.min, lambda = lambda.min)$beta
```

```
6 x 1 sparse Matrix of class "dgCMatrix"
            s0
V1  1.0562856
V2  0.9382231
V3  0.9258483
V4 -0.3443867
V5  .
```

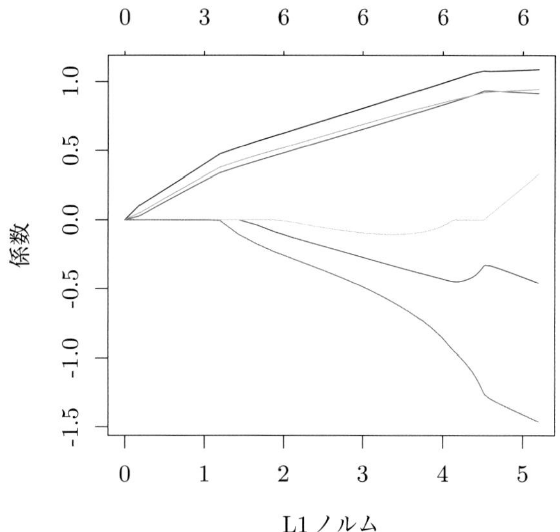

図 1.12　例 7 の 6 変数の係数の推定値。クロスバリデーションの意味で最適な α を選択した。

```
V6  .
```

```
glm.fit = glmnet(x, y, alpha = alpha.min)
plot(glm.fit)
```

クロスバリデーションの意味で最適な α に対する係数の値を，図 1.12 に示す。

問題1〜20

以下では，p 個の説明変数と目的変数の N 組 $(x_{1,1},\ldots,x_{1,p},y_1),\ldots,(x_{N,1},\ldots,x_{N,p},y_N)$ から，切片 β_0 と各変数の傾き $\beta=(\beta_1,\ldots,\beta_p)$ を推定したい。各 $x_{i,j}$ から $\bar{x}_j=\frac{1}{N}\sum_{i=1}^N x_{i,j}$ $(j=1,\ldots,p)$ を引き，各 y_i から $\bar{y}=\frac{1}{N}\sum_{i=1}^N y_i$ を引き，それぞれの平均を0にしてから β を推定する（推定値を $\hat{\beta}$ とする）。最後に $\hat{\beta}_0=\bar{y}-\sum_{j=1}^p \bar{x}_j\hat{\beta}_j$ とする。また，$X=(x_{i,j})_{1\le i\le N,\,1\le j\le p}\in\mathbb{R}^{N\times p}$，$y=(y_i)_{1\le i\le N}\in\mathbb{R}^N$ とおくものとする。

□ **1** 次式の2個の等号が成立することを証明せよ。

$$\begin{bmatrix} \dfrac{\partial}{\partial\beta_1}\displaystyle\sum_{i=1}^N(y_i-\sum_{k=1}^p\beta_k x_{i,k})^2 \\ \vdots \\ \dfrac{\partial}{\partial\beta_p}\displaystyle\sum_{i=1}^N(y_i-\sum_{k=1}^p\beta_k x_{i,k})^2 \end{bmatrix} = -2\begin{bmatrix} x_{1,1} & \cdots & x_{N,1} \\ \vdots & \ddots & \vdots \\ x_{1,p} & \cdots & x_{N,p} \end{bmatrix}\begin{bmatrix} y_1-\displaystyle\sum_{k=1}^p\beta_k x_{1,k} \\ \vdots \\ y_N-\displaystyle\sum_{k=1}^p\beta_k x_{N,k} \end{bmatrix}$$

$$= -2X^T(y-X\beta) \qquad \text{(cf. (1.1))}$$

さらに，X^TX が正則のときに，$\|y-X\beta\|_2^2:=\sum_{i=1}^N(y_i-\sum_{k=1}^p\beta_1 x_{i,k})^2$ を最小にする β が $\hat{\beta}=(X^TX)^{-1}X^Ty$ で与えられることを示せ。ただし，$z=[z_1,\ldots,z_N]^T\in\mathbb{R}^N$ に対して，$\|z\|_2:=\sqrt{z_1^2+\cdots+z_N^2}$ と書くものとする。そして，行列 $X\in\mathbb{R}^{N\times p}$ とベクトル $y\in\mathbb{R}^N$ を入力し，切片の推定値 $\hat{\beta}_0\in\mathbb{R}$ と傾きの推定値 $\hat{\beta}\in\mathbb{R}^p$ を出力する関数 `linear` を，R言語で構成したい。以下の空欄(1),(2)を埋めよ。ただし，X,y を中心化する関数 `centralize` を用いていて，下記3,4行目では X,y が中心化されている。

```
1  linear = function(X, y) {
2    n = nrow(X); p = ncol(X)
3    res = centralize(X, y, standardize = FALSE)
4    X = res$X; y = res$y
5    beta = as.vector(## 空欄(1) ##)
6    beta.0 = ## 空欄(2) ##
7    return(list(beta = beta, beta.0 = beta.0))
8  }
```

□ **2** 関数 $f:\mathbb{R}\to\mathbb{R}$ が（下に）凸であるとして，$x_0\in\mathbb{R}$ について，

$$f(x)\ge f(x_0)+z(x-x_0) \quad (x\in\mathbb{R}) \qquad \text{(cf. (1.8))}$$

が成立する $z\in\mathbb{R}$ の集合（劣微分）を $\partial f(x_0)$ と書くものとする。以下の各関数 f が凸であることを示し，さらに $x_0=0$ における $\partial f(x_0)$ を求めよ。

(a) $f(x)=x$

(b) $f(x)=|x|$

ヒント　任意の $0 < \alpha < 1$ と $x, y \in \mathbb{R}$ について $f(\alpha x + (1-\alpha)y) \le \alpha f(x) + (1-\alpha)f(y)$ が成立するとき，f は凸であるという。(b) では，$|x| \ge zx\ (x \in \mathbb{R}) \iff -1 \le z \le 1$ を示す。

□ **3** (a) 関数 $g(x), h(x)$ が凸であるとき，任意の $\beta, \gamma \ge 0$ について関数 $\beta g(x) + \gamma h(x)$ が凸であることを示せ。

(b) 関数 $f(x) = \begin{cases} 1, & x \neq 0 \\ 0, & x = 0 \end{cases}$ が凸でないことを示せ。

(c) $\beta \in \mathbb{R}^p$ の関数である以下の3式について，凸であるか否かを判別し，その証明を与えよ。

i. $\dfrac{1}{2N}\|y - X\beta\|^2 + \lambda\|\beta\|_0$

ii. $\dfrac{1}{2N}\|y - X\beta\|^2 + \lambda\|\beta\|_1$

iii. $\dfrac{1}{N}\|y - X\beta\|^2 + \lambda\|\beta\|_2^2$

ただし，$\|\cdot\|_0$ で非ゼロ要素の個数，$\|\cdot\|_1$ で各成分の絶対値の和，$\|\cdot\|_2$ で各成分の二乗和の平方根をあらわすものとする。また，$\lambda \ge 0$ とする。

□ **4** 関数 $f : \mathbb{R} \to \mathbb{R}$ が凸であるとして，$x = x_0$ で微分可能のとき，以下の問いに答えよ。

(a) $f(x) \ge f(x_0) + f'(x_0)(x - x_0)$ を示せ。

ヒント　$f(\alpha x + (1-\alpha)x_0) \le \alpha f(x) + (1-\alpha)f(x_0)$ から次式を導いて極限をとる。

$$f(x) \ge f(x_0) + \frac{f(x_0 + \alpha(x - x_0)) - f(x)}{\alpha(x - x_0)}(x - x_0)$$

(b) $\partial f(x_0)$ が f の $x = x_0$ における微分係数のみを要素とする集合になることを示せ。

ヒント　最後は，以下のような導出を行う。

$$\begin{aligned} & f(x) \ge f(x_0) + z(x - x_0) \quad (x \in \mathbb{R}) \\ & \Longrightarrow \begin{cases} \dfrac{f(x) - f(x_0)}{x - x_0} \ge z, & x > x_0 \\ \dfrac{f(x) - f(x_0)}{x - x_0} \le z, & x < x_0 \end{cases} \\ & \Longrightarrow \lim_{x \to x_0 - 0} \frac{f(x) - f(x_0)}{x - x_0} \le z \le \lim_{x \to x_0 + 0} \frac{f(x) - f(x_0)}{x - x_0} \end{aligned}$$

ただし，これだけでは $\{f'(x_0)\}$ か空集合のいずれかの可能性にしぼられたことしか主張できない。

□ **5** 下記の関数の極小値を求めよ。また，R 言語で $-2 \le x \le 2$ の範囲のグラフを描け。

(a) $f(x) = x^2 - 3x + |x|$

(b) $f(x) = x^2 + x + 2|x|$

ヒント　$x < 0,\ x = 0,\ x > 0$ で場合分けを行う。

□ **6** $x \in \mathbb{R}^{N\times p}$ の第 (i,j) 成分と $y \in \mathbb{R}^N$ の第 i 成分をそれぞれ $x_{i,j}, y_i$ と書き，$\lambda \geq 0$ とするとき，

$$L := \frac{1}{2N}\sum_{i=1}^{N}(y_i - \sum_{j=1}^{p}\beta_j x_{i,j})^2 + \lambda\sum_{j=1}^{p}|\beta_j|$$

を最小にする $\beta_1,\ldots,\beta_p$ を求めたい。ただし，

$$\frac{1}{N}\sum_{i=1}^{N}x_{i,j}x_{i,k} = \begin{cases} 1, & j=k \\ 0, & j\neq k \end{cases} \tag{1.16}$$

を仮定し，$s_j = \frac{1}{N}\sum_{i=1}^{N}x_{i,j}y_i$ とおくものとする。$\lambda > 0$ のとき β_k $(k \neq j)$ を定数とみて，L の β_j に関する劣微分を求めよ。また，極小となる β_j を求めよ。

ヒント $\beta_j > 0, \beta_j = 0, \beta_j < 0$ の場合分けに注意する。たとえば $\beta_j = 0$ のとき，$-\beta_j + s_j - \lambda[-1,1] \ni 0$ となるが，これは $-\lambda \leq s_j \leq \lambda$ と同値となる。

□ **7** (a) $\lambda \geq 0$ として，関数 $S_\lambda(x)$ を以下のように定める。

$$S_\lambda(x) := \begin{cases} x-\lambda, & x > \lambda \\ 0, & |x| \leq \lambda \\ x+\lambda, & x < -\lambda \end{cases}$$

この $S_\lambda(x)$ は，関数 $(x)_+ = \max\{x, 0\}$ および

$$\mathrm{sign}(x) = \begin{cases} -1, & x < 0 \\ 0, & x = 0 \\ 1, & x > 0 \end{cases}$$

を用いて，$S_\lambda(x) = \mathrm{sign}(x)(|x|-\lambda)_+$ と書けることを示せ。

(b) (a) の対応を R 言語で書け。ただし，関数名は `soft.th` とする。さらに下記を実行し，関数の動作が正しいことを確認せよ。

```
curve(soft.th(5, x), -10, 10)
```

ヒント 場合分けで関数を定義したり `max` を用いたりすると，R 言語ではグラフを描いてくれない。`sign`，`abs`，`pmax` を用いよ。

□ **8** 問題6の (1.16) の仮定がない場合でも，β_k $(k \neq j)$ を固定したうえで，

$$\begin{cases} r_i := y_i - \displaystyle\sum_{k\neq j}\beta_k x_{i,k} \quad (i = 1,\ldots,n) \\ \beta_j := S_\lambda\left(\displaystyle\frac{1}{n}\sum_{i=1}^{n}x_{i,j}r_i\right)\Bigg/\left(\displaystyle\frac{1}{n}\sum_{i=1}^{n}x_{i,j}^2\right) \end{cases}$$

なる更新を $j = 1,\ldots,p$ に対して順次行って，それを繰り返す方法で $\beta_1,\ldots,\beta_p$ を求めることができる。また，切片を含める場合，最初に中心化を行い，最後に

$$\beta_0 := \bar{y} - \sum_{j=1}^{p}\beta_j\bar{x}_j$$

とすることで，切片 β_0 を求めることができる。ただし，$\bar{x}_j = \dfrac{1}{N}\sum_{i=1}^{n} x_{i,j}$, $\bar{y}_j = \dfrac{1}{N}\sum_{i=1}^{n} y_i$ とおいた。以下の空欄を埋めて，処理を実行せよ。さらに $\lambda = 10, 50, 100$ で，係数が 0 の変数のうち，何個がどのように変わるか調べよ。

ただし，以下の処理は

`https://web.stanford.edu/~hastie/StatLearnSparsity/data.html`

の米国犯罪データをダウンロード[4] して，crime.txt というファイルに格納してから実行せよ[5]。

```
linear.lasso = function(X, y, lambda = 0) {
  X = as.matrix(X); n = nrow(X); p = ncol(X)
  res = centralize(X, y); X = res$X; y = res$y
  eps = 1; beta = rep(0, p); beta.old = rep(0, p)
  while (eps > 0.001) {
    for (j in 1:p) {
      r = ## 空欄(1) ##
      beta[j] = soft.th(lambda, sum(r * X[, j]) / n)
    }
    eps = max(abs(beta - beta.old)); beta.old = beta
  }
  beta = beta / res$X.sd
  beta.0 = ## 空欄(2) ##
  return(list(beta = beta, beta.0 = beta.0))
}
crime = read.table("crime.txt"); X = crime[, 3:7]; y = crime[, 1]
linear.lasso(X, y, 10); linear.lasso(X, y, 50); linear.lasso(X, y, 100)
```

□ **9** Lasso を扱う標準的な R パッケージとして，glmnet がよく用いられる。下記は，米国犯罪データについて，glmnet を用いてスパース推定を行ったものである。

```
library(glmnet)
df = read.table("crime.txt"); x = as.matrix(df[, 3:7]); y = df[, 1]
fit = glmnet(x, y); plot(fit, xvar = "lambda")
```

これにならって，Boston データセット[6] の第 14 列目の変数を目的変数，それ以外の 13 変数を説明変数として，同様のグラフを描け。

---

4) その画面を開き，Ctrl+A ですべて選択して Ctrl+C でコピーし，各自 PC のエディタに新規ファイルをオープンして，Ctrl+V でペースト。

5) R を実行する際には，そのファイルが格納されているディレクトリにアクセスできるようにすること。

6) MASS パッケージをインストールすること。

列	変数	変数の意味
1	CRIM	町ごとの一人あたりの犯罪率
2	ZN	宅地の比率が25,000平方フィートを超える敷地に区画されている
3	INDUS	町あたりの非小売業エーカーの割合
4	CHAS	チャーリーズ川ダミー変数（川の境界にある場合は1，それ以外の場合は0）
5	NOX	一酸化窒素濃度（1,000万分の1）
6	RM	1住戸あたりの平均部屋数
7	AGE	1940年以前に建設された所有占有ユニットの年齢比率
8	DIS	5つのボストンの雇用センターまでの加重距離
9	RAD	ラジアルハイウェイへのアクセス可能性の指標
10	TAX	10,000ドルあたりの税全額固定資産税率
11	PTRATIO	生徒と教師の比率
12	BLACK	町における黒人の割合
13	LSTAT	人口あたり地位が低い率
14	MEDV	1,000ドルでの所有者居住住宅の中央値

□ **10** 座標降下法で，最初にλの値を大きくしてすべての係数を0にし，λの値を徐々に小さくしていく。そして，毎回直前のλでの値を初期値として，次のλの値を計算することを考える (warm start)。この処理を以下のように構成し，米国犯罪データに適用した。空欄を埋めよ。

```
warm.start = function(X, y, lambda.max = 100) {
  dec = round(lambda.max / 50); lambda.seq = seq(lambda.max, 1, -dec)
  r = length(lambda.seq); p = ncol(X); coef.seq = matrix(nrow = r, ncol = p)
  coef.seq[1, ] = linear.lasso(X, y, lambda.seq[1])$beta
  for (k in 2:r) coef.seq[k, ] = ## 空欄 ##
  return(coef.seq)
}
crime = read.table("crime.txt"); X = crime[, 3:7]; y = crime[, 1]
coef.seq = warm.start(X, y, 200)
p = ncol(X)
lambda.max = 200
dec = round(lambda.max / 50)
lambda.seq = seq(lambda.max, 1, -dec)
plot(log(lambda.seq), coef.seq[, 1], xlab = "log(lambda)", ylab = "係数",
     ylim = c(min(coef.seq), max(coef.seq)), type = "n")
for (j in 1:p) lines(log(lambda.seq), coef.seq[, j], col = j)
```

また，λの値を十分大きくとり，すべての変数の係数を初期値0に設定してから座標降下法を実行したい。各jで，$\sum_{i=1}^N x_{i,j}^2 = 1$であり，$\sum_{i=1}^N x_{i,j}y_i$がすべての$j = 1,\ldots,p$で異なるとき，すべての変数の係数が0のまま動かないλの最小値は$\lambda = \max_{1\le j\le p}\left|\frac{1}{N}\sum_{i=1}^N x_{i,j}y_i\right|$で与えられることを示せ。さらに，

```
X = as.matrix(X); y = as.vector(y); cv = cv.glmnet(X, y); plot(cv)
```

を実行せよ。最上部 n の1から5までの数値は，どういう意味か。

□ **11** X^TX の固有値が $\gamma_1,\ldots,\gamma_p$ のとき，X^TX に逆行列が存在しない条件を，それらを用いてあらわせ。また，$X^TX+N\lambda I$ の固有値が $\gamma_1+N\lambda,\ldots,\gamma_p+N\lambda$ となることを示せ。さらに，$\lambda>0$ である限り，$X^TX+N\lambda I$ には逆行列が必ず存在することを示せ。ただし，非負定値の行列の固有値がすべて非負となることは，証明しないで用いてよい。

□ **12** $\lambda\geq 0$ として，

$$\frac{1}{2N}\|y-X\beta\|_2^2+\frac{\lambda}{2}\|\beta\|_2^2:=\frac{1}{2N}\sum_{i=1}^{N}(y_i-\beta_1x_{i,1}-\cdots-\beta_px_{i,p})^2+\frac{\lambda}{2}\sum_{j=1}^{p}\beta_j^2\quad(\text{cf. (1.6)})$$

を最小にする β を求めよ（Ridge 回帰）。

□ **13** 問題1の関数 `linear` に，さらに入力として $\lambda\geq 0$ を加えて，問題12の処理を行うR言語の関数 `ridge` を作成せよ。そして，作成したプログラムを実行して，下記のような実行結果になることを確認せよ。

```
crime = read.table("crime.txt")
X = crime[, 3:7]
y = crime[, 1]
linear(X, y)
```

```
$beta
[1] 10.9806703 -6.0885294  5.4803042  0.3770443  5.5004712
$beta.0
[1] 489.6486
```

関数 `ridge` では以下のように出力される。

```
ridge(X, y)
```

```
$beta
[1] 10.9806703 -6.0885294  5.4803042  0.3770443  5.5004712
$beta.0
[1] 489.6486
```

```
ridge(X, y, 200)
```

```
$beta
[1] 0.056351799 -0.019763974  0.077863094 -0.017121797 -0.007039304
$beta.0
[1] 716.4044
```

□ **14** 下記のコードは，米国犯罪データについて，λ の値を変えながら関数 `ridge` で係数を求め，各変数の係数がどのように変化するかを表示するものである。プログラム中の `lambda.seq` を `log(lambda.seq)` に，横軸に表示される lambda を log(lambda) に変えて，グラフを表示させよ（タイトル部分（`main` の部分）も変更が必要になる）。

```
df = read.table("crime.txt"); x = df[, 3:7]; y = df[, 1]; p = ncol(x)
lambda.max = 3000; lambda.seq = seq(1, lambda.max)
plot(lambda.seq, xlim = c(0, lambda.max), ylim = c(-12, 12),
     xlab = "lambda", ylab = "係数", main = "lambda と係数の変化をみる",
     type = "n", col = "red")                  ## この1文
for (j in 1:p) {
  coef.seq = NULL
  for (lambda in lambda.seq) coef.seq = c(coef.seq, ridge(x, y, lambda)$beta[j])
  par(new = TRUE)
  lines(lambda.seq, coef.seq, col = j)       ## この1文
}
legend("topright",
       legend = c("警察への年間資金", "25 歳以上で高校を卒業した人の割合",
                  "16-19 歳で高校に通っていない人の割合",
                  "18-24 歳で大学生の割合",
                  "25 歳以上で 4 年制大学を卒業した人の割合"),
       col = 1:p, lwd = 2, cex = .8)
```

□ **15** $x_{i,1}, x_{i,2}, y_i \in \mathbb{R}\,(i=1,\ldots,N)$ が与えられたときに，$S := \sum_{i=1}^N (y_i - \beta_1 x_{i,1} - \beta_2 x_{i,2})^2$ を最小にする β_1, β_2 を $\hat{\beta}_1, \hat{\beta}_2$ とおき，$\hat{\beta}_1 x_{i,1} + \hat{\beta}_2 x_{i,2}$ を $\hat{y}_i$ とおく $(i=1,\ldots,N)$。

(a) 以下の2式が成立することを示せ。

i. $\displaystyle\sum_{i=1}^N x_{i,1}(y_i - \hat{y}_i) = \sum_{i=1}^N x_{i,2}(y_i - \hat{y}_i) = 0$

ii. 任意の β_1, β_2 について，

$$y_i - \beta_1 x_{i,1} - \beta_2 x_{i,2} = y_i - \hat{y}_i - (\beta_1 - \hat{\beta}_1)x_{i,1} - (\beta_2 - \hat{\beta}_2)x_{i,2}$$

また，任意の β_1, β_2 について，$\displaystyle\sum_{i=1}^N (y_i - \beta_1 x_{i,1} - \beta_2 x_{i,2})^2$ が次のように書けることを示せ。

$$(\beta_1-\hat{\beta}_1)^2\sum_{i=1}^N x_{i,1}^2 + 2(\beta_1-\hat{\beta}_1)(\beta_2-\hat{\beta}_2)\sum_{i=1}^N x_{i,1}x_{i,2} + (\beta_2-\hat{\beta}_2)^2\sum_{i=1}^N x_{i,2}^2 + \sum_{i=1}^N (y_i-\hat{y}_i)^2$$

(cf. (1.13))

(b) $\sum_{i=1}^N x_{i,1}^2 = \sum_{i=1}^N x_{i,2}^2 = 1$，$\sum_{i=1}^N x_{i,1}x_{i,2} = 0$ の場合を考える。通常の最小二乗法では，$\beta_1 = \hat{\beta}_1$，$\beta_2 = \hat{\beta}_2$ のように選ぶ。しかし，$|\beta_1| + |\beta_2|$ が一定値以下であるという制約のもとでは，中心が $(\hat{\beta}_1, \hat{\beta}_2)$ で半径ができるだけ小さい円上の点で，その正方形の内部にある点を (β_1, β_2) とせざるを得ない。$(1,0), (0,1), (-1,0), (0,-1)$ を結ぶ正方形およびその外側の点 $(\hat{\beta}_1, \hat{\beta}_2)$ を固定し，$(\hat{\beta}_1, \hat{\beta}_2)$ を中心とする円の半径

を大きくして，円と正方形が接するとき，接点の座標のいずれか一方の値が0になるような$(\hat{\beta}_1, \hat{\beta}_2)$の範囲を図示せよ。

(c) (b)において，一方が正方形ではなく，半径1の円の場合（円と円が接する場合）にはどのようになるか。

□ **16** p個の説明変数に関するN個のサンプルで構成される行列Xについて，ある2列のN個の値が等しいとき，$\lambda > 0$としてRidge回帰を適用すると，その推定される係数の値が等しくなることを示せ。

ヒント

$$L = \frac{1}{N}\sum_{i=1}^{N}(y_i - \beta_0 - \sum_{j=1}^{p} x_{i,j}\beta_j)^2 + \lambda\sum_{j=1}^{p}\beta_j^2$$

となる。これをβ_k, β_lで偏微分すると，$-\frac{1}{N}\sum_{i=1}^{N} x_{i,k}(y_i - \beta_0 - \sum_{j=1}^{p} x_{i,j}\beta_j) + \lambda\beta_k$および$-\frac{1}{N}\sum_{i=1}^{N} x_{i,l}(y_i - \beta_0 - \sum_{j=1}^{p} x_{i,j}\beta_j) + \lambda\beta_l$がともに0になる。それらに$x_{i,k} = x_{i,l}$を代入する。

□ **17** 変数X_1, X_2, X_3およびX_4, X_5, X_6のそれぞれで，強い相関をもつデータについて，変数Yへの線形回帰をLassoで行いたい。以下のような分布にしたがうデータを$N = 500$組発生させ，$X \in \mathbb{R}^{N\times p}$, $y \in \mathbb{R}^N$に対して線形回帰のLassoを適用する。

$$z_1, z_2 \sim N(0,1)$$

$$\begin{cases} x_j = z_1 + \varepsilon_j/5, & j = 1,2,3 \\ x_j = z_2 + \varepsilon_j/5, & j = 4,5,6 \end{cases}$$

$$y := 3z_1 - 1.5z_2 + 2\varepsilon$$

下記の空欄(1), (2)を埋めて，λとともに係数がどのように変化するかを図示せよ。

```
n = 500; x = array(dim = c(n, 6)); z = array(dim = c(n, 2))
for (i in 1:2) z[, i] = rnorm(n)
y = ## 空欄(1) ##
for (j in 1:3) x[, j] = z[, 1] + rnorm(n) / 5
for (j in 4:6) x[, j] = z[, 2] + rnorm(n) / 5
glm.fit = glmnet(## 空欄(2) ##); plot(glm.fit)
```

□ **18** 通常のLassoやRidgeではなく，

$$\frac{1}{2N}\|y - \beta_0 - X\beta\|_2^2 + \lambda\left\{\frac{1-\alpha}{2}\|\beta\|_2^2 + \alpha\|\beta\|_1\right\} \qquad \text{(cf. (1.14))} \qquad (1.17)$$

を最小にするβ_0, βを求めたい（X, yを中心化して，まず$\beta_0 = 0$とし，あとで戻すものとする)。(1.14) を最小にする β_j は，Lasso ($\alpha=1$) の場合 $\hat{\beta}_j = \dfrac{S_\lambda(\frac{1}{N}\sum_{i=1}^N r_{i,j}x_{i,j})}{\frac{1}{N}\sum_{i=1}^N x_{i,j}^2}$,
Ridge ($\alpha=0$) の場合 $\hat{\beta}_j = \dfrac{\frac{1}{N}\sum_{i=1}^N r_{i,j}x_{i,j}}{\frac{1}{N}\sum_{i=1}^N x_{i,j}^2+\lambda}$ となり，一般には

$$\hat{\beta}_j = \frac{S_{\lambda\alpha}(\frac{1}{N}\sum_{i=1}^N r_{i,j}x_{i,j})}{\frac{1}{N}\sum_{i=1}^N x_{i,j}^2+\lambda(1-\alpha)} \qquad \text{(cf. (1.15))} \tag{1.18}$$

となる (elastic ネット)。β_j で (1.17) の劣微分をとり，以下の三つの式を順次証明することによって，(1.18) を証明せよ。ただし，x_j で行列 X の第 j 列をさすものとする。

i. $0 \in -\dfrac{1}{N}X^T(y-X\beta)+\lambda(1-\alpha)\beta_j+\lambda\alpha\begin{cases}1, & \beta_j>0\\ [-1,1], & \beta_j=0\\ -1, & \beta_j<0\end{cases}$

ii. $0 \in -\dfrac{1}{N}\displaystyle\sum_{i=1}^N x_{i,j}r_{i,j}+\left\{\dfrac{1}{N}\sum_{i=1}^N x_{i,j}^2+\lambda(1-\alpha)\right\}\beta_j+\lambda\alpha\begin{cases}1, & \beta_j>0\\ [-1,1], & \beta_j=0\\ -1, & \beta_j<0\end{cases}$

iii. $\left\{\dfrac{1}{N}\displaystyle\sum_{i=1}^N x_{i,j}^2+\lambda(1-\alpha)\right\}\beta = \mathcal{S}_{\lambda\alpha}\left(\dfrac{1}{N}\sum_{i=1}^N x_{i,j}r_{i,j}\right)$

また，問題8の `linear.lasso` を修正して，関数のデフォルトの引数として `alpha = 1` を設定し，(1.18) で置き換えて関数を一般化せよ。さらに，$1-\alpha$ を $\sqrt{\sum_{i=1}^N(y_i-\bar{y})^2/N}$ で割った値に修正せよ (`glmnet` ではそのような正規化を行っている)。

□ **19** 問題17の `glm.fit = glmnet(x, y)` に `alpha = 0.3` のオプションを含めて出力せよ。また，`alpha = 0` (Ridge)，`alpha = 1` (Lasso) とした場合でどのような差異があるか。

□ **20** elastic ネットでも，最適な α を選択する必要がある。下記のプログラムで，`glmnet` 関数の `cvm` 属性は，特定の α の値に対する各 λ の値に対応する二乗誤差を保持している。そして，その値を最小にする λ での二乗誤差をその α の二乗誤差としていて，その値を最小にする α の値を求めている。得られた α に関して，問題17と同様の図を出力せよ。

```
alpha = seq(0.01, 0.99, 0.01); m = length(alpha); mse = array(dim = m)
for (i in 1:m) {cvg = cv.glmnet(x, y, alpha = alpha[i]); mse[i] = min(cvg$cvm)}
best.alpha = alpha[which.min(mse)]; best.alpha
cva = cv.glmnet(x, y, alpha = best.alpha)
best.lambda = cva$lambda.min; best.lambda
```

第2章　一般化線形回帰

本章では，ロジスティック回帰（二項および多項），ポアッソン回帰，**Cox** 回帰など，いわゆる一般化線形回帰とよばれている問題を検討する。これらは，尤度最大の定式化を行い，**Newton** 法を適用することによって解くことができる。推定すべきパラメータで微分して，最小化すべき値の **1** 回微分を **0** とする方程式の解を求めることになる。

最尤法の解は，一般には有限の値をもたず，**Newton** 法を用いても収束する保証がない。しかし，**Lasso** を適用すると，変数を選択できるだけではなく，λ を大きくすれば収束しやすくなる。

2.1　線形回帰の Lasso の一般化

第1章では，$X \in \mathbb{R}^{N\times p}$, $y \in \mathbb{R}^N$ を中心化して切片 $\beta_0 \in \mathbb{R}$ を消去したうえで，$\lambda \geq 0$ に対して，

$$\frac{1}{2N}\|y - X\beta\|^2 + \lambda\|\beta\|_1$$

を最小にする β を求めた。本節では，本章の準備として，$W \in \mathbb{R}^{N\times N}$ を正定値行列として，

$$L_0 := \frac{1}{2N}(y - \beta_0 - X\beta)^T W(y - \beta_0 - X\beta)$$

の線形回帰の Lasso 解を求める。そのために，X の各列および y を中心化して，β_0 を消去する。具体的に，$i = 1,\ldots,N$ に対して，重み $W = (w_{i,j})$ を考慮した中心化

$$\left\{\begin{array}{l} \bar{X}_k := \dfrac{\sum_{i=1}^N \sum_{j=1}^N w_{i,j}x_{j,k}}{\sum_{i=1}^N \sum_{j=1}^N w_{i,j}}, \quad k = 1,\ldots,p \\ \bar{y} := \dfrac{\sum_{i=1}^N \sum_{j=1}^N w_{i,j}y_j}{\sum_{i=1}^N \sum_{j=1}^N w_{i,j}} \end{array}\right.$$

$$\left\{\begin{array}{ll} x_{i,k} \leftarrow x_{i,k} - \bar{X}_k, & i = 1,\ldots,N,\ k = 1,\ldots,p \\ y_i \leftarrow y_i - \bar{y}, & i = 1,\ldots,N \end{array}\right.$$

を行うと，$\sum_{i=1}^N \sum_{j=1}^N w_{i,j}y_j = 0$ および $\sum_{i=1}^N \sum_{j=1}^N w_{i,j}x_{i,k} = 0$ が成立し，

$$\frac{\partial L_0}{\partial \beta_0} = -\frac{1}{N}W(y - \beta_0 - X\beta)$$

$$= -\frac{1}{N}\begin{bmatrix} \sum_{j=1}^N w_{1,j}y_j - \beta_0\sum_{j=1}^N w_{1,j} - \sum_{j=1}^N w_{1,j}\sum_{k=1}^p x_{j,k}\beta_k \\ \vdots \\ \sum_{j=1}^N w_{N,j}y_j - \beta_0\sum_{j=1}^N w_{N,j} - \sum_{j=1}^N w_{N,j}\sum_{k=1}^p x_{j,k}\beta_k \end{bmatrix} = \begin{bmatrix} 0 \\ \vdots \\ 0 \end{bmatrix}$$

のすべての行を加えて得られる解

$$\hat{\beta}_0 = \bar{y} - \sum_{k=1}^p \bar{X}_k\hat{\beta}_k \tag{2.1}$$

が0となる。そのような中心化を施したあとで，

$$L(\beta) := \frac{1}{2N}(y - X\beta)^T W(y - X\beta) + \lambda\|\beta\|_1$$

の最小化をはかる。W を $W = M^T M$ というように Cholesky 分解し，$V := MX$, $u := My$ とおくと，

$$L(\beta) = \frac{1}{2N}\|u - V\beta\|_2^2 + \lambda\|\beta\|_1$$

と書ける。そして，得られた $\hat{\beta}$ および (2.1) から，$\hat{\beta}_0$ が得られる。

この手順を，R 言語のプログラムとして以下に示す。

```
W.linear.lasso = function(X, y, W, lambda = 0) {
  n = nrow(X); p = ncol(X); X.bar = array(dim = p)
  for (k in 1:p) {
    X.bar[k] = sum(W %*% X[, k]) / sum(W)
    X[, k] = X[, k] - X.bar[k]
  }
  y.bar = sum(W %*% y) / sum(W); y = y - y.bar
  L = chol(W)
  # L = sqrt(W)
  u = as.vector(L %*% y); V = L %*% X
  beta = linear.lasso(V, u, lambda)$beta
  beta.0 = y.bar - sum(X.bar * beta)
  return(c(beta.0, beta))
}
```

関数 `W.linear.lasso` への入力の `X` は変数の個数 p だけの列をもち，関数の戻り値は傾きと切片からなるリストではなく，切片を先頭においた長さ $p+1$ のベクトルである。

Cholesky 分解は，N に対して $O(N^3)$ の計算時間がかかる。また，N が大きすぎるとエラーになる。ただ，本章で扱う問題の多くは W が正の成分をもつ対角行列である。この場合，プログラム中の `L = chol(W)` を `L = diag(sqrt(W))` としてもよい。また，スパースという問題設定から，N は p と比較してそれほど大きくはないと仮定している。

2.2 2値のロジスティック回帰

Y を $\{0, 1\}$ の値をとる確率変数とする。また，各 $x \in \mathbb{R}^p$（行ベクトル）に対し，その生起確率 $P(Y = 1 \mid x)$ について

$$\log \frac{P(Y=1 \mid x)}{P(Y=0 \mid x)} = \beta_0 + x\beta \tag{2.2}$$

となるような $\beta_0 \in \mathbb{R}$ および $\beta = [\beta_1, \ldots, \beta_p] \in \mathbb{R}^p$ が存在することを仮定する。これは2値のロジスティック回帰である。このとき，(2.2) は

$$P(Y=1 \mid x) = \frac{\exp(\beta_0 + x\beta)}{1 + \exp(\beta_0 + x\beta)} \tag{2.3}$$

と書ける。

◆ **例 11**　$p = 1$, $\beta_0 = 0$ として，種々の $\beta \in \mathbb{R}$ に対し，(2.3) の右辺の分布の概形を描いてみた。$\beta > 0$ の値が大きくなると，$x = 0$ で $P(Y = 1 \mid x)$ の値が 0 付近から 1 付近まで急に大きくなる。この様子を図 2.1 に示す。

```
f = function(x) return(exp(beta.0 + beta * x) / (1 + exp(beta.0 + beta * x)))
beta.0 = 0; beta.seq = c(0, 0.2, 0.5, 1, 2, 10)
m = length(beta.seq)
beta = beta.seq[1]
plot(f, xlim = c(-10, 10), ylim = c(0, 1), xlab = "x", ylab = "y",
     col = 1, main = "ロジスティック曲線")
for (i in 2:m) {
  beta = beta.seq[i]
  par(new = TRUE)
  plot(f, xlim = c(-10, 10), ylim = c(0, 1), xlab = "", ylab = "", axes = FALSE, col = i)
}
legend("topleft", legend = beta.seq, col = 1:length(beta.seq), lwd = 2, cex = .8)
par(new = FALSE)
```

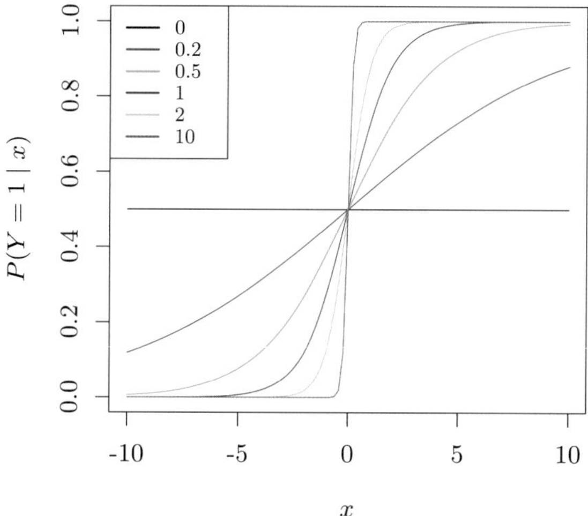

図 2.1　例 11 の実行結果。$\beta_0 = 0$ として，β を変えながら (2.3) のグラフを描いてみた。

また，$Y \to 2Y-1$ として，Y が $\{-1,1\}$ の値をとるようにすると，分布が

$$P(Y=y \mid x) = \frac{1}{1+\exp\{-y(\beta_0+x\beta)\}} \tag{2.4}$$

と書ける。そして，(2.2) で $x \in \mathbb{R}^p$ と $Y \in \{-1,1\}$ の実現値が (x_i, y_i) $(i=1,\ldots,N)$ であるとき，尤度は $\displaystyle\prod_{i=1}^N \frac{1}{1+e^{-y_i(\beta_0+x_i\beta)}}$ で与えられる。実際，

$$P(Y=1 \mid x_i) = \frac{e^{\beta_0+x_i\beta}}{1+e^{\beta_0+x_i\beta}} = \frac{1}{1+e^{-(\beta_0+x_i\beta)}},\quad P(Y=-1 \mid x_i) = \frac{1}{1+e^{\beta_0+x_i\beta}}$$

の積 $(i=1,\ldots,N)$ になる。

以下では見通しをよくするために，尤度の最大化を尤度のマイナス対数 L の最小化と同一視する。

$$L := \frac{1}{N}\sum_{i=1}^N \log(1+\exp\{-y_i(\beta_0+x_i\beta)\}) \tag{2.5}$$

ここで，$v_i := \exp\{-y_i(\beta_0+x_i\beta)\}$ とおく。

$$u = \begin{bmatrix} \dfrac{y_1 v_1}{1+v_1} \\ \vdots \\ \dfrac{y_N v_N}{1+v_N} \end{bmatrix}$$

とすると，第 j 成分が $\dfrac{\partial L}{\partial \beta_j}$ $(j=0,1,\ldots,p)$ となるベクトル $\nabla L \in \mathbb{R}^{p+1}$ は，$\nabla L = -\dfrac{1}{N}X^T u$ と書ける。ただし，$X \in \mathbb{R}^{N\times(p+1)}$ は，各行を x_i $(i=1,\ldots,N)$ とした行列の左側にすべて 1 の列を加えた行列であるものとする。実際，$\dfrac{\partial L}{\partial \beta_j} = -\dfrac{1}{N}\displaystyle\sum_{i=1}^N x_{i,j} y_i \frac{v_i}{1+v_i}$ $(j=0,1,\ldots,p)$ が成立する。

また，

$$W = \begin{bmatrix} \dfrac{v_1}{(1+v_1)^2} & \cdots & 0 \\ \vdots & \ddots & \vdots \\ 0 & \cdots & \dfrac{v_N}{(1+v_N)^2} \end{bmatrix} \quad (\text{対角行列})$$

とすると，第 (j,k) 成分が $\dfrac{\partial^2 L}{\partial \beta_j \beta_k}$ $(j,k=0,1,\ldots,p)$ となる行列 $\nabla^2 L$ は，$\nabla^2 L = \dfrac{1}{N}X^T W X$ と書ける。実際，

$$\begin{aligned}\frac{\partial^2 L}{\partial \beta_j \partial \beta_k} &= -\frac{1}{N}\sum_{i=1}^N x_{i,j} y_i \frac{\partial v_i}{\partial \beta_k}\frac{1}{(1+v_i)^2} = -\frac{1}{N}\sum_{i=1}^N x_{i,j} y_i (-y_i x_{i,k}) \frac{v_i}{(1+v_i)^2} \\ &= \frac{1}{N}\sum_{i=1}^N x_{i,j} x_{i,k} \frac{v_i}{(1+v_i)^2} \quad (j,k=0,1,\ldots,p)\end{aligned}$$

が成立する。ここで，$y_i^2=1$ を用いた。

次に，尤度を最大にするロジスティック回帰の係数を推定するために，(β_0,β) の初期値を与え，$\nabla L(\beta_0,\beta)=0$ の解を求める Newton 法の漸化式

$$\begin{bmatrix} \beta_0 \\ \beta \end{bmatrix} \leftarrow \begin{bmatrix} \beta_0 \\ \beta \end{bmatrix} - \{\nabla^2 L(\beta_0,\beta)\}^{-1}\nabla L(\beta_0,\beta) \tag{2.6}$$

を繰り返し適用することを考える。ここで，$z = X \begin{bmatrix} \beta_0 \\ \beta \end{bmatrix} + W^{-1}u$ とおくとき，

$$
\begin{aligned}
\begin{bmatrix} \beta_0 \\ \beta \end{bmatrix} - \{\nabla^2 L(\beta_0, \beta)\}^{-1} \nabla L(\beta_0, \beta) &= \begin{bmatrix} \beta_0 \\ \beta \end{bmatrix} + (X^T W X)^{-1} X^T u \\
&= (X^T W X)^{-1} X^T W (X \begin{bmatrix} \beta_0 \\ \beta \end{bmatrix} + W^{-1} u) = (X^T W X)^{-1} X^T W z
\end{aligned}
\tag{2.7}
$$

とできる。したがって，

1. β_0, β から W, z を求める。
2. W, z から β_0, β を求める。

という操作を交互に行えばよい。

◆ **例 12**　上記の手順にしたがって，最尤推定を行ってみた。

```
## データ生成
N = 1000; p = 2; X = matrix(rnorm(N * p), ncol = p); X = cbind(rep(1, N), X)
beta = rnorm(p + 1); y = array(N); s = as.vector(X %*% beta); prob = 1 / (1 + exp(s))
for (i in 1:N) {if (runif(1) > prob[i]) y[i] = 1 else y[i] = -1}
beta
```

```
[1] -0.5859092  0.1610445  0.4134176
```

```
## 最尤推定値の計算
beta = Inf; gamma = rnorm(p + 1)
while (sum((beta - gamma) ^ 2) > 0.001) {
  beta = gamma
  s = as.vector(X %*% beta)
  v = exp(-s * y)
  u = y * v / (1 + v)
  w = v / (1 + v) ^ 2
  z = s + u / w
  W = diag(w)
  gamma = as.vector(solve(t(X) %*% W %*% X) %*% t(X) %*% W %*% z)          ##
  print(gamma)
}
beta   ## 真の値。最尤法でこの値を推定したい
```

```
[1] -0.68982062  0.06228453  0.37459366
```

Newton 法のサイクルを繰り返していくうちに，真の値に近づいていく。

```
[1] -0.8248500 -0.3305656 -0.6027963
[1] -0.4401921  0.2054357  0.6739074
[1] -0.68982062  0.06228453  0.37459366
[1] -0.68894021  0.07094424  0.40108031
```

このようにしてβ_0, βを決めるのが最尤法であるが，Nに対してpが大きい場合など，最尤推定量$\hat{\beta}_0, \hat{\beta}$の絶対値が無限に大きくなることがある。$p$を大きくすると，処理が発散しやすくなる。たとえば，Xの階数がNで，Nよりpのほうが大きいとき，$\alpha_1, \ldots, \alpha_N > 0$に対して，$y_i(\beta_0 + x_i\beta) = \alpha_i > 0\ (i = 1, \ldots, N)$であるような$(\beta_0, \beta) \in \mathbb{R}^{p+1}$が存在する。そして，$\beta_0, \beta$をそれぞれ2倍にすると，尤度はもっと大きくなる。それ以外の場合でも，pが大きいとそのような状況が生じやすくなる。

次に，Lassoを適用して，最尤ではないが妥当な解を得ることを考える。特にpが大きいとき，大きさが0とみなせるような係数を0とみなして，有効な変数を見出したい。

まず，(2.5)に正則化の項を加える。

$$L := \frac{1}{N}\sum_{i=1}^{N}\log(1 + \exp\{-y_i(\beta_0 + x_i\beta)\}) + \lambda\|\beta\|_1 \tag{2.8}$$

そのために，Newton法を以下のように拡張する。まず，(2.7)の値は

$$\frac{1}{2N}(z - X\beta)^T W(z - X\beta) \tag{2.9}$$

を最小にするβであることに注意する。実際，

$$\nabla\left\{\frac{1}{2}\left(z - X\left[\begin{array}{c}\beta_0\\ \beta\end{array}\right]\right)^T W\left(z - X\left[\begin{array}{c}\beta_0\\ \beta\end{array}\right]\right)\right\} = X^T WX\left[\begin{array}{c}\beta_0\\ \beta\end{array}\right] - X^T Wz$$

とできる。

そして，2.1節の中心化を行ったうえで，

$$\frac{1}{2N}(z - X\beta)^T W(z - X\beta) + \lambda\|\beta\|_1 \tag{2.10}$$

の最小化を行う。すなわち，

1. β_0, βからWとzを求める。
2. W, zから(2.7)を最小にするβ_0, βを求める。

という操作を交互に行えばよい（近接Newton法[19, 5]）。このとき，2.1節のMは$\sqrt{w_i}$を対角成分とする対角行列である。2.1節で求めた関数`W.linear.lasso`を用いて，例12の`##`の行だけを下記のように変更すればよい。ただし，Xの左にすべて1の列（切片）があり，全体で$p+1$列であることを仮定している。

```
logistic.lasso = function(X, y, lambda) {
  p = ncol(X)
```

```
  beta = Inf; gamma = rnorm(p)
  while (sum((beta - gamma) ^ 2) > 0.01) {
    beta = gamma
    s = as.vector(X %*% beta)
    v = as.vector(exp(-s * y))
    u = y * v / (1 + v)
    w = v / (1 + v) ^ 2
    z = s + u / w
    W = diag(w)
    gamma = W.linear.lasso(X[, 2:p], z, W, lambda = lambda)
    print(gamma)
  }
  return(gamma)
}
```

◆ **例 13**　データを生成して，関数 `logistic.lasso` の動作を確認してみた。

```
N = 100; p = 2; X = matrix(rnorm(N * p), ncol = p); X = cbind(rep(1, N), X)
beta = rnorm(p + 1); y = array(N); s = as.vector(X %*% beta); prob = 1 / (1 + exp(s))
for (i in 1:N) {if (runif(1) > prob[i]) y[i] = 1 else y[i] = -1}
logistic.lasso(X, y, 0)
```

```
[1] -0.4066920  1.0055186  0.7396638
```

```
logistic.lasso(X, y, 0.1)
```

```
[1] -0.3759565  0.6798822  0.4313101
```

```
logistic.lasso(X, y, 0.2)
```

```
[1] -0.3489496  0.4094120  0.1710077
```

◆ **例 14**　ロジスティック回帰で推定したパラメータで，同じ分布にしたがう新しいデータに対して分類を行った。推定された β の値から，その指数部 `X %*% beta.est` の正負の値 (2.2) によって判定を行う。

```
## データ生成
N = 100; p = 2; X = matrix(rnorm(N * p), ncol = p); X = cbind(rep(1, N), X)
beta = 10 * rnorm(p + 1); y = array(N); s = as.vector(X %*% beta); prob = 1 / (1 + exp(s))
for (i in 1:N) {if (runif(1) > prob[i]) y[i] = 1 else y[i] = -1}
## パラメータ推定
beta.est = logistic.lasso(X, y, 0.1)
## 分類処理
```

```
for (i in 1:N) {if (runif(1) > prob[i]) y[i] = 1 else y[i] = -1}
z = sign(X %*% beta.est)  ## 指数部が正なら+1, 負なら-1と判定する
table(y, z)
```

```
    z
y    -1  1
  -1 70  3
  1   7 20
```

yが正解，zが予測した値になる。この場合，90％の精度で予測している。

他方，線形回帰で用いられる関数 glmnet はロジスティック回帰にも適用できる [11]。

◆ **例 15**　下記は，1,000個の遺伝子の発現量（1,000変量，説明変数 X）と，乳がんにかかっている（症例）・かかっていない（対照）1変量（目的変数 Y）の合計1,001変量について，症例58サンプル，対照192サンプル，合計250サンプルに関するデータ breastcancer から，解析を行うプログラムである。

```
library(glmnet)
df = read.csv("breastcancer.csv")
## ファイル breastcancer.csv をカレントディレクトリにおく
x = as.matrix(df[, 1:1000])
y = as.vector(df[, 1001])
cv = cv.glmnet(x, y, family = "binomial")
cv2 = cv.glmnet(x, y, family = "binomial", type.measure = "class")
par(mfrow = c(1, 2))
plot(cv)
plot(cv2)
par(mfrow = c(1, 1))
```

λの値ごとにクロスバリデーションの評価値をプロットすると，図2.2のようになった。ここで，cv.glmnet は指定をしないと，二項偏差

$$-2\sum_{i:y_i=1}\log(1+\exp\{-(\hat{\beta}_0+x_i\hat{\beta})\})-2\sum_{i:y_i=-1}\log(1+\exp\{\hat{\beta}_0+x_i\hat{\beta}\})$$

での評価を行う [11]。ただし，$\hat{\beta}$は訓練データで得られた推定値，$(x_1,y_1),\ldots,(x_m,y_m)$はテストデータであり，訓練データとテストデータを何度か入れ替えて，クロスバリデーションを行う。また，type.measure = "class" の指定をすると，誤り率でCVのテストデータの評価を行う。

上記のCVで評価値が最適となるλについて，glmnet を用いて，係数が0でない（乳がんに影響を与える）遺伝子を求めてみたい。$\log\lambda$は-4から-3くらいが適当なようにとれるので，$\lambda=0.03$として，以下のように実行してみた。なお，beta = glm$beta ではなく beta = drop(glm$beta) として，行列ではない形式にしたほうが，beta[beta != 0] などの処理をしやすい。

```
glm = glmnet(x, y, lambda = 0.03, family = "binomial")
beta = drop(glm$beta); beta[beta != 0]
```

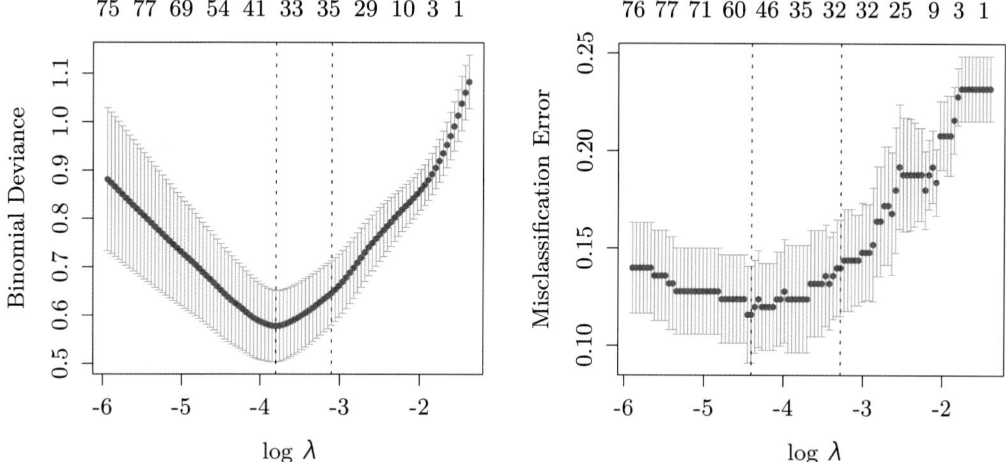

図 2.2 例 15 の実行結果。Breast Cancer の各 λ での評価値。左は二項偏差，右は誤り率でクロスバリデーションの評価を行っている。上下に幅があるのは，`glmnet` で信頼区間を示しているためである [11]。また，$\log\lambda$ は -4 から -3 くらいが適当なようにとれる。サンプルで計算しているので，λ の最適値にも幅をもたせている。

(係数が非ゼロの遺伝子が出力される)

2.3 多値のロジスティック回帰

2 値ではなく K 値をとるとき，ロジスティック曲線による確率は以下のように一般化される。

$$P(Y=k\mid x)=\frac{e^{\beta_{0,k}+x\beta^{(k)}}}{\sum_{l=1}^{K}e^{\beta_{0,l}+x\beta^{(l)}}}\quad (k=1,\ldots,K) \tag{2.11}$$

これまで，ベクトル $\beta\in\mathbb{R}^p$ を列ベクトルとして扱ってきたが，本節では $\beta\in\mathbb{R}^{p\times K}$ を行列として扱い，$\beta_j=[\beta_{j,1},\ldots,\beta_{j,K}]\in\mathbb{R}^K$ が行ベクトル，$\beta^{(k)}=[\beta_{1,1},\ldots,\beta_{p,k}]\in\mathbb{R}^p$ が列ベクトルであるとする。まず，観測データ $(x_1,y_1),\ldots,(x_N,y_N)\in\mathbb{R}^p\times\{1,\ldots,K\}$ から，マイナス対数尤度

$$L:=-\frac{1}{N}\sum_{i=1}^{N}\sum_{h=1}^{K}I(y_i=h)\log\frac{\exp\{\beta_{0,h}+x_i\beta^{(h)}\}}{\sum_{l=1}^{K}\exp\{\beta_{0,l}+x_i\beta^{(l)}\}}$$

を計算することができる。2 値の場合と同様に，$\nabla L,\nabla^2 L$ を求める。

命題 1　L の 1 回微分は

$$\frac{\partial L}{\partial\beta_{j,k}}=-\frac{1}{N}\sum_{i=1}^{N}x_{i,j}\{I(y_i=k)-\pi_{k,i}\}$$

である。ただし，

$$\pi_{k,i}:=\frac{\exp(\beta_{0,k}+x_i\beta^{(k)})}{\sum_{l=1}^{K}\exp(\beta_{0,l}+x_i\beta^{(l)})}$$

とおいた。

証明は章末の付録を参照されたい。

命題2 L の2回微分は

$$\frac{\partial^2 L}{\partial\beta_{j,k}\beta_{j',k}} = \sum_{i=1}^{N} x_{i,j}x_{i,j'}w_{i,k,k'}$$

となる。ただし，

$$w_{i,k,k'} := \begin{cases} \pi_{i,k}(1-\pi_{i,k}), & k'=k \\ -\pi_{i,k}\pi_{i,k'}, & k'\neq k \end{cases} \tag{2.12}$$

とおいた。

証明は章末の付録を参照されたい。

命題3（Gershgorin） 対称行列 $A=(a_{i,j})\in\mathbb{R}^{n\times n}$ で，$a_{i,i}\geq\sum_{j\neq i}|a_{i,j}|$ がすべての $i=1,\ldots,n$ で成立すれば，A は非負定値である。

証明は章末の付録を参照されたい。

命題4 L は凸である。

証明 $W_i=(w_{i,k,k'})\in\mathbb{R}^{K\times K}$ は非負定値になる。実際，命題2より，すべての $k=1,\ldots,K$ で

$$w_{i,k,k}=\pi_{i,k}(1-\pi_{i,k})=\pi_{i,k}\sum_{k'\neq k}\pi_{i,k'}=\sum_{k'\neq k}|w_{i,k,k'}|$$

となって，命題3の条件を満足する。したがって，任意の $\gamma=(\gamma_{j,k})\in\mathbb{R}^{p\times K}$ について，

$$\begin{aligned}&\sum_{j=1}^{p}\sum_{k=1}^{K}\sum_{j'=1}^{p}\sum_{k'=1}^{K}\gamma_{j,k}\frac{\partial^2 L}{\partial\beta_{j,k}\partial\beta_{j',k'}}\gamma_{j'k'}\\ &=\sum_{j=1}^{p}\sum_{k=1}^{K}\sum_{j'=1}^{p}\sum_{k'=1}^{K}\gamma_{j,k}\left\{\frac{1}{N}\sum_{i=1}^{N}x_{i,j}w_{i,k,k'}x_{i,j'}\right\}\gamma_{j'k'}\\ &=\frac{1}{N}\sum_{i=1}^{N}\sum_{k=1}^{K}\sum_{k'=1}^{K}(\sum_{j=1}^{p}x_{i,j}\gamma_{j,k})w_{i,k,k'}(\sum_{j'=1}^{p}x_{i,j'}\gamma_{j',k'})\geq 0\end{aligned}$$

が成立し，L は凸である。 □

そして，前節と同様の議論から，

$$L := -\frac{1}{N}\sum_{i=1}^{N}\sum_{h=1}^{K}I(y_i=h)\log\frac{\exp\{\beta_{0,h}+x_i\beta^{(h)}\}}{\sum_{l=1}^{K}\exp\{\beta_{0,l}+x_i\beta^{(l)}\}}+\lambda\sum_{k=1}^{K}\sum_{j=1}^{p}\|\beta_{j,k}\|_1 \tag{2.13}$$

を最小にする手順が得られる。(2.8) の第2項は，

$$\lambda\sum_{k=1}^{K}\|\beta_k\|_1=\lambda\sum_{k=1}^{K}\sum_{j=1}^{p}|\beta_{j,k}|$$

というように一般化される。処理が複雑になるため，Taylor 展開では，$k'\neq k$ に対して $\nabla^2 L$ の非

対角成分が0であるという近似を入れることが多い。目的関数が凸であるので，そのようにしても収束性に問題はない。

そして (2.11) は，右辺の分子分母にある指数部すべてから，任意の $\gamma_0 \in \mathbb{R}$, $\gamma \in \mathbb{R}^p$ に対して，$\gamma_0 + x\gamma$ を引いても値が変わらないことがわかる。したがって，$\beta_{k,0} + x\beta^{(k)}$ を $\beta_{0,k} - \gamma_0 + x(\beta^{(k)} - \gamma)$ に変えても (2.2) の第1項は変わらないが，第2項の値は変化する。$\gamma = (\gamma_1, \ldots, \gamma_p)$, $\sum_{k=1}^K |\beta_{j,k} - \gamma_j|$ を最小にする γ_j の値は，$\beta_{j,1}, \ldots, \beta_{j,K}$ の中央値になることが知られている。

命題5 数列 $a_1 \leq \cdots \leq a_n$ について，$n = 2m + 1$（奇数）のとき $x = a_{m+1}$，$n = 2m$（偶数）のとき $x = (a_m + a_{m+1})/2$ は，$f(x) = \sum_{i=1}^n |x - a_i|$ を最小にする。すなわち，$a_1, \ldots, a_n$ の中央値が関数 f を最小にする。

証明は章末の付録を参照のこと。

(2.13) を最小にする手順によって，その条件が自動的に満足される。

以上から，関数 `logistic.lasso` の変数 `v` を $k = 1, \ldots, K$ ごとに変えて実行する。

```
multi.lasso = function(X, y, lambda) {
  X = as.matrix(X)
  p = ncol(X)
  n = nrow(X)
  K = length(table(y))
  beta = matrix(1, nrow = K, ncol = p)
  gamma = matrix(0, nrow = K, ncol = p)
  while (norm(beta - gamma, "F") > 0.1) {
    gamma = beta
    for (k in 1:K) {
      r = 0
      for (h in 1:K) {if (k != h) r = r + exp(as.vector(X %*% beta[h, ]))}
      v = exp(as.vector(X %*% beta[k, ])) / r
      u = as.numeric(y == k) - v / (1 + v)
      w = v / (1 + v) ^ 2
      z = as.vector(X %*% beta[k, ]) + u / w
      beta[k, ] = W.linear.lasso(X[, 2:p], z, diag(w), lambda = lambda)
      print(beta[k, ])
    }
    for (j in 1:p) {
      med = median(beta[, j])
      for (h in 1:K) beta[h, j] = beta[h, j] - med
    }
  }
  return(beta)
}
```

それでも，$\beta_{0,k}$ の値は一意には定まらない。`glmnet` では，一意性を保つために $\sum_{k=1}^K \beta_{0,k} = 0$ となるように設定される [11]。最初に $\beta_{0,1}, \ldots, \beta_{0,K}$ が求まってから，その算術平均を引いている。

◆ **例 16（Fisher のあやめ）** 関数 `multi.lasso` を用いて，Fisher のあやめのデータセットに多値ロジスティック回帰を適用してみた。最尤推定値 $\hat{\beta} \in \mathbb{R}^{p \times K}$ を求めてから，$X\hat{\beta}$ を出力させた。$\hat{\beta}_{2,k}$ はすべて 0 となった。これは，各 j でちょうど 1 個の k（中央値となる k）について $\beta_{j,k}$ となることによる。その結果，$X\hat{\beta}$ は最初の 50 行に関しては "1" の値が最大，次の 50 行に関しては "2" の値が最大，最後の 50 行に関しては "3" の値が最大となった（150 行 3 列の値のうち，誤りが生じた行を除いて，最初の 50 行は 1 列目が最大，次の 50 行は 2 列目が最大，最後の 50 行は 3 列目が最大になる）。

```
df = iris
x = matrix(0, 150, 4); for (j in 1:4) x[, j] = df[[j]]
X = cbind(1, x)
y = c(rep(1, 50), rep(2, 50), rep(3, 50))
beta = multi.lasso(X, y, 0.01)
X %*% t(beta)
```

◆ **例 17（Fisher のあやめ）** 例 16 の問題を，`glmnet` により 2 種類のクロスバリデーションで最適な λ の値を求めてみた [11]。各 λ ごとの評価値を図 2.3 に示す。

```
library(glmnet)
df = iris
x = as.matrix(df[, 1:4]); y = as.vector(df[, 5])
n = length(y); u = array(dim = n)
for (i in 1:n) if (y[i] == "setosa") u[i] = 1 else
  if (y[i] == "versicolor") u[i] = 2 else u[i] = 3
u = as.numeric(u)
cv = cv.glmnet(x, u, family = "multinomial")
cv2 = cv.glmnet(x, u, family = "multinomial", type.measure = "class")
par(mfrow = c(1, 2)); plot(cv); plot(cv2); par(mfrow = c(1, 1))
lambda = cv$lambda.min; result = glmnet(x, y, lambda = lambda, family = "multinomial")
beta = result$beta; beta.0 = result$a0
v = rep(0, n)
for (i in 1:n) {
  max.value = -Inf
  for (j in 1:3) {
    value = beta.0[j] + sum(beta[[j]] * x[i, ])
    if (value > max.value) {v[i] = j; max.value = value}
  }
}
table(u, v)
```

```
   v
u    1  2  3
  1 50  0  0
  2  0 48  2
```

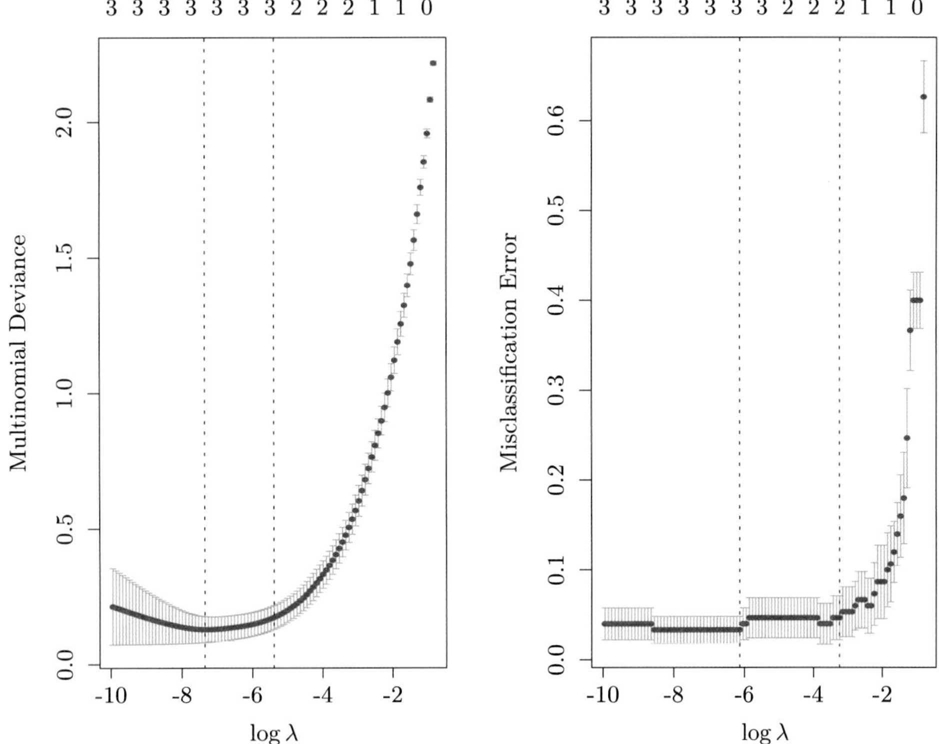

図 2.3　glmnet で得られた λ ごとのスコアをグラフで表示してみた。左が多項偏差（二項偏差の多値版），右が誤り率である。スコアが最小の λ を選べばよいが，特にサンプル数が少ない場合は，サンプルの確率変動でブレが生じる。そのため，上下方向に信頼区間が表示されている。最上部の数値 $0, 1, 2, 3$ は，その λ の値で何個の変数が選択されたかを示している。

```
  3  0  1 49
```

2.4　ポアッソン回帰

非負の整数の値をとる確率変数 Y の確率分布が，何らかの $\mu > 0$ を用いて，ポアッソン分布

$$P(Y = k) = \frac{\mu^k}{k!}e^{-\mu} \quad (k = 0, 1, 2, \ldots) \tag{2.14}$$

で書けるものとする。このとき，Y の平均は μ になることが知られている。以下では，μ は $x \in \mathbb{R}^p$ に依存して，

$$\mu(x) = E[Y \mid X = x] = e^{\beta_0 + x\beta} \quad (x \in \mathbb{R}^p)$$

と書けることを仮定する。観測値 $(x_1, y_1), \ldots, (x_N, y_N)$ から尤度を求めると，$\mu_i := \mu(x_i) = e^{\beta_0 + x_i\beta}$ として，

$$\prod_{i=1}^{N} \frac{\mu_i^{y_i}}{y_i!}e^{-\mu_i} \tag{2.15}$$

となる。パラメータ β_0, β を求める際に Lasso を適用することを考える。マイナスの対数尤度

$$L(\beta_0, \beta) := -\frac{1}{N}\sum_{i=1}^{N}\{y_i(\beta_0 + x_i\beta) - e^{\beta_0 + x_i\beta}\}$$

に正則化項をつけた

$$L(\beta_0, \beta) + \lambda\|\beta\|_1 \tag{2.16}$$

を最小にしたい。

ロジスティック回帰のときと同様に，$\nabla L = -\frac{1}{N}X^T u$ および $\nabla^2 L = X^T W X$ と書いたとき，

$$u = \begin{bmatrix} y_1 - e^{\beta_0 + x_1\beta} \\ \vdots \\ y_N - e^{\beta_0 + x_N\beta} \end{bmatrix}$$

および

$$W = \begin{bmatrix} e^{\beta_0 + x_1\beta} & \cdots & 0 \\ \vdots & \ddots & \vdots \\ 0 & \cdots & e^{\beta_0 + x_N\beta} \end{bmatrix}$$

が成立する。

たとえば，以下のようにして，処理を構成することができる。

```
poisson.lasso = function(X, y, lambda) {
  beta = rnorm(p + 1); gamma = rnorm(p + 1)
  while (sum((beta - gamma) ^ 2) > 0.0001) {
    beta = gamma
    s = as.vector(X %*% beta)
    w = exp(s)
    u = y - w
    z = s + u / w
    W = diag(w)
    gamma = W.linear.lasso(X[, 2:(p + 1)], z, W, lambda)
    print(gamma)
  }
  return(gamma)
}
```

◆ **例 18**　数値でスパースポアッソン回帰の動作を確認してみた。

```
n = 100; p = 3
beta = rnorm(p + 1)
X = matrix(rnorm(n * p), ncol = p); X = cbind(1, X)
s = as.vector(X %*% beta)
y = rpois(n, lambda = exp(s))
beta
poisson.lasso(X, y, 0.2)
```

表 **2.1** birthwt データセットに含まれる変数の意味

列	変数名	意味
1	low	出産時体重 2.5 kg（以上：0，未満：1）
2	age	母親の年齢
3	lwt	母親の体重
4	race	母親の人種（白人：1，黒人：3，その他：3）
5	smoke	妊娠中の喫煙（無：0，有：1）
6	ptl	早産の回数（0 回：0，1 回：1，2 回：2，3 回：3）
7	ht	母親の高血圧（無：0，有：1）
8	ui	子宮過敏性（無：0，有：1）
9	ftv	妊娠期間中に医師が何回訪れたか
10	bwt	出生時体重 (g)

本書で構成した関数 poisson.lasso は，若干実行に時間がかかっている。実務などでは glmnet(X, y, family = "poisson") を用いるとよい [11]。

◆ **例 19** R 言語の MASS パッケージに含まれている出生率に関するデータ birthwt について，ポアッソン回帰を行った。各変数の意味は表 2.1 の通りである。最初の変数（出産時体重が 2.5 kg 以上か否か）は最後の変数（出生時体重）と重複するので削除し，医師が訪れた回数を目的変数として，他の 8 変数で回帰を行った（サンプル数 $N = 189$）。λ の値はクロスバリデーションで最適なものを選んだ。その結果，母親の年齢（変数 age）と，妊娠期間中に医師が何回訪れたか（変数 ftv）は，出産時体重の要因から除外された。

```
library(glmnet)
library(MASS)
data(birthwt)
df = birthwt[, -1]
dy = df[, 8]
dx = data.matrix(df[, -8])
cvfit = cv.glmnet(x = dx, y = dy, family = "poisson", standardize = TRUE)
coef(cvfit, s = "lambda.min")
```

```
9 x 1 sparse Matrix of class "dgCMatrix"
                      1
(Intercept) -1.180159594
age          0.030900888
lwt          0.001653569
race         .
smoke        .
ptl          .
ht          -0.007016192
ui           .
```

```
bwt
```

2.5 生存時間解析

本節では，生存時間の解析を行う。p 個の説明変数と目的変数の N 組から，両者の関係を見出すという点では，これまでの問題と同様であるが，目的変数が正の値（時間）をとるものとする。生存時間を解析する際に，死亡を確認して生存時間がわかる場合と，調査が打ち切りになって，それ以上の時間になる場合がある。両者を区別をするために，後者の場合は，データの後に + の記号をつける。調査打ち切りのデータまで含めるのは，それらを推定の一部に用い，サンプルを有効に使うためである。そして，説明変数は，生存時間の長短を説明するような変量をおく。

◆ **例 20** `kidney` データセットから，肝臓病の患者の生存時間を推定したい。共変量の各変数の意味は表 2.2 の通りである。`status = 0` は，（調査の）打ち切りによって目的変数が `time` 以上の値をとることを意味する。逆に `status = 1` は死亡を意味し，目的変数がちょうど `time` の値をとることを意味する。そして，右から 4 個が説明変数である。

```
library(survival)
data(kidney)
kidney
```

```
    id time status age sex disease frail
1    1    8      1  28   1   Other   2.3
2    1   16      1  28   1   Other   2.3
3    2   23      1  48   2      GN   1.9
4    2   13      0  48   2      GN   1.9
.......................................
```

```
y = kidney$time
```

表 2.2 `kidney` データセットに含まれる変数の意味

列	変数名	意味
1	`id`	患者 ID
2	`time`	時間
3	`status`	ステータス（0：生存（打ち切り），1：死亡）
4	`age`	年齢
5	`sex`	性別（男性：1，女性：2）
6	`disease`	病気の種類（0：GN，1：AN，2：PKD，3：Other）
7	`frail`	元論文からの frailty 推定値

```
delta = kidney$status
Surv(y, delta)
```

```
 [1]   8  16  23  13+  22  28 447 318  30  12  24 245   7
[14]   9 511  30  53 196  15 154   7 333 141   8+  96  38
[27] 149+  70+ 536  25+  17   4+ 185 177 292 114  22+ 159+  15
[40] 108+ 152 562 402  24+  13  66  39  46+  12  40 113+ 201
[53] 132 156  34  30   2  25 130  26  27  58   5+  43 152
[66]  30 190   5+ 119   8  54+  16+   6+  78  63   8+
```

最後に得られたデータのように，打ち切りによって生存時間がそれ以上である場合には，数値の右横に + がつけられる。

実際には以下のような状況を仮定する（Cox モデル）。$P(t < Y < t+\delta \mid Y \geq t)$ により，時刻 t 以降に生存している $(Y \geq t)$ という条件のもと，時刻 t から $t+\delta$ まで生存している $(t < Y < t+\delta)$ という条件付き確率をあらわすものとする。また，時刻 t で生存している，すなわち生存時間 T が t 以上である確率（生存関数）を $S(t)$ と書くものとする。生存時間解析では，

$$h(t) := \lim_{\delta \to 0} \frac{P(t < Y < t+\delta \mid Y \geq t)}{\delta}$$

もしくは

$$h(t) = -\frac{S'(t)}{S(t)}$$

なる関数 h を定義する（ハザード関数）。そして関数 h を，説明変数 $x \in \mathbb{R}^p$（行ベクトル）に依存しない関数 $h_0(t)$ と，$\exp(x\beta)$ の積で，以下のようにあらわす。

$$h(t) = h_0(t)\exp(x\beta)$$

ただし，係数 $\beta \in \mathbb{R}^p$ の値は未知で，推定する必要がある。特に，β_0 の部分（定数倍）は $h_0(t)$ に含まれるとみて，$\beta_0 = 0$ と仮定する。

観測されたデータ $(x_1, y_1), \ldots, (x_N, y_N) \in \mathbb{R}^p \times \mathbb{R}_{\geq 0}$ から，$h(t)$ の尤度を最大にする $\beta \in \mathbb{R}^p$ を推定することになる。しかし，ハザード関数は一定なので，尤度を計算する際には用いられない。しかし，p が大きい場合，すなわちスパースな状況では，これまでの一般化線形回帰と同様，L1 正則化を行うことが試みられている。

生存時間解析の主要な問題は，生存時間に影響を与える説明変数を同定することである。

◆ **例 21** R 言語の `survival` パッケージの `kidney` データセットから，AN, GN, PKD の 3 種類の肝臓病について，時間とともに生存率がどの程度になるかを図示してみた（図 2.4）。階段状になっているのはデータから推定しているためで，その計算方法は後述する。

```
fit = survfit(Surv(time, status) ~ disease, data = kidney)
plot(fit, xlab = "時間", ylab = "生存率", col = c("red", "green", "blue", "black"))
legend(300, 0.8, legend = c("その他", "GN", "AN", "PKD"),
       lty = 1, col = c("red", "green", "blue", "black"))
```

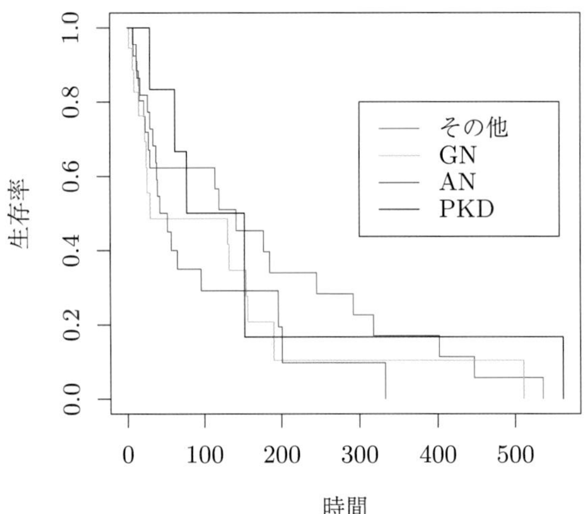

図 2.4 肝臓病の種類ごとの Kaplan-Meier 曲線

例 21 の変数 `time` には，生存時間と調査が中止になるまでの時間が混在している。調査中止のデータを除いて，死亡に至ったデータのみを利用すると，サンプルが少なくなってしまう。しかし，以下の方法をとることによって，調査が中止になるまでのデータも利用することができる。

調査の中止がない場合，N 名の死亡時刻 $t_1 \le t_2 \le \cdots \le t_{N-1} \le t_N$ について，生存関数 $S(t)$ を

$$\hat{S}(t) := \frac{1}{N}\sum_{i=1}^{N}\delta(t_i > t) \tag{2.17}$$

で推定する。ただし，$\delta(t_i > t)$ は $t_i > t$ のとき 1，それ以外で 0 を意味するものとする。$t_1 < \cdots < t_N$ であれば，各 $t = t_i$ で $1/N$ だけ減少する関数になる。

調査の中止がある場合，t_i での死亡者数が $d_i \ge 1$ $(i = 1, \ldots, k)$ として，$t_1 < \cdots < t_k$ とする。総死亡数 $D := \sum_{i=1}^{k} d_i \le N$ 以外に，調査中止が $N - D$ だけある（全体として標本数が N）とする。また，区間 $[t_j, t_{j+1})$ における調査中止数を m_j と書くと，時刻 t_j の直前での生存者数 n_j は

$$n_j := \sum_{i=j}^{k}(d_i + m_i)$$

と書ける。Kaplan-Meier 推定量は，$t_l \le t < t_{l+1}$ のとき，

$$\hat{S}(t) = \begin{cases} 1, & t < t_1 \\ \displaystyle\prod_{i=1}^{l}\frac{n_i - d_i}{n_i}, & t \ge t_1 \end{cases} \tag{2.18}$$

と定義される。$n_k = d_k + m_k$ であるため，$m_k = 0$ であれば，$t > t_k$ に対して $\hat{S}(t) = 0$ となる。逆に $m_k > 0$ であれば，$t > t_k$ に対して $\hat{S}(t) > 0$ となる。

調査の中止がない場合，$n_j = \sum_{i=j}^{k} d_i$ より $n_j - d_j = n_{j+1}$ となるので，(2.18) は

$$\hat{S}(t) = \frac{n_2}{n_1} \times \frac{n_3}{n_2} \times \cdots \times \frac{n_{l+1}}{n_l} = \frac{n_{l+1}}{n_1} = \frac{n_{l+1}}{N}$$

となる。したがって，(2.17) と一致する。

Cox (1972) は，パラメータ β の推定方法として，部分尤度関数

$$\prod_{i:\delta_i=1} \frac{e^{x_i\beta}}{\sum_{j\in R_i} e^{x_j\beta}} \tag{2.19}$$

を最大化することを提案した。ここで δ_i は，$i=1,\ldots,N$ 番目のデータ（共変量 $x_i \in \mathbb{R}^p$ と時間 y_i）が，$\delta_i=1$ なら死亡，$\delta_i=0$ なら調査打ち切りをあらわすものである。また，リスク集合 R_i は y_i 以上の時間 y_j の添字 j の集合である。以下のような Lasso の定式化がよく用いられている [26]。

$$-\frac{1}{N}\sum_{i:\delta_i=1} \log \frac{e^{x_i\beta}}{\sum_{j\in R_i} e^{x_j\beta}} + \lambda\|\beta\|_1 \tag{2.20}$$

この解を求めるために，ロジスティック回帰やポアッソン回帰と同様に，u, W を計算したい。以下では，

$$L := -\sum_{i:\delta_i=1} \log \frac{e^{x_i\beta}}{\sum_{j\in R_i} e^{x_j\beta}}$$

とし，$\delta_i=1, j\in R_i \Longleftrightarrow i\in C_j$ とおく。

命題 6 L の 1 回微分と 2 回微分はそれぞれ以下で与えられる。

$$\frac{\partial L}{\partial \beta_k} = -\sum_{i=1}^N x_{i,k}\left\{\delta_i - \sum_{j\in C_i}\frac{e^{x_i\beta}}{\sum_{h\in R_j} e^{x_h\beta}}\right\}$$

$$\frac{\partial^2 L}{\partial\beta_k\partial\beta_l} = \sum_{i=1}^N\sum_{h=1}^N x_{i,k}x_{h,l}\sum_{j\in C_i}\frac{e^{x_i\beta}}{(\sum_{r\in R_j} e^{x_r\beta})^2}\{I(i=h)\sum_{s\in R_j} e^{x_s\beta} - I(h\in R_j)e^{x_h\beta}\}$$

特に，L は凸である。

証明は章末の付録を参照されたい。

したがって，$\dfrac{\partial L}{\partial\beta_k} = -X^T u$，$\dfrac{\partial^2 L}{\partial\beta_k\partial\beta_l} = X^T W X$ なる $u=(u_i)\in\mathbb{R}^N$，$W=(w_{i,h})\in\mathbb{R}^{N\times N}$ は，以下で与えられる。ただし，$X\in\mathbb{R}^{N\times p}$ は各行が $x_1,\ldots,x_N\in\mathbb{R}^p$ である行列である。

$$u_i := \delta_i - \sum_{j\in C_i}\frac{e^{x_i\beta}}{\sum_{h\in R_j} e^{x_h\beta}}$$

$$w_{i,h} := \sum_{j\in C_i}\frac{e^{x_i\beta}}{(\sum_{r\in R_j} e^{x_r\beta})^2}\{I(i=h)\sum_{s\in R_j} e^{x_s\beta} - I(h\in R_j)e^{x_h\beta}\}$$

特に $i=h$ のとき，$j\in C_i$ は $h\in R_j$ を意味するので，

$$\pi_{i,j} := \frac{e^{x_i\beta}}{\sum_{h\in R_j} e^{x_h\beta}}$$

とおくと，W の対角成分は

$$w_i := \sum_{j\in C_i}\frac{e^{x_i\beta}}{\sum_{h\in R_j} e^{x_h\beta}}\left(1-\frac{e^{x_i\beta}}{\sum_{h\in R_j} e^{x_h\beta}}\right) = \sum_{j\in C_i}\pi_{i,j}(1-\pi_{i,j})$$

となる。また，$u_i = \delta_i - \sum_{j \in C_i} \pi_{i,j}$ と書ける。

上記の考察から，下記のような関数 cox.lasso を構成してみた。計算量が多くなるので，W の非対角成分が 0 という近似を入れることが多い。目的関数が凸であるため，収束性には問題がない。

```
cox.lasso = function(X, y, delta, lambda = lambda) {
  delta[1] = 1
  n = length(y)
  w = array(dim = n); u = array(dim = n)
  pi = array(dim = c(n, n))
  beta = rnorm(p); gamma = rep(0, p)
  while (sum((beta - gamma) ^ 2) > 10 ^ {-4}) {
    beta = gamma
    s = as.vector(X %*% beta)
    v = exp(s)
    for (i in 1:n) {for (j in 1:n) pi[i, j] = v[i] / sum(v[j:n])}
    for (i in 1:n) {
      u[i] = delta[i]
      w[i] = 0
      for (j in 1:i) if (delta[j] == 1) {
        u[i] = u[i] - pi[i, j]
        w[i] = w[i] + pi[i, j] * (1 - pi[i, j])
      }
    }
    z = s + u / w; W = diag(w)
    print(gamma)
    gamma = W.linear.lasso(X, z, W, lambda = lambda)[-1]
  }
  return(gamma)
}
```

◆ **例 22** kidney データセットに関数 cox.lasso を適用してみた。λ の値によらず収束した。推定値も，glmnet[11] で計算した場合とほぼ一致した。

```
df = kidney
index = order(df$time)
df = df[index, ]
n = nrow(df); p = 4
y = as.numeric(df[[2]])
delta = as.numeric(df[[3]])
X = as.numeric(df[[4]])
for (j in 5:7) X = cbind(X, as.numeric(df[[j]]))
z = Surv(y, delta)
cox.lasso(X, y, delta, 0)
```

```
[1] 0 0 0 0
[1]  0.0101287 -1.7747758 -0.3887608  1.3532378
[1]  0.01462571 -1.69299527 -0.41598742  1.38980788
[1]  0.01591941 -1.66769665 -0.42331475  1.40330234
[1]  0.01628935 -1.66060178 -0.42528537  1.40862969
```

```
cox.lasso(X, y, delta, 0.1)
```

```
[1] 0 0 0 0
[1]  0.00000000 -1.04944510 -0.08990115  1.00822550
[1]  0.00000000 -0.98175893 -0.06107446  0.97534148
[1]  0.00000000 -0.96078476 -0.05449001  0.96180929
[1]  0.00000000 -0.95475614 -0.05306296  0.95673222
```

```
cox.lasso(X, y, delta, 0.2)
```

```
[1] 0 0 0 0
[1]  0.0000000 -0.5366227  0.0000000  0.7234343
[1]  0.0000000 -0.5142360  0.0000000  0.6890634
[1]  0.0000000 -0.5099687  0.0000000  0.6800883
```

```
glmnet(X, z, family = "cox", lambda = 0.1)$beta
```

```
4 x 1 sparse Matrix of class "dgCMatrix"
           s0
X  .
  -0.87359015
  -0.05659599
   0.92923820
```

◆ **例 23** 悪性リンパ腫にかかった人の生存時間に関するデータ 1846-2568-2-SP.rda (Alizadeh *et al.*, 2000)[1] を `https://www.jstatsoft.org/rt/suppFileMetadata/v039i05/0/722` からダウンロードし，以下をまず実行する。

```
library(survival)
load("LymphomaData.rda"); attach("LymphomaData.rda")
names(patient.data); x = t(patient.data$x)
y = patient.data$time; delta = patient.data$status; Surv(y, delta)
```

`x` には $p = 7{,}399$ の遺伝子の発現量が，`y` には時間が，`delta` にはそれが生存時間なら 1，調査打ち切りまでの時間なら 0 の値が格納されている。サンプル数は $N = 240$ である。下記のコードを実行し，CV を最小にする λ の値を求め，係数を推定すると，7,399 個のうち 28 遺伝子のみの係数

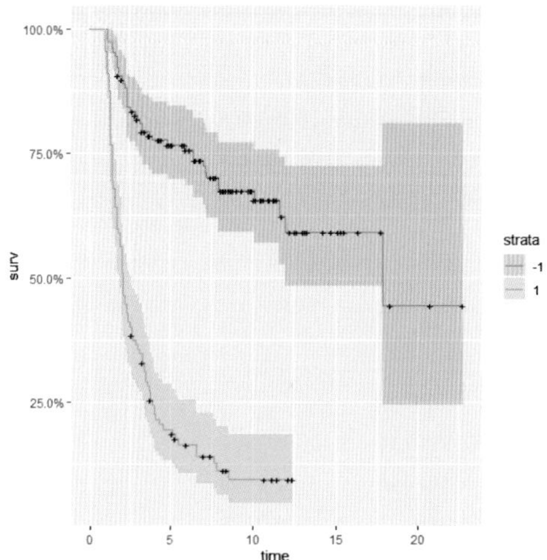

図 2.5 係数が非ゼロとなった 28 個の遺伝子が生存時間にどれだけ影響を与えるかを調べるために，$z := X\hat{\beta}$ が正の値をとるサンプルと負の値をとるサンプルの 2 群に分けて，Kaplan-Meier 曲線を描いてみた。両者で生存時間に顕著な差異がみられた。

が非ゼロであった。それ以外の遺伝子は生存時間に影響を与えないと判断することができた。

さらに，その 28 遺伝子の係数のみが非ゼロの値をとる $\hat{\beta}$ について，$z = X\hat{\beta}$ を計算した。それらの変数が生存時間に与える可能性が高いと判断し，$z_i > 0$ なるサンプル (1) と $z_i < 0$ なるサンプル (-1) で生存時間を比較するために，Kaplan-Meier 曲線を描いた（図 2.5）。

```
library(ranger); library(ggplot2); library(dplyr); library(ggfortify)
cv.fit = cv.glmnet(x, Surv(y, delta), family = "cox")
fit2 = glmnet(x, Surv(y, delta), lambda = cv.fit$lambda.min, family = "cox")
z = sign(drop(x %*% fit2$beta))
fit3 = survfit(Surv(y, delta) ~ z)
autoplot(fit3)
mean(y[z == 1])
mean(y[z == -1])
```

付録　命題の証明

命題 1　L の 1 回微分は

$$\frac{\partial L}{\partial \beta_{j,k}} = -\frac{1}{N}\sum_{i=1}^{N} x_{i,j}\{I(y_i = k) - \pi_{k,i}\}$$

である。ただし，

$$\pi_{k,i} := \frac{\exp(\beta_{0,k} + x_i\beta^{(k)})}{\sum_{l=1}^{K}\exp(\beta_{0,l} + x_i\beta^{(l)})}$$

とおいた。

証明

$$\begin{aligned} L := & -\frac{1}{N}\sum_{i=1}^{N}\sum_{h=1}^{K} I(y_i = h)\log\frac{\exp\{\beta_{0,h} + x_i\beta_h\}}{\sum_{l=1}^{K}\exp\{\beta_{0,l} + x_i\beta_l\}} \\ = & -\frac{1}{N}\sum_{i=1}^{N}\sum_{h=1}^{K} I(y_i = h)\left\{(\beta_{0,h} + x_i\beta_h) - \log\left[\sum_{l=1}^{K}\exp(\beta_{0,l} + x_i\beta_l)\right]\right\} \end{aligned}$$

を $\beta_{j,k}$ $(j = 1, \ldots, p,\ k = 1, \ldots, K)$ で偏微分すると，

$$\begin{aligned} \frac{\partial L}{\partial \beta_{j,k}} &= -\frac{1}{N}\sum_{i=1}^{N} x_{i,j}\sum_{h=1}^{K} I(y_i = h)\left\{I(h = k) - \frac{\exp\{\beta_{0,k} + x_i\beta_k\}}{\sum_{l=1}^{K}\exp\{\beta_{0,l} + x_i\beta_l\}}\right\} \\ &= -\frac{1}{N}\sum_{i=1}^{N} x_{i,j}\left\{I(y_i = k) - \frac{\exp\{\beta_{0,k} + x_i\beta_k\}}{\sum_{l=1}^{K}\exp\{\beta_{0,l} + x_i\beta_l\}}\right\} \\ &= -\frac{1}{N}\sum_{i=1}^{N} x_{i,j}\{I(y_i = k) - \pi_{k,i}\} \end{aligned}$$

となる。 □

命題 2　L の 2 回微分は

$$\frac{\partial^2 L}{\partial \beta_{j,k}\beta_{j',k}} = \sum_{i=1}^{N} x_{i,j}x_{i,j'}w_{i,k,k'}$$

となる。ただし，

$$w_{i,k,k'} := \begin{cases} \pi_{i,k}(1 - \pi_{i,k}), & k' = k \\ -\pi_{i,k}\pi_{i,k'}, & k' \neq k \end{cases} \tag{2.12}$$

とおいた。

証明　$k' = k$ として，$\beta_{j',k}$ $(j' = 1, \ldots, p)$ で偏微分すると

$$\begin{aligned} \frac{\partial^2 L}{\partial \beta_{j,k}\partial \beta_{j',k}} &= \frac{\partial}{\partial \beta_{j',k}}\left[-\frac{1}{N}\sum_{i=1}^{N} x_{i,j}\{I(y_i = k) - \pi_{k,i}\}\right] = \frac{1}{N}\sum_{i=1}^{N} x_{i,j}\frac{\partial \pi_{k,i}}{\partial \beta_{j',k}} \\ &= \frac{1}{N}\sum_{i=1}^{N} x_{i,j}\frac{x_{i,j'}\exp(\beta_{0,k} + x_i\beta_k)\{\sum_{l=1}^{K}\exp(\beta_{0,l} + x_i\beta_l)\} - x_{i,j'}\{\exp(\beta_{0,k} + x_i\beta_k)\}^2}{\{\sum_{l=1}^{K}\exp(\beta_{0,l} + x_i\beta_l)\}^2} \end{aligned}$$

$$= \frac{1}{N}\sum_{i=1}^{N} x_{i,j}x_{i,j'}\pi_{i,k}(1-\pi_{i,k})$$

となる。また，$k' \neq k$ として，$\beta_{j',k'}$ $(j'=1,\ldots,p)$ で偏微分すると

$$\frac{\partial^2 L}{\partial\beta_{j,k}\partial\beta_{j',k'}} = \frac{\partial}{\partial\beta_{j',k'}}\left[-\frac{1}{N}\sum_{i=1}^{N} x_{i,j}\{I(y_i=k)-\pi_{k,i}\}\right] = \frac{1}{N}\sum_{i=1}^{N} x_{i,j}\frac{\partial\pi_{k,i}}{\partial\beta_{j',k'}}$$
$$= \frac{1}{N}\sum_{i=1}^{N} x_{i,j}\exp(\beta_{0,k}+x_i\beta_k)\left\{-\frac{x_{i,j'}\exp(\beta_{0,k'}+x_i\beta_{k'})}{\{\sum_{l=1}^{K}\exp(\beta_{0,l}+x_i\beta_l)\}^2}\right\}$$
$$= -\frac{1}{N}\sum_{i=1}^{N} x_{i,j}x_{i,j'}\pi_{i,k}\pi_{i,k'}$$

となる。 □

命題3（Gershgorin） 対称行列 $A=(a_{i,j})\in\mathbb{R}^{n\times n}$ で，$a_{i,i}\geq\sum_{j\neq i}|a_{i,j}|$ がすべての $i=1,\ldots,n$ で成立すれば，A は非負定値である。

証明 正方行列 $A=(a_{j,k})\in\mathbb{R}^{n\times n}$ の任意の固有値 λ に対して，$x_i=1$, $|x_j|\leq 1$, $j\neq i$ なる固有ベクトル $x=[x_1,\ldots,x_n]^T$ と $1\leq i\leq n$ が存在する。したがって，

$$a_{i,i}+\sum_{j\neq i}a_{i,j}x_j = \sum_{j=1}^{n}a_{i,j}x_j = \lambda x_i = \lambda$$

より，

$$|\lambda - a_{i,i}| = |\sum_{j\neq i}a_{i,j}x_j| \leq \sum_{j\neq i}|a_{i,j}|$$

となり，少なくとも一つの $1\leq i\leq n$ について，

$$a_{i,i}-\sum_{j\neq i}|a_{i,j}| \leq \lambda \leq a_{i,i}+\sum_{j\neq i}|a_{i,j}|$$

が成立する。このことは，すべての $i=1,\ldots,n$ について，$a_{i,i}\geq\sum_{j\neq i}|a_{i,j}|$ であれば，すべての固有値が非負であり，行列 A が非負定値であることを意味する。 □

命題5 数列 $a_1\leq\cdots\leq a_n$ について，$n=2m+1$（奇数）のとき $x=a_{m+1}$，$n=2m$（偶数）のとき $x=(a_m+a_{m+1})/2$ は，$f(x)=\sum_{i=1}^{n}|x-a_i|$ を最小にする。すなわち，$a_1,\ldots,a_n$ の中央値が関数 f を最小にする。

証明 $n=2m+1$（奇数）のとき，$x\neq a_{m+1}$ で $f(x)$ の劣微分が非ゼロになる。また，$x=a_{m+1}$ で $f(x)$ の劣微分が $[-1,1]\ni 0$ になる。したがって，$x=a_{m+1}$ で最小になる。

$n=2m$（偶数）のとき，$x<a_m$，$a_{m+1}<x$ で $f(x)$ の劣微分が非ゼロになる。また，$a_m<x<a_{m+1}$ で劣微分が 0 になる。さらに，$x=a_m$ で劣微分が $[0,2]\ni 0$，$x=a_{m+1}$ で劣微分が $[-2,0]\ni 0$ になる。したがって，$a_m\leq x\leq a_{m+1}$ で最小になる。 □

命題 6　L の 1 回微分と 2 回微分はそれぞれ以下で与えられる。

$$\frac{\partial L}{\partial \beta_k} = -\sum_{i=1}^{N} x_{i,k} \left\{ \delta_i - \sum_{j \in C_i} \frac{e^{x_i \beta}}{\sum_{h \in R_j} e^{x_h \beta}} \right\}$$

$$\frac{\partial^2 L}{\partial \beta_k \partial \beta_l} = \sum_{i=1}^{N} \sum_{h=1}^{N} x_{i,k} x_{h,l} \sum_{j \in C_i} \frac{e^{x_i \beta}}{(\sum_{r \in R_j} e^{x_r \beta})^2} \{ I(i=h) \sum_{s \in R_j} e^{x_s \beta} - I(h \in R_j) e^{x_h \beta} \}$$

特に，L は凸である。

証明　$S_i = \sum_{h \in R_i} e^{x_h \beta}$ に対して，

$$\sum_{i:\delta_i=1} \sum_{j \in R_i} \frac{x_{j,k} e^{x_j \beta}}{S_i} = \sum_{j=1}^{N} \sum_{i \in C_j} \frac{x_{j,k} e^{x_j \beta}}{S_i} = \sum_{i=1}^{N} x_{i,k} \sum_{j \in C_i} \frac{e^{x_i \beta}}{S_j}$$

とできるので，$\nabla L = -X^T u$ の各成分は以下のように導かれる。

$$\frac{\partial L}{\partial \beta_k} = -\sum_{i:\delta_i=1} \left\{ x_{i,k} - \frac{\sum_{j \in R_i} x_{j,k} e^{x_j \beta}}{\sum_{h \in R_i} e^{x_h \beta}} \right\} = -\sum_{i=1}^{N} x_{i,k} \left\{ \delta_i - \sum_{j \in C_i} \frac{e^{x_i \beta}}{\sum_{h \in R_j} e^{x_h \beta}} \right\}$$

また，$\nabla^2 L = X^T W X$ の各成分は以下のように導かれる。

$$\begin{aligned}
\frac{\partial^2 L}{\partial \beta_k \partial \beta_l} &= \sum_{i=1}^{N} x_{i,k} \sum_{j \in C_i} \frac{\partial}{\partial \beta_l} \left(\frac{e^{x_i \beta}}{\sum_{h \in R_j} e^{x_h \beta}} \right) \\
&= \sum_{i=1}^{N} x_{i,k} \sum_{j \in C_i} \frac{1}{(\sum_{r \in R_j} e^{x_r \beta})^2} \{ x_{i,l} e^{x_i \beta} \sum_{s \in R_j} e^{x_s \beta} - e^{x_i \beta} \sum_{h \in R_j} x_{h,l} e^{x_h \beta} \} \\
&= \sum_{i=1}^{N} \sum_{h=1}^{N} x_{i,k} x_{h,l} \sum_{j \in C_i} \frac{e^{x_i \beta}}{(\sum_{r \in R_j} e^{x_r \beta})^2} \{ I(i=h) \sum_{s \in R_j} e^{x_s \beta} - I(h \in R_j) e^{x_h \beta} \}
\end{aligned}$$

これより

$$\frac{\partial^2 L}{\partial \beta_k \partial \beta_l} = \sum_{i=1}^{N} \sum_{h=1}^{N} x_{i,k} x_{h,l} w_{i,h}$$

となる。ただし，

$$w_{i,h} = \begin{cases} \displaystyle\sum_{j \in C_i} \frac{e^{x_i \beta}}{(\sum_{r \in R_j} e^{x_r \beta})^2} \{ \sum_{s \in R_j} e^{x_s \beta} - I(i \in R_j) e^{x_h \beta} \}, & h = i \\ \displaystyle -\sum_{j \in C_i} \frac{e^{x_i \beta}}{(\sum_{r \in R_j} e^{x_r \beta})^2} \{ I(h \in R_j) e^{x_h \beta} \}, & h \neq i \end{cases}$$

とおいた。また，そのような $W = (w_{i,j})$ は，$i \in R_j$ ゆえ，各 $i = 1, \ldots, N$ で $w_{i,i} = \sum_{h \neq i} |w_{i,h}|$ を満たし，命題 3 より W は非負定値である。したがって，任意の $[z_1, \ldots, z_p] \in \mathbb{R}^p$ について，

$$\sum_{k=1}^{p} \sum_{l=1}^{p} \sum_{i=1}^{N} \sum_{h=1}^{N} z_k z_l x_{i,k} x_{h,l} w_{i,h} \geq 0$$

が成立し，Hessian が非負定値ゆえ，L は非負定値である。 □

問題 21〜33

□ **21** Y を $\{0,1\}$ の値をとる確率変数とする。また，各 $x \in \mathbb{R}^p$ に対し，その生起確率 $P(Y = 1 \mid x)$ について

$$\log \frac{P(Y=1 \mid x)}{P(Y=0 \mid x)} = \beta_0 + x\beta \qquad (\text{cf. } (2.2)) \tag{2.21}$$

となるような $\beta_0 \in \mathbb{R}$ および $\beta \in \mathbb{R}^p$ が存在する（ロジスティック回帰）ことを仮定する。

(a) (2.21) は以下のように書けることを示せ。

$$P(Y=1 \mid x) = \frac{\exp(\beta_0 + x\beta)}{1+\exp(\beta_0 + x\beta)} \qquad (\text{cf. } (2.3)) \tag{2.22}$$

(b) 下記は，$p = 1$, $\beta_0 = 0$ として，種々の $\beta \in \mathbb{R}$ に対して (2.22) の右辺の値を計算する処理を記述したものである。空欄を埋めて，$\beta = 0$ 以外の値を変えて実行せよ。β が大きくなると，どのような形状になるか。

```
f = function(x) return(exp(beta.0 + beta * x) / (1 + exp(beta.0 + beta * x)))
beta.0 = 0; beta.seq = c(0, 0.2, 0.5, 1, 2, 10)
m = length(beta.seq)
beta = beta.seq[1]
plot(f, xlim = c(-10, 10), ylim = c(0, 1), xlab = "x", ylab = "y",
     col = 1, main = "ロジスティック曲線")
for (i in 2:m) {
  beta = ## 空欄(1) ##
  par(new = TRUE)
  plot(## 空欄(2) ##, xlim = c(-10, 10), ylim = c(0, 1), xlab = "", ylab = "",
       axes = FALSE, col = i)
}
legend("topleft", legend = beta.seq, col = 1:length(beta.seq),
       lwd = 2, cex = .8)
par(new = FALSE)
```

(c) ロジスティック回帰 (2.21) で，$x \in \mathbb{R}^p$ と $Y \in \{0,1\}$ の実現値が (x_i, y_i) $(i = 1, \ldots, N)$ であるとき，尤度は $\displaystyle\prod_{i=1}^{N} \frac{e^{y_i\{\beta_0 + x_i\beta\}}}{1+e^{\beta_0 + x_i\beta}}$ で与えられる。その Lasso の評価値

$$-\frac{1}{N}\sum_{i=1}^{N}[y_i(\beta_0 + x_i\beta) - \log(1+e^{\beta_0 + x_i\beta})] + \lambda\|\beta\|_1 \tag{2.23}$$

では Y に $\{0,1\}$ を用いているが，ロジスティック回帰の Lasso では，Y に $\{-1,1\}$ を用いた以下の (2.24) による表記もよく使われている。

$$\frac{1}{N}\sum_{i=1}^{N} \log(1+\exp\{-y_i(\beta_0 + x_i\beta)\}) + \lambda\|\beta\|_1 \qquad (\text{cf. } (2.8)) \tag{2.24}$$

$y_i = 0$ を $y_i = -1$ に変えた場合，(2.23) から (2.24) が得られることを示せ。

以下では，(i,j) 成分が $x_{i,j}$ である行列の第 0 列にすべて 1 の列を加えた行列を $X \in \mathbb{R}^{N\times(p+1)}$ と書き，$x_i = [x_{i,1},\ldots,x_{i,p}]$ とおくものとする。また，確率変数 Y は $\{-1,1\}$ の値をとるものとする。

□ **22** $L(\beta_0,\beta) := \sum_{i=1}^{N}\log\{1+\exp(-y_i(\beta_0+x_i\beta))\}$ について，以下を示せ。ただし，$v_i := \exp\{-y_i(\beta_0+x_i\beta)\}$ とおくものとする。

(a) 第 j 成分が $\dfrac{\partial L}{\partial \beta_j}$ $(j=0,1,\ldots,p)$ となる行列 ∇L は $\nabla L = -X^T u$ と書ける。ただし，

$$u = \begin{bmatrix} \dfrac{y_1 v_1}{1+v_1} \\ \vdots \\ \dfrac{y_N v_N}{1+v_N} \end{bmatrix}$$

とする。

(b) 第 (j,k) 成分が $\dfrac{\partial^2 L}{\partial \beta_j \beta_k}$ $(j,k=0,1,\ldots,p)$ となる行列 $\nabla^2 L$ は $\nabla^2 L = X^T W X$ と書ける。ただし，

$$W = \begin{bmatrix} \dfrac{v_1}{(1+v_1)^2} & \cdots & 0 \\ \vdots & \ddots & \vdots \\ 0 & \cdots & \dfrac{v_N}{(1+v_N)^2} \end{bmatrix} \quad \text{(対角行列)}$$

とする。

さらに，$\lambda = 0$ として，ロジスティック回帰の係数を推定する処理を，以下のように構成する。まず，(β_0,β) の初期値を与え，Newton 法によって値を更新し，収束するまで繰り返す。下記の処理を実行して，収束性を確認せよ。特に，p を大きくしていくと処理が発散しやすくなることを確認せよ。

```
## データ生成
N = 1000; p = 2; X = matrix(rnorm(N * p), ncol = p); X = cbind(rep(1, N), X)
beta = rnorm(p + 1); y = array(N); s = as.vector(X %*% beta)
prob = 1 / (1 + exp(s))
for (i in 1:N) {if (runif(1) > prob[i]) y[i] = 1 else y[i] = -1}
beta
## 最尤推定値の計算
beta = Inf; gamma = rnorm(p + 1)
while (sum((beta - gamma) ^ 2) > 0.001) {
  beta = gamma
  s = as.vector(X %*% beta)
  v = exp(-s * y)
  u = y * v / (1 + v)
  w = v / (1 + v) ^ 2
  z = s + u / w
  W = diag(w)
  gamma = as.vector(solve(t(X) %*% W %*% X) %*% t(X) %*% W %*% z)
```

```
  print(gamma)
}
```

□ **23** $\lambda = 0$ のとき，以下の各状況で最尤となる (β_0, β) は発散することを示せ。

(a) $N < p$ であり，X の階数が N のとき。

ヒント 問題22で $-X^T u = 0$ の左から $-X$ を掛けると，$XX^T u = 0$ となる。XX^T は逆行列をもつので，$u = 0$ でないと $XX^T u = 0$ は定常解に到達しない。また，有限の (β_0, β) の値では $u = 0$ にはならない。

(b) $y_i(\beta_0 + x_i\beta) > 0$ がすべての $i = 1, \ldots, N$ で成立するような (β_0, β) が存在するとき。

ヒント そのような (β_0, β) が存在すれば，$(2\beta_0, 2\beta)$ のほうが L を小さくする。しかも，その前提条件は成立する。

□ **24** 下記は，1,000個の遺伝子の発現量（1,000変量）と，乳がんにかかっている（症例）・かかっていない（対照）1変量の合計1,001変量について，症例58サンプル，対照192サンプル，合計250サンプルに関するデータ breastcancer から，解析を行うプログラムである。

```
df = read.csv("breastcancer.csv")
x = as.matrix(df[, 1:1000])
y = as.vector(df[, 1001])
cv = cv.glmnet(x, y, family = "binomial")
cv2 = cv.glmnet(x, y, family = "binomial", type.measure = "class")
par(mfrow = c(1, 2))
plot(cv)
plot(cv2)
par(mfrow = c(1, 1))
```

ここで，cv.glmnet は指定をしないと，二項偏差

$$\frac{1}{N}\sum_{i=1}^{N} -\log P(Y = y_i \mid X = x_i)$$

で CV のテストデータの評価を行い，type.measure = "class" とすると誤り率で CV のテストデータの評価を行う。

CV で評価値が最適となる λ を以下の空欄に入れて，続くコードを作成し，係数が0でない遺伝子を求めよ。

```
glm = glmnet(x, y, lambda = ## 空欄 ##, family = "binomial")
```

ヒント beta = glm$beta ではなく，beta = drop(glm$beta) として，行列ではない形式にしたほうが，beta[beta != 0] などの処理をしやすい。

□ **25** 2 値ではなく K 値をとるとき，ロジスティック回帰は以下のように一般化される。

$$P(Y=k \mid x)=\frac{e^{\beta_{0,k}+x\beta^{(k)}}}{\sum_{l=1}^{K} e^{\beta_{0,l}+x\beta^{(l)}}} \quad (k=1,\ldots,K) \qquad (\text{cf. } (2.11)) \qquad (2.25)$$

(a) (2.25) は，右辺の分子分母にある指数部すべてから，任意の $\gamma_0 \in \mathbb{R}$, $\gamma \in \mathbb{R}^p$ に対して $\gamma_0 + x\gamma$ を引いても，等号が成立する。このことを示せ。

(b) (2.24) の第 2 項は，$\lambda \sum_{k=1}^{K} \|\beta_k\|_1 = \lambda \sum_{k=1}^{K} \sum_{j=1}^{p} |\beta_{j,k}|$ というように一般化される。$\beta_{0,k} + x\beta^{(k)}$ を $\beta_{0,k} - \gamma_0 + x(\beta^{(k)} - \gamma)$ に変えても第 1 項は変わらないが，第 2 項の値は変化する。$\gamma = (\gamma_1, \ldots, \gamma_p)$, $\sum_{k=1}^{K} |\beta_{j,k} - \gamma_j|$ を最小にする γ_j の値は，$\beta_{j,1}, \ldots, \beta_{j,K}$ の中央値になることが知られている。$\beta_{j,1}, \ldots, \beta_{j,K}$ $(j = 1, \ldots, p)$ の値が求まってから，それらをどのように変形すると，Lasso の評価値が最小になるか。

(c) `glmnet` では，$\beta_{0,k}$ の値は一意性を保つために，$\sum_{k=1}^{K} \beta_{0,k} = 0$ となるように設定される。最初に $\beta_{0,1}, \ldots, \beta_{0,K}$ が求まってから，最終的な $\beta_{0,1}, \ldots, \beta_{0,K}$ の値を得るまでに，どのような計算がなされるか。

□ **26** iris のデータセット ($n = 150$, $p = 4$) をインターネットでダウンロードし，下記を実行せよ。そして，`cv.glmnet` の 2 個のグラフを出力し，CV で最適な λ を求めよ。さらに，その λ での β_0, β を求め，150 個のデータの説明変数を入れて実行せよ。

```
library(glmnet)
df = read.table("iris.txt", sep = ",")
x = as.matrix(df[, 1:4])
y = as.vector(df[, 5])
y = as.numeric(y == "Iris-setosa")
cv = cv.glmnet(x, y, family = "binomial")
cv2 = cv.glmnet(x, y, family = "binomial", type.measure = "class")
par(mfrow = c(1, 2))
plot(cv)
plot(cv2)
par(mfrow = c(1, 1))
lambda = cv$lambda.min
result = glmnet(x, y, lambda = lambda, family = "binomial")
beta = result$beta
beta.0 = result$a0
f = function(x) return(exp(beta.0 + x %*% beta))
z = array(dim = 150)
for (i in 1:150) z[i] = drop(f(x[i, ]))
yy = (z > 1)
sum(yy == y)
```

$K = 2$ ではなく $K = 3$ で訓練データの正答率を評価したい。空欄を埋めて，処理を実行せよ。

```
library(glmnet)
df = read.table("iris.txt", sep = ",")
x = as.matrix(df[, 1:4]); y = as.vector(df[, 5])
n = length(y); u = array(dim = n)
for (i in 1:n) if (y[i] == "Iris-setosa") u[i] = 1 else
  if (y[i] == "Iris-versicolor") u[i] = 2 else u[i] = 3
u = as.numeric(u)
cv = cv.glmnet(x, u, family = "multinomial")
cv2 = cv.glmnet(x, u, family = "multinomial", type.measure = "class")
par(mfrow = c(1, 2)); plot(cv); plot(cv2); par(mfrow = c(1, 1))
lambda = cv$lambda.min
result = glmnet(x, y, lambda = lambda, family = "multinomial")
beta = result$beta; beta.0 = result$a0
v = array(dim = n)
for (i in 1:n) {
  max.value = -Inf
  for (j in 1:3) {
    value = ## 空欄 ##
    if (value > max.value) {v[i] = j; max.value = value}
  }
}
sum(u == v)
```

ヒント beta および beta.0 がそれぞれ大きさ3のリストになっていて，前者は係数の値を格納したベクトルになっている点に注意する。

□ **27** 2値ではなく K 値をとるとき，ロジスティック曲線による確率は以下のように一般化される。

$$P(Y=k\mid x)=\frac{e^{\beta_{0,k}+x\beta^{(k)}}}{\sum_{l=1}^{K}e^{\beta_{0,l}+x\beta^{(l)}}}\quad(k=1,\ldots,K)\qquad\text{(cf. (2.11))}$$

まず，観測データ $(x_1,y_1),\ldots,(x_N,y_N)\in\mathbb{R}^p\times\{1,\ldots,K\}$ から，マイナス対数尤度

$$L:=-\frac{1}{N}\sum_{i=1}^{N}\sum_{h=1}^{K}I(y_i=h)\log\frac{\exp\{\beta_{0,h}+x_i\beta^{(h)}\}}{\sum_{l=1}^{K}\exp\{\beta_{0,l}+x_i\beta^{(l)}\}}$$

を計算することができる。L の2回微分が

$$\frac{\partial^2 L}{\partial\beta_{j,k}\beta_{j',k}}=\left\{\begin{array}{ll}\sum_{i=1}^{N}x_{i,j}x_{i,j'}\pi_{i,k}(1-\pi_{i,k}), & k'=k\\ \sum_{i=1}^{N}x_{i,j}x_{i,j'}\pi_{i,k}\pi_{i,k'}, & k'\neq k\end{array}\right.$$

となることを用いて，これらを $\sum_{i=1}^{N}x_{i,j}x_{i,j'}w_{i,k,k'}$ と書くとき，行列 $W_i=(w_{i,k,k'})\in\mathbb{R}^{K\times K}$ はそれぞれ非負定値であることを示せ。

□ **28** ポアッソン分布

$$P(Y=k)=\frac{\mu^k}{k!}e^{-\mu}\quad(k=0,1,2,\ldots)\qquad\text{(cf. (2.14))}$$

のパラメータ $\mu := E[Y] > 0$ が，$x \in \mathbb{R}^p$ に依存して，

$$\mu(x) = E[Y \mid X = x] = e^{\beta_0 + x\beta} \quad (x \in \mathbb{R}^p)$$

と書けることを仮定する。観測値 $(x_1, y_1), \ldots, (x_N, y_N)$ から尤度を求めると，$\mu_i := \mu(x_i) = e^{\beta_0 + x_i\beta}$ として，

$$\prod_{i=1}^{N} \frac{\mu_i^{y_i}}{y_i!} e^{-\mu_i} \qquad \text{(cf. (2.15))} \tag{2.26}$$

となる。パラメータ β_0, β を求めるために，Lasso を適用する際，$L(\beta_0, \beta) := -\sum_{i=1}^{N}\{y_i(\beta_0 + x_i\beta) - e^{\beta_0 + x_i\beta}\}$ として，

$$\frac{1}{N} L(\beta_0, \beta) + \lambda \|\beta\|_1 \qquad \text{(cf. (2.16))} \tag{2.27}$$

が用いられる。

(a) (2.26) から (2.27) はどのようにして得られるか。

(b) $\nabla L = -\tilde{X}^T u$ と書くとき，

$$u = \begin{bmatrix} y_1 - e^{\beta_0 + x_1\beta} \\ \vdots \\ y_N - e^{\beta_0 + x_N\beta} \end{bmatrix}$$

となることを示せ。

(c) $\nabla L = \tilde{X}^T W \tilde{X}$ と書くとき，

$$W = \begin{bmatrix} e^{\beta_0 + x_1\beta} & \cdots & 0 \\ \vdots & \ddots & \vdots \\ 0 & \cdots & e^{\beta_0 + x_N\beta} \end{bmatrix} \qquad \text{(対角行列)}$$

となることを示せ。

また，一般の $\lambda \geq 0$ の値でポアッソン回帰を実行したい。以下の空欄を埋めて，処理を実行せよ。

```
## データ生成
N = 1000
p = 7
beta = rnorm(p + 1)
X = matrix(rnorm(N * p), ncol = p)
X = cbind(rep(1, N), X)
s = X %*% beta
y = rpois(N, lambda = exp(s))
beta
## 最尤推定値の計算
lambda = 100
beta = Inf
gamma = rnorm(p + 1)
while (sum((beta - gamma) ^ 2) > 0.01) {
```

```
    beta = gamma
    s = as.vector(X %*% beta)
    w = ## 空欄(1) ##
    u = ## 空欄(2) ##
    z = ## 空欄(3) ##
    W = diag(w)
    gamma = coordinate(W, z, gamma)
    print(gamma)
}
```

以下では，生存時間解析，特にCoxモデルについて扱う。それぞれ死亡，調査打ち切りをあらわす確率変数$T, C \geq 0$を用いて，$Y = \min\{T, C\}$とする。$t \geq 0$として，事象$T > t$の確率を$S(t)$とし，さらに

$$h(t) := -\frac{S'(t)}{S(t)}$$

もしくは

$$h(t) := \lim_{\delta \to 0} \frac{P(t < Y < t + \delta \mid Y \geq t)}{\delta}$$

とおく（両者は同値な定義）。Coxモデルは，$h(t)$をtのみに依存する関数$h_0(t)$（ハザード関数）と共変量$x \in \mathbb{R}$に依存する部分の積として表現するもので，具体的には

$$h(t) = h_0(t) \exp(x^T \beta)$$

というようにあらわす。特に，β_0の部分（定数倍）は$h_0(t)$に含まれるとみるので，$\beta_0 = 0$と仮定する。$(x_1, y_1), \ldots, (x_N, y_N) \in \mathbb{R}^p \times \mathbb{R}_{\geq 0}$から，$h(t)$の尤度を最大にする$\beta \in \mathbb{R}^p$を推定することになる。ただし，ハザード関数は一定なので，尤度を計算する際には用いられない。しかし，pが大きい場合，すなわちスパースな状況では，これまでの一般化線形回帰と同様，L1正則化を行うことが試みられている。

□ **29** kidneyデータセットから，肝臓病の患者の生存時間を推定したい。共変量の各変数の意味は以下の通りである。

列	変数名	意味
1	id	患者ID
2	time	時間
3	status	ステータス（0：生存（打ち切り），1：死亡）
4	age	年齢
5	sex	性別（男性：1，女性：2）
6	disease	病気の種類（0：GN，1：AN，2：PKD，3：Other）
7	frail	元論文からのfrailty推定値

まず，次のコードを実行した。

```
library(survival)
data(kidney)
names(kidney)
```

```
y = kidney$time
delta = kidney$status
Surv(y, delta)
```

(a) 関数 Surv はどのような処理を行っているか。

(b) 肝臓病の病気の種類ごとに生存時間曲線を描いてみた。これを，性別ごとに直してラベルと凡例をつけ，出力せよ。

```
fit = survfit(Surv(time, status) ~ disease, data = kidney)
plot(fit, xlab = "時間", ylab = "生存率",
     col = c("red", "green", "blue", "black"))
legend(300, 0.8, legend = c("その他", "GN", "AN", "PKD"),
       lty = 1, col = c("red", "green", "blue", "black"))
## 以下も実行する
library(ranger); library(ggplot2); library(dplyr); library(ggfortify)
autoplot(fit)
```

□ **30** 問題 29 の変数 time には，生存時間と調査が打ち切りになるまでの時間が混在している。生存時間だけをとりだして，昇順に並べ直したものを $t_1 < t_2 < \cdots < t_k$ $(k \le N)$ とする。そして，生存時間が t_i の時刻で d_i 個の死亡があった場合，総死亡数を $D = \sum_{j=1}^{k} d_j$ と書く。N 個のサンプルに打ち切りがない場合，$D = N$ となる。区間 $[t_j, t_{j+1})$ における打ち切り標本数を m_j $(j = 1, \ldots, k)$ と書くとき，時間 t_j まで（t_j は含まない）の生存者数（リスク集合の大きさ）は

$$n_j = \sum_{i=j}^{k} (d_i + m_i) \quad (j = 1, \ldots, k)$$

と書ける。このとき，生存時間 T が t よりも大きい確率 $S(t)$ は，以下のように推定される（Kaplan-Meier 推定量）：$t_l \le t < t_{l+1}$ のとき，

$$\hat{S}(t) = \begin{cases} 1, & t < t_1 \\ \displaystyle\prod_{i=1}^{l} \frac{n_i - d_i}{n_i}, & t \ge t_1 \end{cases} \qquad \text{(cf. (2.18))}$$

$t_l \le t < t_{l+1}$ で打ち切りがない場合，この推定量はどのように簡略化されるか。

□ **31** Cox (1972) は，パラメータ β の推定方法として，部分尤度関数

$$\prod_{i:\delta_i=1} \frac{e^{x_i \beta}}{\sum_{j \in R_i} e^{x_j \beta}} \qquad \text{(cf. (2.19))}$$

を最大化することを提案した。ここで δ_i は，$i = 1, \ldots, N$ 番目のデータ（共変量 $x_i \in \mathbb{R}^p$ と時間 y_i）について，$\delta_i = 1$ なら死亡，$\delta_i = 0$ なら調査打ち切りをあらわすものである。また，リスク集合 R_i は y_i 以上の時間 y_j の添字 j の集合である。以下のような Lasso の

定式化がよく用いられている。

$$-\frac{1}{N}\sum_{i:\delta_i=1}\log\frac{e^{x_i\beta}}{\sum_{j\in R_i}e^{x_j\beta}}+\lambda\|\beta\|_1 \qquad \text{(cf. (2.20))}$$

この解を求めるために，ロジスティック回帰やポアッソン回帰と同様に，u, W を計算したい。ここで，L を次のように定める。

$$L := -\sum_{i:\delta_i=1}\log\frac{e^{x_i\beta}}{\sum_{j\in R_i}e^{x_j\beta}}$$

また，各行を $x_1,\ldots,x_N\in\mathbb{R}^p$ とする行列を X とおく。

(a) $j\in R_i,\ \delta_i=1 \Longleftrightarrow i\in C_j$ とおくとき，以下を示せ。

$$\begin{aligned}\frac{\partial L}{\partial\beta_k} &= -\sum_{i:\delta_i=1}\left\{x_{i,k}-\frac{\sum_{j\in R_i}x_{j,k}e^{x_j\beta}}{\sum_{h\in R_i}e^{x_h\beta}}\right\}\\ &= -\sum_{i=1}^N x_{i,k}\left\{\delta_i-\sum_{j\in C_i}\frac{e^{x_i\beta}}{\sum_{h\in R_j}e^{x_h\beta}}\right\}\end{aligned}$$

また，$\nabla L=-X^Tu$ の u はどのように書けるか。

ヒント $S_i=\sum_{h\in R_i}e^{x_h\beta}$ に対して，以下が成り立つ。

$$\sum_{i:\delta_i=1}\sum_{j\in R_i}\frac{x_{j,k}e^{x_j\beta}}{S_i}=\sum_{j=1}^N\sum_{i\in C_j}\frac{x_{j,k}e^{x_j\beta}}{S_i}=\sum_{i=1}^N x_{i,k}\sum_{j\in C_i}\frac{e^{x_i\beta}}{S_j}$$

(b) $\nabla^2 L=X^TWX$ の各成分は，以下のように導かれる。

$$\begin{aligned}\frac{\partial^2 L}{\partial\beta_k\partial\beta_l} &= \sum_{i=1}^N x_{i,k}\sum_{j\in C_i}\frac{\partial}{\partial\beta_l}\left(\frac{e^{x_i\beta}}{\sum_{h\in R_j}e^{x_h\beta}}\right)\\ &= \sum_{i=1}^N x_{i,k}\sum_{j\in C_i}\frac{1}{(\sum_{r\in R_j}e^{x_r\beta})^2}\{x_{i,l}e^{x_i\beta}\sum_{s\in R_j}e^{x_s\beta}-e^{x_i\beta}\sum_{h\in R_j}x_{h,l}e^{x_h\beta}\}\\ &= \sum_{i=1}^N\sum_{h=1}^N x_{i,k}x_{h,l}\sum_{j\in C_i}\frac{e^{x_i\beta}}{(\sum_{r\in R_j}e^{x_r\beta})^2}\{I(i=h)\sum_{s\in R_j}e^{x_s\beta}-I(h\in R_j)e^{x_h\beta}\}\end{aligned}$$

W の対角成分を求めよ。

ヒント $i=h$ のとき，$j\in C_i$ は $h\in R_j$ を意味する。

□ **32** 悪性リンパ腫にかかった人の生存時間に関するデータ 1846-2568-2-SP.rda (Alizadeh, 2000) が `https://www.jstatsoft.org/rt/suppFileMetadata/v039i05/0/722` にある。このデータについて，以下の問いに答えよ。

(a) データをダウンロードし，以下をまず実行せよ。

```
library(survival)
load("LymphomaData.rda"); attach("LymphomaData.rda")
names(patient.data); x = t(patient.data$x)
y = patient.data$time; delta = patient.data$status; Surv(y, delta)
```

x には $p = 7{,}399$ の遺伝子の発現量が，y には時間が，delta にはそれが生存時間なら 1，調査打ち切りまでの時間なら 0 の値が格納されている。サンプル数は $N = 240$ である。下記のコードを実行し，CV を最小にする λ の値を求め，7,399 個のうち何個の係数が非ゼロであるかを求めよ。さらに cv.fit を出力せよ。

```
cv.fit = cv.glmnet(x, Surv(y, delta), family = "cox")
```

(b) 下記の空欄を埋めて，$\beta^T x_i$ が正か負かの各グループで，生存時間にどのような差異が生じるかを，Kaplan-Meier 曲線で示せ。

```
fit2 = glmnet(x, Surv(y, delta), lambda = cv.fit$lambda.min, family = "cox")
z = sign(drop(x %*% fit2$beta))
fit3 = survfit(Surv(y, delta) ~ ## 空欄 ##)
autoplot(fit3)
mean(y[z == 1])
mean(y[z == -1])
```

□ **33** ロジスティック回帰とサポートベクトルマシンは，Lasso で実行しても性能が似ているとされている。

(a) 下記コードは，南アフリカの心臓病に関するデータセット

https://www2.stat.duke.edu/~cr173/Sta102_Sp14/Project/heart.pdf

に対して，ロジスティック回帰とサポートベクトルマシンのそれぞれで Lasso を実行したものである。glmnet と sparseSVM という異なるライブラリを利用するため，プロットが異なり，最初に出力されるプロットには係数に関する凡例がついていない。そこで，それぞれのパッケージで出力される係数を用いてグラフを構成してみた。SVM に関してもグラフを出力させよ。

```
library(ElemStatLearn)
library(glmnet)
library(sparseSVM)
data(SAheart)
df = SAheart
df[, 5] = as.numeric(df[, 5])
x = as.matrix(df[, 1:9]); y = as.vector(df[, 10])
p = 9
binom.fit = glmnet(x, y, family = "binomial")
svm.fit = sparseSVM(x, y)
par(mfrow = c(1, 2))
```

```
plot(binom.fit); plot(svm.fit, xvar = "norm")
par(mfrow = c(1, 1))
## 出力は似ているが, 凡例がないので, 係数の値が近いかどうかわからない。
## そこで, 自分でグラフを作成してみた。
coef.binom = binom.fit$beta; coef.svm = coef(svm.fit)[2:(p + 1), ]
norm.binom = apply(abs(coef.binom), 2, sum)
norm.binom = norm.binom / max(norm.binom)
norm.svm = apply(abs(coef.svm), 2, sum); norm.svm = norm.svm / max(norm.svm)
par(mfrow = c(1, 2))
plot(norm.binom, xlim = c(0, 1), ylim = c(min(coef.binom), max(coef.binom)),
     main = "ロジスティック回帰", xlab = "ノルム", ylab = "係数", type = "n")
for (i in 1:p) lines(norm.binom, coef.binom[i, ], col = i)
legend("topleft", legend = colnames(df), col = 1:p, lwd = 2, cex = .8)
par(mfrow = c(1, 1))
```

(b) 急性白血病患者の遺伝子の発現量から，急性リンパ性白血病 (ALL) と急性骨髄性白血病 (AML) のいずれであるかを識別したい。すなわち，どの遺伝子が白血病の識別に関係するかを見極めたい。そのための訓練データからなる leukemia_big.csv を以下からダウンロードして，ファイルとして格納する。

https://web.stanford.edu/~hastie/CASI_files/DATA/leukemia.html

このデータは患者数 $N = 72$（47 名が急性リンパ性，25 名が急性骨髄性。各サンプルには ALL か AML のいずれであるかが明記されている），遺伝子数 $p = 7{,}128$ である。なお，小児の血液・リンパのがんについては，たとえば以下の記事を参考にされたい[1)]。

https://www.ncc.go.jp/jp/rcc/about/pediatric_leukemia/index.html

下記を実行したあと，ロジスティック回帰とサポートベクトルマシンの係数の値を出力せよ。ゲノムデータでは遺伝子を行で，サンプルを列で表記することが多いが，これまでと同様，各行が 1 サンプルに対応するように処理をすすめるものとする。

```
df = read.csv(
  "http://web.stanford.edu/~hastie/CASI_files/DATA/leukemia_big.csv")
dim(df)
names = colnames(df)
x = t(as.matrix(df))
y = as.numeric(substr(names, 1, 3) == "ALL")
p = 7128
binom.fit = glmnet(x, y, family = "binomial")
svm.fit = sparseSVM(x, y)
coef.binom = binom.fit$beta; coef.svm = coef(svm.fit)[2:(p + 1), ]
norm.binom = apply(abs(coef.binom), 2, sum)
norm.binom = norm.binom / max(norm.binom)
norm.svm = apply(abs(coef.svm), 2, sum); norm.svm = norm.svm / max(norm.svm)
```

1)「小児の血液・リンパのがん | 希少がんセンター」，2020 年 7 月 27 日閲覧

ヒント　ほぼ同じ処理になるが，凡例があると見にくくなるので，はずす。

第 3 章 グループ Lasso

グループ **Lasso** は変数を K 個のグループ $k = 1, \ldots, K$ に分ける **Lasso** である。同じグループに属する p_k 個の変数 $\theta_k = [\theta_{1,k}, \ldots, \theta_{p_k,k}]^T \in \mathbb{R}^{p_k}$ どうしは，λ を大きくしたときに同じタイミングで係数が **0** になる。本章では，ある λ の値について，係数が **0** ではない変数やグループをアクティブ，係数が **0** のものを非アクティブとよぶことにする。

すなわち，グループ **Lasso** は，変数そのものを選択する **Lasso** ではなく，変数のグループを選択する **Lasso** である。グループが異なれば，変数の係数がアクティブになるタイミングが異なってもよい。

◆ **例 24（複数の目的変数）** 第 1 章で扱った線形回帰は目的変数が 1 個であったが，本章では目的変数が複数（K 個）になる場合を考える。説明変数が p 個あれば，pK 個の係数が必要になる。各 $j = 1, \ldots, p$ の変数で，K 個の係数のアクティブ・非アクティブのタイミングが一致するような状況を想定する [28]。たとえば，野球の本塁打数と打点数が目的変数で，安打数や四球数などが説明変数の場合，本塁打数と打点数は相関が強いので，p 説明変数の $K = 2$ 個の目的変数に対応する係数の推移が，λ の値によって，似たような挙動を示すことが予想される。この内容は 3.6 節で検討する。

◆ **例 25（ロジスティック回帰）** 第 2 章で扱ったロジスティック回帰による分類処理で，クラス $k = 1, \ldots, K$ ごとではなく，変数ごとでグループを構成し，分類にとってどの変数が重要な役割を果たすかを見極めたい [28]。たとえば，Fisher のあやめのデータセットでは，$p \times K = 4 \times 3 = 12$ 個のパラメータがあったが，これを $K = 3$ 個（あやめの 3 種類）の係数を含む $p = 4$ 個（花びらとがくの長さと幅）のグループに分ける。λ の値を大きくしていくと，ある時点で同じ変数に含まれる $K = 3$ 個の係数が同時に 0 になる。この内容は 3.7 節で検討する。

◆ **例 26（一般化加法モデル）** 第 1 章の線形回帰の場合と同様に，$X \in \mathbb{R}^{N \times p}$，$y \in \mathbb{R}^N$ のデータが与えられるが，各 $i = 1, \ldots, N$ で

$$y_i = \sum_{k=1}^{K} f_k(x_i; \theta_k) + \epsilon_i$$

と書ける場合を考える。ただし，関数 f_k は p_k 個のパラメータ $\theta_k = [\theta_{1,k}, \ldots, \theta_{p_k,k}] \in \mathbb{R}^{p_k}$ を含

み，雑音 ϵ_i は，未知の分散 $\sigma^2 > 0$ をもつ平均0の正規分布にしたがうものとする。この問題に Lasso を適用する場合，各関数を含めるか否かを考慮する必要があるため，個々の $\theta_{j,k}$ ではなく，グループとして θ_k がアクティブか否かを決める必要がある [24]。この内容は3.8節で検討する。

本章では，これまでの概念を一般化して，変数を K 個のグループに分け (各グループで $p_1, \ldots, p_K$ 個の変数を含む)，$z_{i,k} \in \mathbb{R}^{p_k}$ $(k = 1, \ldots, K)$, $y_i \in \mathbb{R}$ $(i = 1, \ldots, N)$ から

$$\frac{1}{2}\sum_{i=1}^{N}(y_i - \sum_{k=1}^{K} z_{i,k}\theta_k)^2 + \lambda\sum_{k=1}^{K}\|\theta_k\|_2 \tag{3.1}$$

の値を最小にする

$$\theta_1 = [\theta_{1,1}, \ldots, \theta_{p_1,1}]^T, \ldots, \theta_K = [\theta_{1,K}, \ldots, \theta_{p_K,K}]^T$$

を求める問題を検討する[1]。ただし，$\|\theta_k\|_2 := \sqrt{\sum_{j=1}^{p_k}\theta_{j,k}^2}$ とし，$z_{i,k}$ は行ベクトルであるとする。

(3.1) は第1章で扱った線形回帰 $(p_1 = \cdots = p_K = 1,\ K = p)$ の一般化になっている点に注意したい。実際，$x_i = [z_{i,1}, \ldots, z_{i,p}] \in \mathbb{R}^{1\times p}$ (行ベクトル)，$\beta := [\theta_{1,1}, \ldots, \theta_{p,1}]^T$ とおくと，

$$\frac{1}{2}\sum_{i=1}^{N}(y_i - x_i\beta)^2 + \lambda\|\beta\|_1$$

となる。

3.1 グループ数が1の場合

本節では，グループ数が1の場合，すなわち $K = 1$ として $p_k = p$ の場合を検討する。このとき，(3.1) は

$$\frac{1}{2}\sum_{i=1}^{N}(y_i - z_{i,1}\theta_1)^2 + \lambda\|\theta_1\|_2$$

と書ける。以下では，p_1 を p とおき，$z_{i,1} \in \mathbb{R}^p$ を $x_i = [x_{i,1}, \ldots, x_{i,p}]$ (行ベクトル) とおき，$\theta_1 \in \mathbb{R}^p$ を $\beta = [\beta_1, \ldots, \beta_p]^T$ とおいて議論をすすめる。また，座標降下法とは異なる方法で最適な β を求める。第1章では第2項が $\lambda\|\beta\|_1 = \lambda\sum_{j=1}^{p}|\beta_j|$ であったが，本節では $\lambda\|\beta\|_2 = \lambda\sqrt{\sum_{j=1}^{p}\beta_j^2}$ となる。また，Ridge 回帰 $\lambda\|\beta\|_2^2 = \lambda\sum_{j=1}^{p}\beta_j^2$ とも異なる。

関数

$$f(x, y) := \sqrt{x^2 + y^2} \tag{3.2}$$

について，$y = 0$ とおくと $f(x, y) = |x|$ であるため，左右から原点に近づけると傾きが異なる。また，原点以外では偏微分はそれぞれ

$$\left\{\begin{array}{l} f_x(x, y) = x/\sqrt{x^2 + y^2} \\ f_y(x, y) = y/\sqrt{x^2 + y^2} \end{array}\right. \tag{3.3}$$

[1] 本章でも，第1章と同様の，データの前処理・後処理の中心化や正規化が必要だが，標準正規乱数で処理する場合などでは，3.6節を除いて省略している。

となるので，微分係数が連続になる。

第１章では１変数関数の劣微分を定義したが，２変数の劣微分は，すべての $(x,y) \in \mathbb{R}^2$ について

$$f(x,y) \geq f(x_0,y_0) + u(x-x_0) + v(y-y_0) \tag{3.4}$$

が成立する $(u,v) \in \mathbb{R}^2$ として定義される。１変数の場合と同様，微分可能な点 (x_0,y_0) における劣微分 (u,v) は，(x_0,y_0) において x,y で偏微分した値になる。

第１章と同様に，本章でも原点での劣微分を考察する。まず，(3.2) の $(x_0,y_0)=(0,0)$ での劣微分は，(3.4) の定義より，すべての $(x,y) \in \mathbb{R}^2$ について

$$\sqrt{x^2+y^2} \geq ux+vy$$

となる $(u,v) \in \mathbb{R}^2$ の集合となる。$x = r\cos\theta$, $y = r\sin\theta$ とおくと，$u = s\cos\phi$, $v = s\sin\phi$ $(s \geq 0,\ 0 \leq \phi < 2\pi)$ として，$r \geq rs\cos(\theta-\phi)$ が任意の $r \geq 0$, $0 \leq \theta < 2\pi$ について成立する必要がある。したがって，(u,v) が単位円の外 $(s>1)$ では劣微分にはならない。また，逆に単位円の中 $(s \leq 1)$ であれば，必ず不等式が成立する。したがって，円盤 $\{(u,v) \in \mathbb{R}^2 \mid u^2+v^2 \leq 1\}$ が劣微分になる。

以下では，$X \in \mathbb{R}^{N\times p}$, $y \in \mathbb{R}^N$, $\lambda \geq 0$ から

$$\frac{1}{2}\|y-X\beta\|_2^2 + \lambda\|\beta\|_2 \tag{3.5}$$

の値を最小にする β を求める問題を検討する。ただし，$\beta = [\beta_1,\ldots,\beta_p]^T \in \mathbb{R}^p$ に対して $\|\beta\|_2 = \sqrt{\sum_{j=1}^p \beta_j^2}$ であるものとする。また，この章では (3.5) にあるように，第１項を N で割っていないものとする。$N\lambda$ をあたかも λ であるかのように解釈してもよい。

(3.5) について，$p=1$ の場合，劣微分 $\ni 0$ とおいた式は

$$-X^T(y-X\beta) + \lambda[-1,1] \ni 0 \tag{3.6}$$

と書ける。$\beta \neq 0$ であれば，第１章で検討したように，X^TX が単位行列であるという仮定のもとで $\beta = \mathcal{S}_\lambda(X^Ty)$ とできる。また，$\beta = 0$ であれば (3.6) に $\beta = 0$ を代入して，

$$|X^Ty| \leq \lambda \tag{3.7}$$

が得られる。(3.7) は，中心が X^Ty で長さが前後 λ の線分が原点を含むことと等価になる（図 3.1 (a), (b)）。

$p=2$ の場合，$(\beta_1,\beta_2) \neq (0,0)$ のとき，(3.3) より $\|\beta\|_2$ の β における劣微分は $\beta/\|\beta\|_2$ となり，全体の劣微分が 0 を含むとした式は

$$-X^T(y-X\beta) + \lambda\frac{\beta}{\|\beta\|_2} \ni \begin{bmatrix} 0 \\ 0 \end{bmatrix} \tag{3.8}$$

となる。すなわち，

$$X^TX\beta = X^Ty - \lambda\frac{\beta}{\|\beta\|_2} \tag{3.9}$$

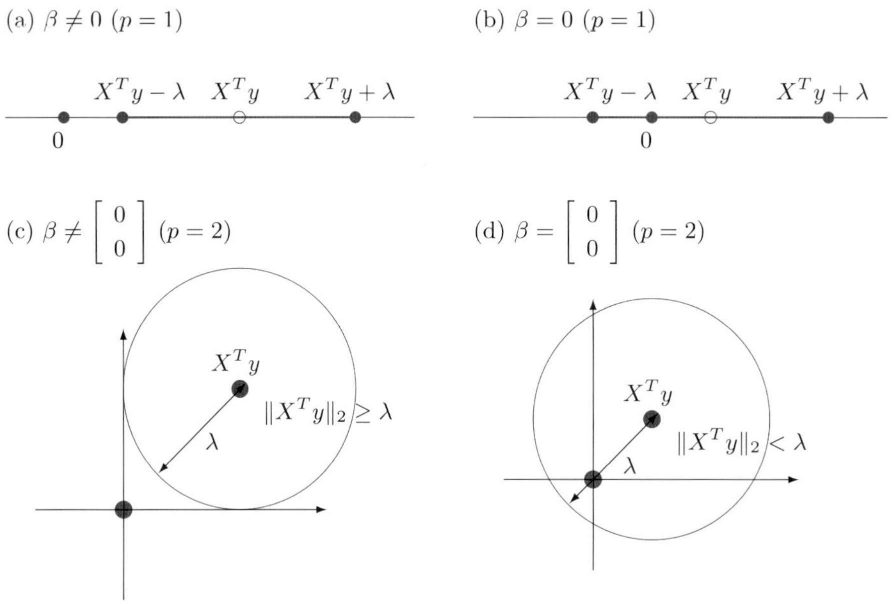

(a) $\beta \neq 0\ (p=1)$

(b) $\beta = 0\ (p=1)$

(c) $\beta \neq \begin{bmatrix} 0 \\ 0 \end{bmatrix}\ (p=2)$

(d) $\beta = \begin{bmatrix} 0 \\ 0 \end{bmatrix}\ (p=2)$

図 3.1 $p=1$ の場合，X^Ty が原点から λ 以上離れていれば $\beta \neq 0$，λ 以内であれば $\beta = 0$ となる。$p=2$ の場合も，X^Ty が原点から λ 以上離れていれば $\beta \neq [0,0]^T$，λ 以内であれば $\beta = [0,0]^T$ となる。

とできる。このことは，X^Ty であった本来の係数ベクトルと比較して，大きさ λ のベクトルだけ原点方向に近づくことを意味する。また $\beta = 0$ のとき，

$$\text{(3.5) の解が } \beta = 0 \Longleftrightarrow -X^Ty + \lambda \left\{ \begin{bmatrix} u \\ v \end{bmatrix} \middle| u^2+v^2 \leq 1 \right\} \ni \begin{bmatrix} 0 \\ 0 \end{bmatrix}$$
$$\Longleftrightarrow \|X^Ty\|_2 \leq \lambda$$

である。これは，中心 X^Ty，半径 λ の円盤が原点を含むことを意味している（図 3.1 (c), (d)）。

$p=1$ であれば，$\mathcal{S}_\lambda(X^Ty)$ という公式のようなものがあるが，$p \geq 2$ では，第2章で検討した Newton 法のように，漸化式を繰り返し適用して収束を待つことになる。以下では，それらの解 $\beta \in \mathbb{R}^p$ を求める方法を検討する。

まず，$\nu > 0$ として，

$$\gamma := \beta + \nu X^T(y - X\beta) \tag{3.10}$$

$$\beta = \left(1 - \frac{\nu\lambda}{\|\gamma\|_2}\right)_+ \gamma \tag{3.11}$$

を繰り返すことによって $\beta \in \mathbb{R}^p$ の収束を待つ方法を検討する。ただし，$(u)_+ := \max\{0, u\}$ とする。この方法の正当性は次節で述べる。

実際の処理は以下のように構成できる。

```
gr = function(X, y, lambda) {
  nu = 1 / max(eigen(t(X) %*% X)$values)
```

```
  p = ncol(X)
  beta = rep(1, p); beta.old = rep(0, p)
  while (max(abs(beta - beta.old)) > 0.001) {
    beta.old = beta
    gamma = beta + nu * t(X) %*% (y - X %*% beta)
    beta = max(1 - lambda * nu / norm(gamma, "2"), 0) * gamma
  }
  return(beta)
}
```

◆ **例 27** データを生成させて，関数 gr を実行した。その結果を図3.2に示す。λの値を大きくしたときに，p個の変数がゼロになるタイミングが一致していることがわかる。

```
## データの生成
n = 100
p = 3
X = matrix(rnorm(n * p), ncol = p); beta = rnorm(p); epsilon = rnorm(n)
y = 0.1 * X %*% beta + epsilon
## 係数の値の変化を表示
lambda = seq(1, 50, 0.5)
m = length(lambda)
beta = matrix(nrow = m, ncol = p)
for (i in 1:m) {
  est = gr(X, y, lambda[i])
  for (j in 1:p) beta[i, j] = est[j]
}
y.max = max(beta); y.min = min(beta)
plot(lambda[1]:lambda[m], ylim = c(y.min, y.max),
     xlab = "lambda", ylab = "係数の値", type = "n")
```

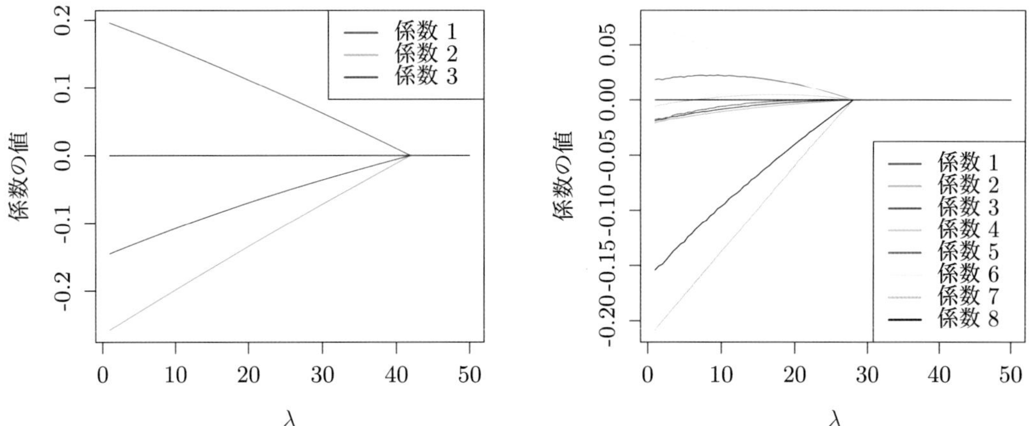

図 3.2 データおよび変数の個数pを変えて，関数 gr を実行した（例 27）。左右どちらも$N=100$，$p=3$としており，いずれもλを大きくすると，どの変数の係数の推定値も同時に0になることがわかる。

```
for (j in 1:p) lines(lambda, beta[, j], col = j + 1)
legend("topright", legend = paste("係数", 1:p), lwd = 2, col = 2:(p + 1))
segments(lambda[1], 0, lambda[m], 0)
```

3.2 近接勾配法

(3.10) と (3.11) を交互に更新するとしても，一般には (3.5) の解に収束する保証はない。以下では，$\nu > 0$ の値をうまく設定することによって，正しい解に収束することを示す。

まず $\lambda = 0$ であれば，(3.10) と (3.11) の更新は，初期値を β_0 とおいて

$$\beta_{t+1} \leftarrow \beta_t + \nu X^T(y - X\beta_t) \quad (t = 0, 1, \ldots)$$

となることに注意したい。このとき $-X^T(y - X\beta)$ は，(3.5) で $\lambda = 0$ とおいた値（$g(\beta)$ とおく）を β で微分した値であるため，これを

$$\beta_{t+1} \leftarrow \beta_t - \nu \nabla g(\beta_t) \tag{3.12}$$

と書く。この方法は，関数 g の最小化をはかる際に，g の減少の大きい方向に β を更新していくという意味で，勾配法とよばれている。

以下では，(3.5) の第 2 項を $h(\beta) := \lambda\|\beta\|_2$ とおいて，$\lambda > 0$ では，劣微分を用いて勾配法を

$$\beta_{t+1} \leftarrow \beta_t - \nu\{\nabla g(\beta_t) + \partial h(\beta)\}$$

とした場合の収束性を吟味する。ただし，∂ で劣微分をあらわすものとする。これは，

$$\mathrm{prox}_h(z) := \arg\min_{\theta \in \mathbb{R}^p} \left\{ \frac{1}{2}\|z - \theta\|_2^2 + h(\theta) \right\}$$

という関数（近接演算子）を用いると

$$\beta_{t+1} \leftarrow \mathrm{prox}_{\nu h}(\beta_t - \nu \nabla g(\beta_t)) \tag{3.13}$$

と書ける。実際，(3.13) は

$$\frac{1}{2}\|\beta_t - \nu \nabla g(\beta_t) - \theta\|_2^2 + \nu h(\theta) \tag{3.14}$$

を最小にする $\theta \in \mathbb{R}^p$ を β_{t+1} に代入する処理になる。このことは，(3.14) について θ で劣微分をとれば確認できる。

以上は，関数 f が凸な関数 g, h の和で書けて，一方が微分可能な場合の最小解を求める一般的な方法である。したがって，この標準的な最適化問題の解法に (3.10) と (3.11) をあてはめて解くことができる。具体的に，γ, β は，それぞれ $\gamma \leftarrow \beta_t - \nu \nabla g(\beta_t)$, $\beta \leftarrow \mathrm{prox}_{\nu h}(\gamma)$ にしたがって更新される。

最後に漸化式 (3.13) を繰り返し適用することによって，$f = g + h : \mathbb{R}^p \to \mathbb{R}$ を最小にする $\beta = \beta^*$ を求める問題の ν を求めてみよう。まず，任意の $x, y, z \in \mathbb{R}^p$ で

$$(x - y)^T \nabla^2 g(z)(x - y) \leq L\|x - y\|_2^2 \tag{3.15}$$

なる定数 L が存在する。この定数を Lipschitz 定数という。実際，$\nabla^2 g(z) = X^T X$ より，$X^T X$ を対角化させる行列を P とすれば，$P^T(LI - X^T X)P$ は非負正定値であり，$X^T X$ の最大固有値が L になる。

以下では，f, g は凸であり，g は微分可能であるとし，その Lipschitz 定数が L であるという一般的な仮定のもとで議論を進める。特に $\nu = 1/L$ とし，任意の $x, y \in \mathbb{R}^p$ について

$$Q(x,y) := g(y) + (x-y)^T \nabla g(y) + \frac{L}{2}\|x-y\|^2 + h(x) \tag{3.16}$$

$$p(y) := \mathrm{argmin}_{x \in \mathbb{R}^p} Q(x,y) \tag{3.17}$$

とおく。また，更新式 (3.13) は

$$\beta_{t+1} \leftarrow p(\beta_t) \tag{3.18}$$

と書ける。この方法は ISTA (Iterative Shrinkage-Thresholding Algorithm) とよばれており，この方法を用いると，$\beta_{t+1} \leftarrow p(\beta_t)$ の繰り返し回数 k に対して $O(k^{-1})$ の精度が得られることが示せる。

命題 7（Beck and Teboulle, 2009 [3]） ISTA によって生成された $\{\beta_t\}$ は，β_* を最適解として次式を満たす。

$$f(\beta_k) - f(\beta_*) \le \frac{L\|\beta_0 - \beta_*\|_2^2}{2k}$$

証明は，章末の付録を参照されたい。

次に，ISTA を若干修正し，

$$\alpha_1 = 1, \quad \alpha_{t+1} := \frac{1 + \sqrt{1 + 4\alpha_t^2}}{2} \tag{3.19}$$

なる数列を用い，$\gamma_1 = \beta_0 \in \mathbb{R}^p$ として $\beta_t = p(\gamma_t)$ および

$$\gamma_{t+1} = \beta_t + \frac{\alpha_t - 1}{\alpha_{t+1}}(\beta_t - \beta_{t-1}) \tag{3.20}$$

なる更新にする。この方法は FISTA (Fast Iterative Shrinkage-Thresholding Algorithm) とよばれており，こうすると性能の向上がはかれることが知られている。実際，収束速度は繰り返し回数 k に対して $O(k^{-2})$ であることが示される。

命題 8（Beck and Teboulle, 2009 [3]） FISTA によって生成された数列 $\{\beta_t\}$ は，最適解を β_* として次式を満足する[2)]。

$$f(\beta_k) - f(\beta_*) \le \frac{L\|\beta_0 - \beta_*\|^2}{(k+1)^2}$$

証明は Beck and Teboulle (2009), 193 ページを参照されたい。章末の補題 1 を用いると，少し長いが単純な式変形のみから，命題 8 が得られることがわかる。

---

2) Nesterov の加速法 (2007)[23] ともよばれる。

グループLassoの処理 gr の機能をFISTAに置き換えると，下記の処理が得られる。実際，例27と同じ処理を実行すると，図3.2と同じ図が得られる。

```
fista = function(X, y, lambda) {
  nu = 1 / max(eigen(t(X) %*% X)$values)
  p = ncol(X)
  alpha = 1
  beta = rep(1, p); beta.old = rep(1, p)
  gamma = beta
  while (max(abs(beta - beta.old)) > 0.001) {
    print(beta)
    beta.old = beta
    w = gamma + nu * t(X) %*% (y - X %*% gamma)
    beta = max(1 - lambda * nu / norm(w, "2"), 0) * w
    alpha.old = alpha
    alpha = (1 + sqrt(1 + 4 * alpha ^ 2)) / 2
    gamma = beta + (alpha.old - 1) / alpha * (beta - beta.old)
  }
  return(beta)
}
```

◆ **例 28** ISTAとFISTAでどの程度速度に差が出るか，プログラムを構成して実行してみた（図3.3）。グループLassoで，$N = 100$，$p = 1, 3$ 程度では大きな差異は出なかった。しかし，FISTA

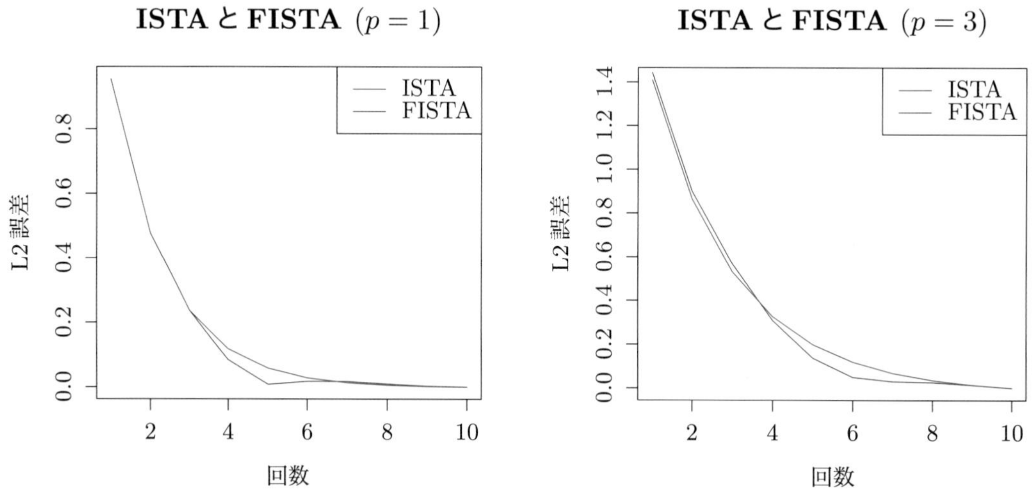

図3.3 ISTAとFISTAの収束速度の差異（例28）。大規模な問題でないと，見違えるほど速いということにはならない。

は一般的な凸最適化問題に適用でき，大規模な問題に対して有効である[3]。プログラムは，問題 39 に掲載した（空欄があるが，容易にわかるものと思われる）。

3.3　グループ Lasso

以下では，グループ数 1 に対するグループ Lasso の手順を K 個のグループに巡回的に適用して，グループ間では座標降下法と同様の手順を踏むことによって，(3.1) の解を得ることを考える。

グループ $k=1,\ldots,K$ がそれぞれ p_k 個の変数をもっているとき，グループ内では $p=p_k$ として，前節までに検討した方法を用いる。そして，座標降下法を適用する場合には，残差

$$r_{i,k} = y_i - \sum_{h\neq k} z_{i,h}\theta_h \quad (i=1,\ldots,N)$$

を計算する。具体的には下記のような処理を構成することになる。

```
group.lasso = function(z, y, lambda = 0) {
  J = length(z)
  theta = list(); for (j in 1:J) theta[[j]] = rep(0, ncol(z[[j]]))
  for (m in 1:10) {
    for (j in 1:J) {
      r = y; for (k in 1:J) {if (k != j) r = r - z[[k]] %*% theta[[k]]}
      theta[[j]] = gr(z[[j]], y, lambda)  # fista(X, y, lambda) でもよい
    }
  }
  return(theta)
}
```

z および theta がリストである点に注意したい。グループ数がすべて 1 であれば，第 1 章でそれぞれ X, β として扱ってきた量である。

これまで，λ の値を小さくするとグループ内の変数がアクティブになるタイミングが一致することをみてきたが，複数グループの場合，異なるグループどうしでタイミングが異なる。

また，グループ分けについては，実行の際にどの変数どうしが同じグループであるかの情報を事前に与える必要がある。

◆ **例 29**　4 変数のうち，最初の 2 変数，残りの 2 変数の 2 グループを設定し，データを生成して，それら 4 変数の係数を推定した。λ の値を小さくするときに，同じグループの変数がアクティブになるタイミングが同じであることが観察できた（図 3.4）。

```
## データの生成
n = 100; J = 2
u = rnorm(n); v = u + rnorm(n)
s = 0.1 * rnorm(n); t = 0.1 * s + rnorm(n); y = u + v + s + t + rnorm(n)
```

3) 任意の $x, y \in \mathbb{R}$ について $(\nabla f(x) - \nabla(y))^T(x-y) \geq m\|x-y\|^2$ なる $m>0$ が存在するような $f:\mathbb{R}\to\mathbb{R}$ を強凸な関数という。この場合，繰り返し回数 k に対して誤差を指数的に減少させる手順が存在する (Nesterov, 2007)。

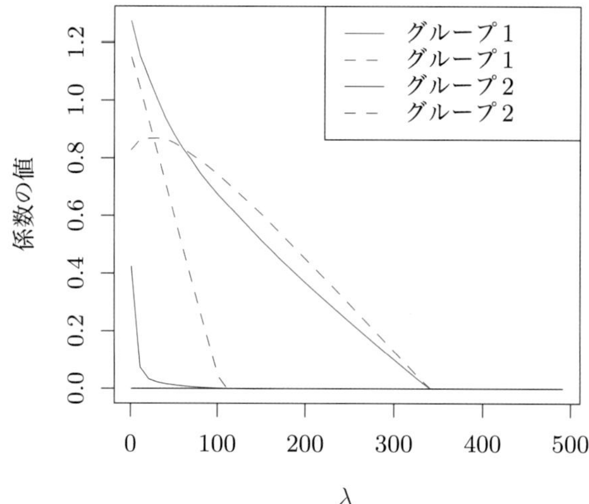

図 3.4 グループ Lasso で $J = 2$, $p_1 = p_2 = 2$ とした（例 29）。λ の値を大きくすると，各グループに含まれる変数の係数が同時に 0 になることがわかる。

```
z = list(); z[[1]] = cbind(u, v); z[[2]] = cbind(s, t)
## 係数の値の変化を表示
lambda = seq(1, 500, 10); m = length(lambda); beta = matrix(nrow = m, ncol = 4)
for (i in 1:m) {
  est = group.lasso(z, y, lambda[i])
  beta[i, ] = c(est[[1]][1], est[[1]][2], est[[2]][1], est[[2]][2])
}
y.max = max(beta); y.min = min(beta)
plot(lambda[1]:lambda[m], ylim = c(y.min, y.max),
     xlab = "lambda", ylab = "係数の値", type = "n")
lines(lambda, beta[, 1], lty = 1, col = 2); lines(lambda, beta[, 2], lty = 2, col = 2)
lines(lambda, beta[, 3], lty = 1, col = 4); lines(lambda, beta[, 4], lty = 2, col = 4)
legend("topright", legend = c("グループ1", "グループ1", "グループ2", "グループ2"),
       lwd = 1, lty = c(1, 2), col = c(2, 2, 4, 4))
segments(lambda[1], 0, lambda[m], 0)
```

3.4 スパースグループ Lasso

以下では，グループの間だけでなくグループの中でもスパース性をもたせるために，(3.1) の定式化を

$$\frac{1}{2}\sum_{i=1}^{N}(y_i - \sum_{k=1}^{K} z_{i,k}\theta_k)^2 + \lambda\sum_{k=1}^{K}\{(1-\alpha)\|\theta_k\|_2 + \alpha\|\theta_k\|_1\} \tag{3.21}$$

というように拡張する [27]。これをスパースグループ Lasso という。(3.1) とは第 2 項のみが異なり，elastic ネットのようにパラメータ $0 < \alpha < 1$ を導入している。

スパースグループ Lasso では，非アクティブなグループの変数はすべて非アクティブだが，アク

ティブなグループにはアクティブな変数と非アクティブな変数が混在してよい。すなわち，スパースグループ Lasso はグループ Lasso の一般化であり，アクティブなグループに対しても，その中でさらに非アクティブな変数を許容するものである。

まず，(3.21) の両辺を $\theta_k \in \mathbb{R}^{p_k}$ で劣微分すると，$r_{i,k} := y_i - \sum_{l \neq k} z_{i,l}\hat{\theta}_l$ として，

$$-\sum_{i=1}^N z_{i,k}(r_{i,k} - z_{i,k}\theta_k) + \lambda(1-\alpha)s_k + \lambda\alpha t_k = 0 \tag{3.22}$$

となる。ただし，$\|\theta_k\|_2, \|\theta_k\|_1$ の劣微分をそれぞれ $s_k, t_k \in \mathbb{R}^{p_k}$ とおいた。

次に，$\theta_k = 0$ が最適解となるための s_k, t_k の条件を導出する。

(3.21) の，係数が $1-\alpha$ の項を除いた量の最小値は，

$$\mathcal{S}_{\lambda\alpha}\left(\sum_{i=1}^N z_{i,k}r_{i,k}\right)$$

となる。したがって，(3.22) で $\theta_k = 0$ が解をもつための必要十分条件は

$$\lambda(1-\alpha) \geq \left\|\mathcal{S}_{\lambda\alpha}\left(\sum_{i=1}^N z_{i,k}r_{i,k}\right)\right\|_2$$

となる。このとき，$\alpha = 0$ で成立していた (3.11) は

$$\beta = \left(1 - \frac{\nu\lambda(1-\alpha)}{\|\mathcal{S}_{\lambda\alpha}(\gamma)\|_2}\right)_+ \mathcal{S}_{\lambda\alpha}(\gamma) \tag{3.23}$$

に拡張される。ただし，$(u)_+ := \max\{0, u\}$ とする。したがって，(3.10) と (3.23) を交互に繰り返す処理を構成できる。

証明は省略するが，以下が成立する。

命題 9　任意の $\nu > 0$ について，$\beta \in \mathbb{R}^p$ が (3.21) を最小にする解であることと，$\beta \in \mathbb{R}^p$ が (3.10), (3.23) の解であることは同値である。

実際の処理は以下のように構成できる。## をつけた 3 行のみが，通常のグループ Lasso と異なる。

```
sparse.group.lasso = function(z, y, lambda = 0, alpha = 0) {
  J = length(z)
  theta = list(); for (j in 1:J) theta[[j]] = rep(0, ncol(z[[j]]))
  for (m in 1:10) {
    for (j in 1:J) {
      r = y; for (k in 1:J) {if (k != j) r = r - z[[k]] %*% theta[[k]]}
      theta[[j]] = sparse.gr(z[[j]], y, lambda, alpha)                    ##
    }
  }
  return(theta)
}

```

```
sparse.gr = function(X, y, lambda, alpha = 0) {
  nu = 1 / max(2 * eigen(t(X) %*% X)$values)
  p = ncol(X)
  beta = rnorm(p); beta.old = rnorm(p)
  while (max(abs(beta - beta.old)) > 0.001) {
    beta.old = beta
    gamma = beta + nu * t(X) %*% (y - X %*% beta)
    delta = soft.th(lambda * alpha, gamma)                                ##
    beta = max(1 - lambda * nu * (1 - alpha) / norm(delta, "2"), 0) * delta    ##
  }
  return(beta)
}
```

◆ **例 30** 例29と同じ設定のもと，拡張したプログラムで$\alpha = 0, 0.001, 0.01, 0.1$として実行してみた。$\alpha$の値が大きいほど，0になるタイミングがグループ内で異なってくることがわかる（図3.5）。

3.5 オーバーラップグループLasso

$\{1,2\},\{3,4\},\{5\}$というのではなく$\{1,2,3\},\{3,4,5\}$というように，グループに含まれる変数が重複するような場合も考慮したうえで，グループLassoの処理を構成したい。グループ$k=1,\ldots,K$において，変数に対する係数$\beta_1,\ldots,\beta_p$のうち，用いない変数β_kについては0とおく。すなわち，$\mathbb{R}^p \ni \beta = \sum_{k=1}^K \theta_k$を満足する$\theta_1,\ldots,\theta_K \in \mathbb{R}^p$を用意する（例31参照）。そして，データ$X \in \mathbb{R}^{N\times p}$, $y \in \mathbb{R}^N$から

$$\frac{1}{2}\|y - X\sum_{k=1}^K \theta_k\|_2^2 + \lambda \sum_{k=1}^K \|\theta_k\|_2$$

を最小にするθ，すなわちβを求めるものとする。

◆ **例 31** 5変数$\beta_1,\ldots,\beta_5$，2グループθ_1,θ_2があって，オーバーラップする可能性のある変数がβ_3のみであり，θ_1,θ_2がそれぞれβ_1,β_2もしくはβ_4,β_5を含んでいるものとする。

$$\theta_1 = \left[\begin{array}{c}\beta_1\\ \beta_2\\ \beta_{3,1}\\ 0\\ 0\end{array}\right],\ \theta_2 = \left[\begin{array}{c}0\\ 0\\ \beta_{3,2}\\ \beta_4\\ \beta_5\end{array}\right] \quad (\beta_3 = \beta_{3,1} + \beta_{3,2})$$

と書き，Lを$\beta_1,\beta_2,\beta_{3,1},\beta_{3,2},\beta_4,\beta_5$で劣微分する。$X \in \mathbb{R}^{N\times 5}$の最初の3列を$X_1 \in \mathbb{R}^{N\times 3}$，最後の3列を$X_2 \in \mathbb{R}^{N\times 3}$と書き，$L$について$\theta_1,\theta_2$の最初の3成分$\gamma_1$，最後の3成分$\gamma_2$で劣微分をとると，

$$\frac{\partial L}{\partial \gamma_1} = -X_1^T(y - X_1\gamma_1) + \lambda \frac{\gamma_1}{\|\gamma_1\|_2}$$

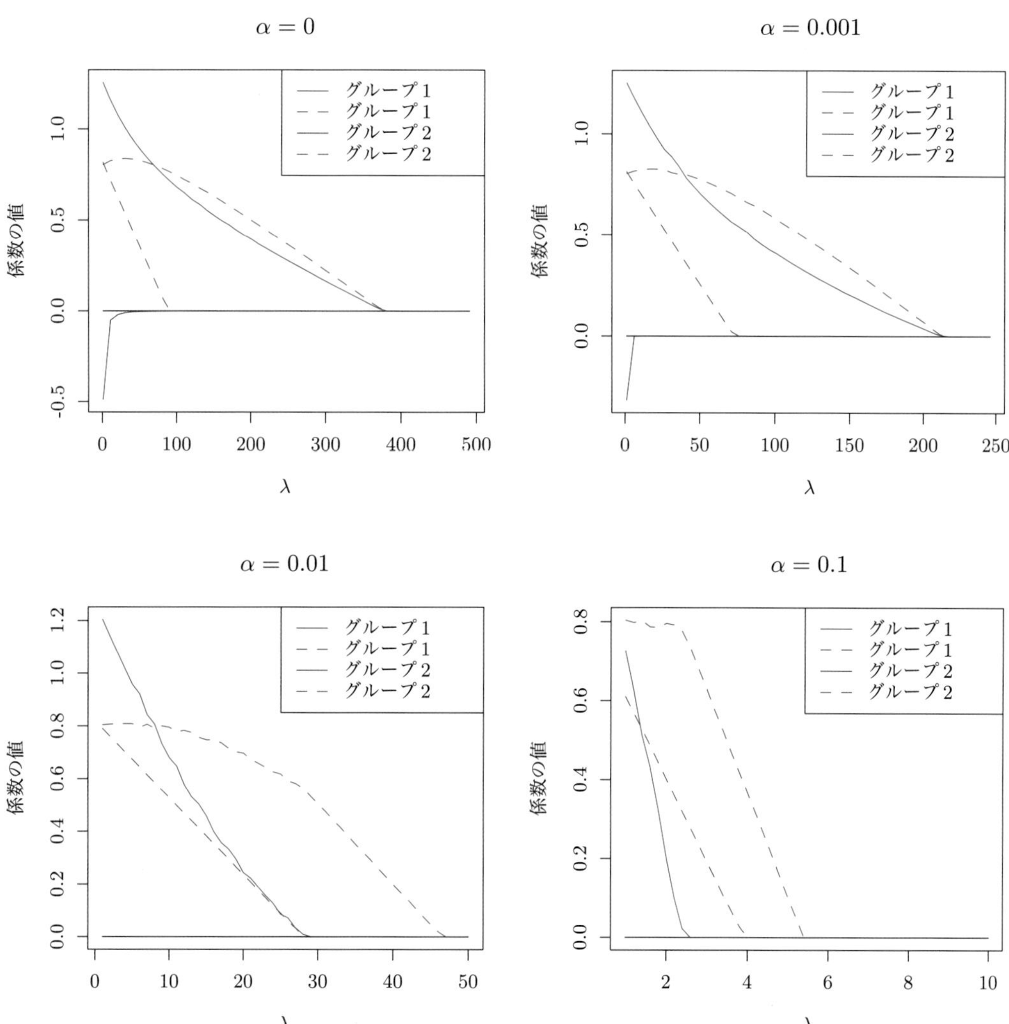

図 3.5　α の値が大きいほど，アクティブになるタイミングがグループ内で異なってくることがわかる（例 30）。

$$\frac{\partial L}{\partial \gamma_2} = -X_2^T(y - X_1\gamma_2) + \lambda\frac{\gamma_2}{\|\gamma_2\|_2}$$

とできる。したがって，(3.8) は

$$-X_1^T(y - X\theta_1) + \lambda\frac{\theta_1}{\|\theta_1\|_2} = 0$$
$$-X_2^T(y - X\theta_2) + \lambda\frac{\theta_2}{\|\theta_2\|_2} = 0$$

に相当する。また，$\theta_j = 0$ とおくと，$\|X_1^Ty\|_2 \leq \lambda$ および $\|X_2^Ty\|_2 \leq \lambda$ が成立する。すなわち，θ_1, θ_2 で独立に最適化をはかることができる。

3.6 目的変数が複数個ある場合のグループ Lasso

観測データ $X \in \mathbb{R}^{N\times p}$, $\beta \in \mathbb{R}^{p\times K}$, $y \in \mathbb{R}^{N\times K}$ から，

$$L_0(\beta) := \frac{1}{2}\sum_{i=1}^N\sum_{k=1}^K(y_{i,k} - \sum_{j=1}^p x_{i,j}\beta_{j,k})^2 \tag{3.24}$$

として，

$$L(\beta) := L_0(\beta) + \lambda\sum_{j=1}^p\|\beta_j\|_2$$

を最小にする $\beta \in \mathbb{R}^{p\times K}$ を求めたい。第1章では $K = 1$ の場合を扱ってきた。$y_i = [y_{i,1}, \ldots, y_{i,K}]$ というように目的変数を K 個に拡張した場合，$\beta_j = [\beta_{j,1}, \ldots, \beta_{j,K}]$ (行ベクトル) の K 個のアクティブ・非アクティブのタイミングが同じであることを仮定している。$r_{i,k}^{(j)} := y_{i,k} - \sum_{h\neq j} x_{i,h}\beta_{h,k}$ とおいて，(3.24) を $\beta_{j,k}$ で偏微分すると，

$$\sum_{i=1}^N\{-x_{i,j}(r_{i,k}^{(j)} - x_{i,j}\beta_{j,k})\}$$

となるので，$L(\beta)$ を β_j で劣微分すると

$$\beta_j\sum_{i=1}^N x_{i,j}^2 - \sum_{i=1}^N x_{i,j}r_i^{(j)} + \lambda\partial\|\beta_j\|$$

となる。ただし，$r_i^{(j)} := [r_{i,1}^{(j)}, \ldots, r_{i,K}^{(j)}]$ とおいた。したがって，

$$\hat{\beta}_j = \frac{1}{\sum_{i=1}^N x_{i,j}^2}\left(1 - \frac{\lambda}{\|\sum_{i=1}^N x_{i,j}r_i^{(j)}\|_2}\right)_+ \sum_{i=1}^N x_{i,j}r_i^{(j)} \tag{3.25}$$

が解となる。

上記の考察の結果，中心化や正規化まで含めると，以下のような処理が構成できる。

```
gr.multi.linear.lasso = function(X, Y, lambda) {
  n = nrow(X); p = ncol(X); K = ncol(Y)
  ## 中心化：関数centralizeは第1章で定義されている
```

```
  res = centralize(X, Y)
  X = res$X
  Y = res$y
  ## 係数の計算
  beta = matrix(rnorm(p * K), p, K); gamma = matrix(0, p, K)
  while (norm(beta - gamma, "F") / norm(beta, "F") > 10 ^ (-2)) {
    gamma = beta          ## betaの値を退避(比較のため)
    R = Y - X %*% beta
    for (j in 1:p) {
      r = R + as.matrix(X[, j]) %*% t(beta[j, ])
      M = t(X[, j]) %*% r
      beta[j, ] = sum(X[, j] ^ 2) ^ (-1) * max(1 - lambda / sqrt(sum(M ^ 2)), 0) * M
      R = r - as.matrix(X[, j]) %*% t(beta[j, ])
    }
  }
  ## 切片の計算
  for (j in 1:p) beta[j, ] = beta[j, ] / res$X.sd[j]
  beta.0 = res$y.bar - as.vector(res$X.bar %*% beta)
  return(rbind(beta.0, beta))
}
```

この処理では，各 j で（各グループ内で）漸化式の更新を何度も行ってからではなく，一度だけ更新してから次の j に移行している。

◆ **例 32** プロ野球チームの安打，本塁打，打点，盗塁，四球，死球，三振，犠打，併殺打の 9 項目からなるデータ[4] から，本塁打と打点に関係のある項目を他の 7 個から見出すことになった。本塁打と打点は相関性が強いので，本来は $\beta_{j,k}$ $(j = 1, \ldots, 7,\ k = 1, 2)$ の係数の推定が必要であるが，j の値が同じ $\beta_{j,1}, \beta_{j,2}$ はグループ Lasso でアクティブ・非アクティブのタイミングが同じになるようにした。λ とともに係数の推定がどのように変わるかを図 3.6 に示した。

```
df = read.csv("giants_2019.csv")
X = as.matrix(df[, -c(2, 3)])
Y = as.matrix(df[, c(2, 3)])
lambda.min = 0; lambda.max = 200
lambda.seq = seq(lambda.min, lambda.max, 5)
m = length(lambda.seq)
beta.1 = matrix(0, m, 7); beta.2 = matrix(0, m, 7)
j = 0
for (lambda in lambda.seq) {
  j = j + 1
  beta = gr.multi.linear.lasso(X, Y, lambda)
  for (k in 1:7) {
    beta.1[j, k] = beta[k + 1, 1]; beta.2[j, k] = beta[k + 1, 2]
  }
```

[4] 読売ジャイアンツの，2019 年に 1 回以上打席に立った選手のデータ。出典：プロ野球 Freak (baseball-data.com)

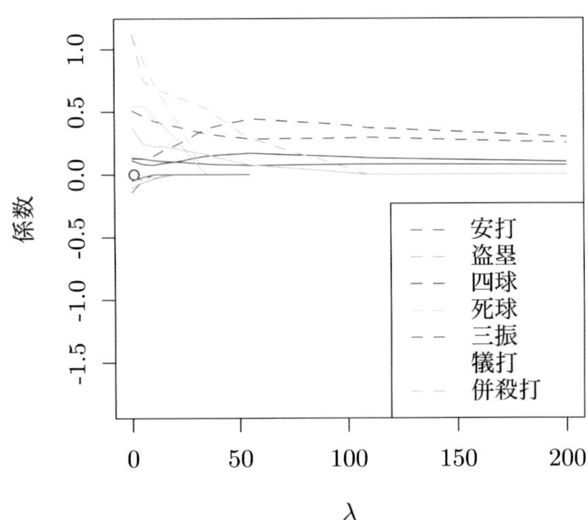

図 3.6 グループ Lasso により，本塁打と打点の多い・少ないを決定づける変数を見出した。それぞれの色で，実線が本塁打，破線が打点をあらわしている。犠打は係数がマイナスになっていて，負の相関があるといえる。また，λ を大きくしていくと，安打と四球のみの係数が 0 にならず，正の値を維持していて，本質的に重要な項目であることがわかる。

```
}
beta.max = max(beta.1, beta.2); beta.min = min(beta.1, beta.2)
plot(0, xlim = c(lambda.min, lambda.max), ylim = c(beta.min, beta.max),
     xlab = "lambda", ylab = "係数", main = "本塁打と打点の多い打者")
for (k in 1:7) {
  lines(lambda.seq, beta.1[, k], lty = 1, col = k + 1)
  lines(lambda.seq, beta.2[, k], lty = 2, col = k + 1)
}
legend("bottomright", c("安打", "盗塁", "四球", "死球", "三振", "犠打", "併殺打"),
       lty = 2, col = 2:8)
```

3.7 ロジスティック回帰におけるグループ Lasso

第2章では，2値および多値のロジスティック回帰について，スパース推定を検討した。本節では，pK 個のパラメータのうち，変数 j が同じ $\beta_{j,k}$ $(k=1,\ldots,K)$ がグループを構成し，グループ内ではアクティブ・非アクティブのタイミングを共有し，座標降下法によって p グループを順番に推定する方法を検討する。

第2章では，$y_{i,k} = \begin{cases} 1, & y_i = k \\ 0, & y_i \neq k \end{cases}$ として

$$L_0(\beta) := \sum_{i=1}^N \left[\sum_{j=1}^p \sum_{k=1}^K y_{i,k} x_i \beta_{j,k} - \log\left(\sum_{h=1}^K \exp\left(\sum_{j=1}^p x_{i,j}\beta_{j,h}\right)\right)\right]$$

とおいたときの,

$$L_0(\beta) + \lambda \sum_{j=1}^p \sum_{k=1}^K |\beta_{j,k}|$$

の最小化を検討した。本節では，最後の項を L2 ノルムに置き換えて,

$$L(\beta) := L_0(\beta) + \lambda \sum_{j=1}^p \sqrt{\sum_{k=1}^K \beta_{j,k}^2}$$

の最小化をはかる。これにより, 分類に必要な変数を選択する。そして, $\pi_{i,k} = \dfrac{\exp(x_i\beta^{(k)})}{\sum_{h=1}^K \exp(x_i\beta^{(h)})}$ および (2.12) とおいたときに，第 2 章と同様の議論から,

$$\frac{\partial L_0(\beta)}{\partial \beta_{j,k}} = -\sum_{i=1}^N x_{i,j}(y_{i,k} - \pi_{i,k})$$

$$\frac{\partial^2 L_0(\beta)}{\partial \beta_{j,k}\partial \beta_{j',k'}} = \sum_{i=1}^N x_{i,j}x_{i,j'}w_{i,k,k'}$$

が成立する。そして，$w_{i,k,k'}$ が定数であるので，$\beta = \gamma$ における Taylor 展開から,

$$L_0(\beta) \approx L_0(\gamma) - \sum_{i=1}^N \sum_{j=1}^p x_{i,j}(\beta_j - \gamma_j)(y_i - \pi_i) + \frac{1}{2}\sum_{i=1}^N \sum_{j=1}^p \sum_{j'=1}^p x_{i,j}x_{i,j'}(\beta_j - \gamma_j)W_i(\beta_{j'} - \gamma_{j'})^T$$

と近似できる。ただし，$y_i = [y_{i,1}, \ldots, y_{i,K}]^T$ とし，$\pi_i = [\pi_{i,1}, \ldots, \pi_{i,K}]^T$, $W_i = (w_{i,k,k'})$ は $\beta = \gamma$ における値とした。

そして，Lipschitz 定数が高々,

$$(\beta - \gamma)W_i(\beta - \gamma)^T \le t\|\beta - \gamma\|^2$$

なる t, すなわち高々 $t := 2\max_{i,k} \pi_{i,k}(1-\pi_{i,k})$ となることがわかる。実際, 成分が $2\max_{i,k} p_{i,k}(1-p_{i,k})$ $(k = 1, \ldots, K)$ であるような，大きさ K の対角行列から，$W_i = (w_{i,k,k'})$ を引いた行列 $Q_i = (q_{i,k,k'})$ は

$$q_{i,k,k'} = \begin{cases} \pi_{i,k}(1 - \pi_{i,k'}), & k' = k \\ \pi_{i,k}\pi_{i,k'}, & k' \neq k \end{cases}$$

となり，各 $k = 1, \ldots, K$ で

$$q_{i,k,k} = \pi_{i,k}(1 - \pi_{i,k}) = \pi_{i,k}\sum_{k' \neq k} \pi_{i,k'} = \sum_{k' \neq k} |q_{i,k,k'}|$$

が成立するため，命題 3 より，行列 Q_i は非負定値である。

したがって，(3.16), (3.17) より，$L(\beta) = L_0(\beta) + \lambda \sum_{i=1}^p \|\beta_j\|_2$, $\|\beta_j\|_2 = \sqrt{\sum_{k=1}^K \beta_{j,k}^2}$ の最小化をはかるには,

$$-\sum_{i=1}^N \sum_{j=1}^p x_{i,j}(\beta_j - \gamma_j)(y_i - \pi_i) + \frac{t}{2}\sum_{i=1}^N \left\|\sum_{j=1}^p x_{i,j}(\beta_j - \gamma_j)\right\|_2^2 + \lambda \sum_{j=1}^p \|\beta_j\|_2$$

の最小化，すなわち，

$$\frac{1}{2}\sum_{i=1}^{N}\left\|\sum_{j=1}^{p}x_{i,j}(\beta_j-\gamma_j)-\frac{y_i-\pi_i}{t}\right\|_2^2+\frac{\lambda}{t}\sum_{j=1}^{p}\|\beta_j\|_2$$

の最小化をはかればよい[5)]。第1項を β_j で微分すると，

$$\sum_{i=1}^{N}\left\{x_{i,j}^2(\beta_j-\gamma_j)+x_{i,j}\sum_{h\neq j}x_{i,h}(\beta_h-\gamma_h)-x_{i,j}\frac{y_i-\pi_i}{t}\right\}=\beta_j\sum_{i=1}^{N}x_{i,j}^2-\sum_{i=1}^{N}x_{i,j}r_i^{(j)}$$

と書ける。ただし，

$$r_i^{(j)}:=\frac{y_i-\pi_i}{t}+\sum_{h=1}^{p}x_{i,h}\gamma_h-\sum_{h\neq j}x_{i,h}\beta_h \tag{3.26}$$

とおいた。したがって，β_j は以下のように書ける。

$$\beta_j:=\frac{1}{\sum_{i=1}^{N}x_{i,j}^2}\left(1-\frac{\lambda/t}{\|\sum_{i=1}^{N}x_{i,j}r_i^{(j)}\|_2}\right)_+\sum_{i=1}^{N}x_{i,j}r_i^{(j)} \tag{3.27}$$

$\gamma_1,\ldots,\gamma_p$ から $\beta_1,\ldots,\beta_p$ に，1ステップに1個ずつ更新していくことを想定する。具体的に，$j=1,\ldots,p$ に対して，(3.26), (3.27) を繰り返す処理を構成する。

上記の考察の結果，以下のような処理が構成できる。

```
gr.multi.lasso = function(X, y, lambda) {
  n = nrow(X); p = ncol(X); K = length(table(y))
  beta = matrix(1, p, K)
  gamma = matrix(0, p, K)
  Y = matrix(0, n, K); for (i in 1:n) Y[i, y[i]] = 1
  while (norm(beta - gamma, "F") > 10 ^ (-4)) {
    gamma = beta
    eta = X %*% beta
    P = exp(eta); for (i in 1:n) P[i, ] = P[i, ] / sum(P[i, ])
    t = 2 * max(P * (1 - P))
    R = (Y - P) / t
    for (j in 1:p) {
      r = R + as.matrix(X[, j]) %*% t(beta[j, ])
      M = t(X[, j]) %*% r
      beta[j, ] = sum(X[, j] ^ 2) ^ (-1) * max(1 - lambda / t / sqrt(sum(M ^ 2)), 0) * M
      R = r - as.matrix(X[, j]) %*% t(beta[j, ])
    }
  }
  return(beta)
}
```

5) (3.16), (3.17) においては β,γ が $\mathbb{R}^p$ の要素であることを仮定したが，それは本質的な差異ではない。

◆ **例 33** Fisherのあやめのデータセットで，λの値とともに，βがどのように変化するかをグラフに描いてみた（図3.7）。同じ色は同じ変数で，それぞれ$K=3$個の係数からなる。花びらの長さが重要な役割を果たしていることがわかった。出力は下記のコードによった。

```
df = iris
X = cbind(df[[1]], df[[2]], df[[3]], df[[4]])
y = c(rep(1, 50), rep(2, 50), rep(3, 50))
lambda.seq = c(10, 20, 30, 40, 50, 60, 70, 80, 90, 100, 125, 150)
m = length(lambda.seq); p = ncol(X); K = length(table(y))
alpha = array(dim = c(m, p, K))
for (i in 1:m) {
  res = gr.multi.lasso(X, y, lambda.seq[i])
  for (j in 1:p) {for (k in 1:K) alpha[i, j, k] = res[j, k]}
}
plot(0, xlim = c(0, 150), ylim = c(min(alpha), max(alpha)), type = "n",
     xlab = "lambda", ylab = "係数の値", main = "lambda の値と各係数の値の推移")
for (j in 1:p) {for (k in 1:K) lines(lambda.seq, alpha[, j, k], col = j + 1)}
legend("topright", legend = c("がく片の長さ", "がく片の幅", "花びらの長さ", "花びらの幅"),
       lwd = 2, col = 2:5)
```

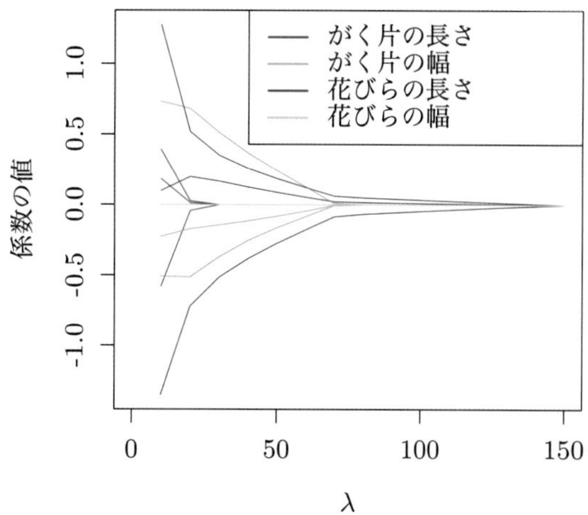

図3.7 Fisherのあやめのデータを識別する際に，λの値とともに，係数の値がどのように変化するかを見てみた（例33）。同じ色は同じ変数で，それぞれ$K=3$個の係数からなる。花びらの長さが重要な役割を果たしていることがわかる。$\beta_{j,k}$のkを区別しなくてよいということになる。

3.8 一般化加法モデルにおけるグループ Lasso

例26の問題を再度検討してみよう。事前に基底となる関数 $\Phi_{j,k}:\mathbb{R}^p \to \mathbb{R}$ $(j=1,\ldots,p_k,\ k=1,\ldots,K)$ を用意しておく。そして，観測データ $X \in \mathbb{R}^{N\times p}$, $y \in \mathbb{R}^N$ から，各 $k=1,\ldots,K$ について，残差 $y-\sum_{h\neq k} f_h(X) \in \mathbb{R}^N$ と

$$f_k(X;\theta_k)=\sum_{j=1}^{p_k}\theta_{j,k}\Phi_{j,k}(X)$$

の差の二乗誤差が最小になるように，$\theta_{j,k}$ $(j=1,\ldots,p_k)$ を決める。これを $k=1,\ldots,K$ で巡回させながら収束を待つ。このようにして関数 f を推定する方法を backfitting という (Hastie-Tibshirani, 1990)。Lassoとしての機能を導入するには，以下のような定式化を行う (Ravikumar *et al.*, 2009)。$\lambda>0$ として，

$$\begin{aligned} L &:= \|y-\sum_{k=1}^{K} f_k(X)\|^2+\lambda\sum_{k=1}^{K}\|\theta_k\|_2 \\ &=\sum_{i=1}^{N}\{y_i-\sum_{j=1}^{p_k}\sum_{k=1}^{K}\Phi_{j,k}(x_i)\theta_{j,k}\}^2+\lambda\sum_{k=1}^{K}\|\theta_k\|_2 \end{aligned} \tag{3.28}$$

とおき，$z_{i,k}:=[\Phi_{1,k}(x_i),\ldots,\Phi_{p_k,k}(x_i)]$ と書くと，(3.28) は (3.1) と一致する。

◆ **例 34** 観測データ $(x_1,y_1),\ldots,(x_N,y_N)\in\mathbb{R}\times\mathbb{R}$ から，y_i を $f_1(x_i)+f_2(x_i)$ で回帰したい。

$$\begin{aligned} f_1(x;\alpha,\beta) &= \alpha+\beta x \\ f_2(x;p,q,r) &= p\cos x+q\cos 2x+r\cos 3x \end{aligned}$$

かつ $J=2$, $p_1=2$, $p_2=3$ として，

$$z_1=\begin{bmatrix} 1 & x_1 \\ \vdots & \vdots \\ 1 & x_N \end{bmatrix},\ z_2=\begin{bmatrix} \cos x_1 & \cos 2x_1 & \cos 3x_1 \\ \vdots & \vdots & \vdots \\ \cos x_N & \cos 2x_N & \cos 2x_N \end{bmatrix}$$

から $\theta_1=[\alpha,\beta]^T$, $\theta_2=[p,q,r]^T$ を求めたい。

そのために下記のようなプログラムを作成し，図3.8左のような係数を得た。そして，関数 $f(x)$ を $f_1(x)$ と $f_2(x)$ に分解した（図3.8右)。

```
## データの生成
n = 100; J = 2; x = rnorm(n); y = x + cos(x)
z[[1]] = cbind(rep(1, n), x)
z[[2]] = cbind(cos(x), cos(2 * x), cos(3 * x))
## 係数の値の変化を表示
lambda = seq(1, 200, 5); m = length(lambda); beta = matrix(nrow = m, ncol = 5)
for (i in 1:m) {
  est = group.lasso(z, y, lambda[i])
  beta[i, ] = c(est[[1]][1], est[[1]][2], est[[2]][1], est[[2]][2], est[[2]][3])
}
```

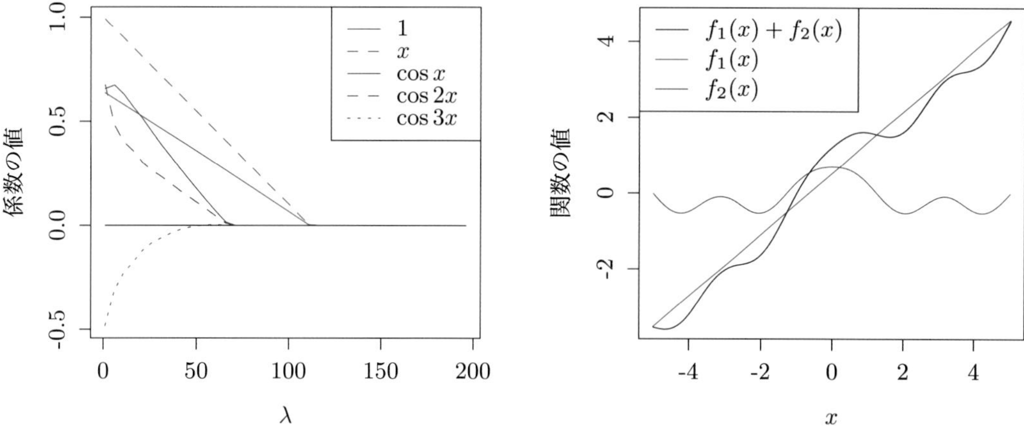

図 3.8 $y = f(x)$ を 2 関数 $f_1(x), f_2(x)$ の出力の和で表現したい。まず，各 λ に対する $1, x, \cos x, \cos 2x, \cos 3x$ の係数を求めている（左）。そして，その係数によって得られた関数 $f_1(x), f_2(x)$ を図示した（右）。

```
y.max = max(beta); y.min = min(beta)
plot(lambda[1]:lambda[m], ylim = c(y.min, y.max),
     xlab = "lambda", ylab = "係数の値", type = "n")
lines(lambda, beta[, 1], lty = 1, col = 2); lines(lambda, beta[, 2], lty = 2, col = 2)
lines(lambda, beta[, 3], lty = 1, col = 4); lines(lambda, beta[, 4], lty = 2, col = 4)
lines(lambda, beta[, 5], lty = 3, col = 4)
legend("topright", legend = c("1", "x", "cos x", "cos 2x", "cos 3x"),
       lwd = 1, lty = c(1, 2, 1, 2, 3), col = c(2, 2, 4, 4, 4))
segments(lambda[1], 0, lambda[m], 0)

i = 5   # lambda[5]の値を用いた
f.1 = function(x) beta[i, 1] + beta[i, 2] * x
f.2 = function(x) beta[i, 3] * cos(x) + beta[i, 4] * cos(2 * x) + beta[i, 5] * cos(3 * x)
f = function(x) f.1(x) + f.2(x)
curve(f.1(x), -5, 5, col = "red", ylab = "関数の値")
curve(f.2(x), -5, 5, col = "blue", add = TRUE)
curve(f(x), -5, 5, add = TRUE)
legend("topleft", legend = c("f = f.1 + f.2", "f.1", "f.2"),
       col = c(1, "red", "blue"), lwd = 1)
```

付録 命題の証明

命題 7（Beck and Teboulle, 2009 [3]） ISTA によって生成された $\{\beta_t\}$ は，β_* を最適解として次式を満たす。

$$f(\beta_k) - f(\beta_*) \le \frac{L\|\beta_0 - \beta_*\|_2^2}{2k}$$

命題 7 の証明にさきだち，以下の補題を証明する。

補題 1

$$f(x) - f(p(y)) \ge \frac{L}{2}\|p(y) - y\|^2 + L(y-x)^T(p(y)-y)$$

補題 1 の証明 一般に

$$f(x) \le Q(x,y) \tag{3.29}$$

が任意の $x, y \in \mathbb{R}^p$ について成立することに注意する。実際，g が凸で微分可能であるため，Taylor の定理より，

$$g(x) = g(y)+(x-y)^T\nabla g(y)+\frac{1}{2}(x-y)^T\nabla^2 g(y+\theta(x-y))(x-y) \le g(y)+(y-x)^T\nabla g(y)+\frac{L}{2}\|x-y\|_2^2$$

が成立する。そして，$Q(x,y)$ を x で劣微分し，0 を要素として含むという条件は

$$\nabla g(y) + L(p(y)-y) + \gamma(y) = 0 \tag{3.30}$$

と書ける。ただし，$\gamma(y)$ は $x = p(y)$ のときの $h(x)$ の劣微分の要素の一つとする。そして，g, h の凸性より

$$\begin{aligned} g(x) &\ge g(y) + (x-y)^T\nabla g(y) \\ h(x) &\ge h(p(y)) + (x-p(y))^T\gamma(y) \end{aligned}$$

とできるので，これらと (3.30) より，不等式

$$\begin{aligned} f(x) - Q(p(y),y) &= g(x) + h(x) - Q(p(y),y) \\ &\ge g(y) + (x-y)^T\nabla g(y) + h(p(y)) + (x-p(y))^T\gamma(y) \\ &\quad - \{g(y) + (p(y)-y)^T\nabla g(y) + \frac{L}{2}\|p(y)-y\|^2 + h(p(y))\} \\ &= -\frac{L}{2}\|p(y)-y\|^2 + (x-p(y))^T(\nabla g(y) + \gamma(y)) \\ &= -\frac{L}{2}\|p(y)-y\|^2 + L(x-y+y-p(y))^T(y-p(y)) \\ &= \frac{L}{2}\|p(y)-y\|^2 + L(x-y)^T(y-p(y)) \end{aligned} \tag{3.31}$$

が成立する。したがって，(3.29), (3.31) より補題 1 が成立する。 □

命題 7 の証明　補題 1 で $x := \beta_*$, $y := \beta_t$ とおくと，$p(\beta_t) = \beta_{t+1}$ より

$$\begin{aligned}\frac{2}{L}\{f(\beta_*) - f(\beta_{t+1})\} &\geq \|\beta_{t+1} - \beta_t\|^2 + 2(\beta_t - \beta_*)^T(\beta_{t+1} - \beta_t) \\ &= (\beta_{t+1} - \beta_t, \beta_{t+1} - \beta_t + 2(\beta_t - \beta_*)) \\ &= \langle(\beta_{t+1} - \beta_*) - (\beta_t - \beta_*), (\beta_{t+1} - \beta_*) + (\beta_t - \beta_*)\rangle \\ &= \|\beta_* - \beta_{t+1}\| - \|\beta_* - \beta_t\|^2\end{aligned}$$

である。ただし，$\langle\cdot,\cdot\rangle$ で内積をあらわすものとする。これを $t = 0, 1, \ldots, k-1$ について加えると，

$$\frac{2}{L}\{kf(\beta_*) - \sum_{t=0}^{k-1} f(\beta_{t+1})\} \geq \|\beta_* - \beta_k\|^2 - \|\beta_* - \beta_0\|^2 \tag{3.32}$$

が得られる。次に，補題 1 で $x = y$ を β_t とおくと

$$\frac{2}{L}\{f(\beta_t) - f(\beta_{t+1})\} \geq \|\beta_t - \beta_{t+1}\|^2$$

となり，この両辺をそれぞれ t 倍してから $t = 0, 1, \ldots, k-1$ について加えると，

$$\begin{aligned}\frac{2}{L}\sum_{t=0}^{k-1} t\{f(\beta_t) - f(\beta_{t+1})\} &= \frac{2}{L}\sum_{t=0}^{k-1}\{tf(\beta_t) - (t+1)f(\beta_{t+1}) + f(\beta_{t+1})\} \\ &= \frac{2}{L}\{-kf(\beta_k) + \sum_{t=0}^{k-1} f(\beta_{t+1})\} \geq \sum_{t=0}^{k-1} t\|\beta_t - \beta_{t+1}\|^2 \qquad (3.33)\end{aligned}$$

が得られる。最後に (3.32) と (3.33) の両辺を加えると，

$$\begin{aligned}\frac{2k}{L}\{f(\beta_*) - f(\beta_k)\} &\geq \|\beta_* - \beta_k\| - \|\beta_* - \beta_0\|^2 + \sum_{t=0}^{k-1} t\|\beta_t - \beta_{t+1}\|^2 \\ &\geq -\|\beta_0 - \beta_*\|^2\end{aligned}$$

となり，命題 7 が得られた。　□

問題34〜46

□ **34** 関数 $f(x,y) := \sqrt{x^2+y^2}$ について，以下の問いに答えよ。

(a) $(x,y) \neq (0,0)$ における $f(x,y)$ の偏微分を求めよ。

(b) $p \geq 2$ とする。$\beta \in \mathbb{R}^p$ について，$\beta \neq 0$ における L2 ノルム $\|\beta\|_2$ の偏微分を求めよ。

(c) 2 変数の劣微分は，すべての $(x,y) \in \mathbb{R}^2$ について

$$f(x,y) \geq f(x_0,y_0) + u(x-x_0) + v(y-y_0) \qquad \text{(cf. (3.4))}$$

が成立する $(u,v) \in \mathbb{R}^2$ として定義される。$f(x,y)$ の $(x,y)=(0,0)$ における劣微分を求めよ。

ヒント $x = r\cos\theta,\ y = r\sin\theta$ とおくと，$u = s\cos\phi,\ v = s\sin\phi$ $(s \geq 0,\ 0 \leq \phi < 2\pi)$ として，$r \geq rs\cos(\theta-\phi)$ が任意の $r \geq 0,\ 0 \leq \theta < 2\pi$ について成り立つ必要がある。

□ **35** $X \in \mathbb{R}^{N\times p},\ y \in \mathbb{R}^N,\ \lambda > 0$ として，

$$\frac{1}{2}\|y - X\beta\|_2^2 + \lambda\|\beta\|_2 \qquad \text{(cf. (3.5))}$$

を最小にする $\beta \in \mathbb{R}^p$ を求めたい。

(a) $\beta = 0$ が解となる必要十分条件は $\|X^Ty\|_2 \leq \lambda$ であることを示せ。

ヒント 劣微分をとったとき，0 を含むという条件は，以下のようになる。

$$-X^T(y - X\beta) + \lambda\frac{\beta}{\|\beta\|_2} \ni \begin{bmatrix} 0 \\ 0 \end{bmatrix} \qquad \text{(cf. (3.8))}$$

ここに $\beta = 0$ を代入する。

(b) $\beta \neq 0$ が解をもつとき，β は

$$X^TX\beta = X^Ty - \lambda\frac{\beta}{\|\beta\|_2} \qquad \text{(cf. (3.9))}$$

を満足することを示せ。

□ **36** $\nu > 0$ として，$\beta \in \mathbb{R}^p$ を決めたうえで

$$\gamma := \beta + \nu X^T(y - X\beta) \qquad \text{(cf. (3.10))}$$

$$\beta = \left(1 - \frac{\nu\lambda}{\|\gamma\|_2}\right)_+ \gamma \qquad \text{(cf. (3.11))}$$

を繰り返し，問題35 の最適解 $\beta \in \mathbb{R}^p$ を求める方法がある。ただし，$(u)_+ := \max\{0, u\}$ とする。ν として X^TX の最大固有値の逆数を選び，下記の処理を構成した。空欄を埋めて関数 `gr` を定義し，続く処理を実行して動作を確認せよ。

```
gr = function(X, y, lambda) {
  nu = 1 / max(2 * eigen(t(X) %*% X)$values)
  p = ncol(X)
  beta = rep(1, p); beta.old = rep(0, p)
  while (max(abs(beta - beta.old)) > 0.001) {
    beta.old = beta
    gamma = ## 空欄(1) ##
    beta = ## 空欄(2) ##
  }
  return(beta)
}

## データの生成
n = 100
p = 3
X = matrix(rnorm(n * p), ncol = p); beta = rnorm(p); epsilon = rnorm(n)
y = 0.1 * X %*% beta + epsilon
## 係数の値の変化を表示
lambda = seq(1, 50, 0.5)
m = length(lambda)
beta = matrix(nrow = m, ncol = p)
for (i in 1:m) {
  est = gr(X, y, lambda[i])
  for (j in 1:p) beta[i, j] = est[j]
}
y.max = max(beta); y.min = min(beta)
plot(lambda[1]:lambda[m], ylim = c(y.min, y.max),
     xlab = "lambda", ylab = "係数の値", type = "n")
for (j in 1:p) lines(lambda, beta[, j], col = j + 1)
legend("topright", legend = paste("係数", 1:p), lwd = 2, col = 2:(p + 1))
segments(lambda[1], 0, lambda[m], 0)
```

□ **37** 任意の $x, y, z \in \mathbb{R}^p$ で

$$(x-y)^T\nabla^2 g(z)(x-y) \le L\|x-y\|_2^2 \qquad \text{(cf. (3.15))} \qquad (3.34)$$

なる定数 L を Lipschitz 定数という。$g(z) = (y - Xz)^2$ のとき，Lipschitz 定数は高々 X^TX の最大固有値であることを示せ。

□ **38** 問題 46 の方法 (ISTA) を次のように若干修正し，性能の向上をはかる (FISTA)。$\alpha_1 = 1$, $\alpha_{t+1} := (1 + \sqrt{1 + 4\alpha_t^2})/2$ なる数列を用いて，$\beta_0 \in \mathbb{R}^p$, $\gamma_1 = \beta_0$ とし，$\beta_t = p(\gamma_t)$ および

$$\gamma_{t+1} = \beta_t + \frac{\alpha_t - 1}{\alpha_{t+1}}(\beta_t - \beta_{t-1}) \qquad \text{(cf. (3.20))}$$

なる更新にする ($\alpha_t = 1$, $t \ge 1$ とおいた場合が ISTA)。

(a) $\alpha_t \geq (t+1)/2$ を数学的帰納法で示せ。

(b) 下記のプログラムの空欄を埋めて，問題36の関数 `gr` を `fista` に変えて実行し，同じ出力が得られることを確認せよ。

```
fista = function(X, y, lambda) {
  nu = 1 / max(2 * eigen(t(X) %*% X)$values)
  p = ncol(X)
  alpha = 1
  beta = rnorm(p); beta.old = rnorm(p)
  gamma = beta
  while (max(abs(beta - beta.old)) > 0.001) {
    print(beta)
    beta.old = beta
    w = ## 空欄(1) ##
    beta = ## 空欄(2) ##
    alpha.old = alpha
    alpha = (1 + sqrt(1 + 4 * alpha ^ 2)) / 2
    gamma = beta + (alpha.old - 1) / alpha * (beta - beta.old)
  }
  return(beta)
}
```

□ **39** ISTA と FISTA で速度にどのくらい差が出るか調べるため，下記のようなプログラムを構成した。空欄を埋めて処理を実行し，両者の速度にどの程度の差異が出るかを確認せよ。

```
## データの生成
n = 100; p = 1  # p = 3
X = matrix(rnorm(n * p), ncol = p); beta = rnorm(p); epsilon = rnorm(n)
y = 0.1 * X %*% beta + epsilon
lambda = 0.01
nu = 1 / max(eigen(t(X) %*% X)$values)
p = ncol(X)
m = 10
## ISTAの性能評価
beta = rep(1, p); beta.old = rep(0, p)
t = 0; val = matrix(0, m, p)
while (t < m) {
  t = t + 1; val[t, ] = beta
  beta.old = beta
  gamma = ## 空欄(1) ##
  beta = ## 空欄(2) ##
}
eval = array(dim = m)
val.final = val[m, ]; for (i in 1:m) eval[i] = norm(val[i, ] - val.final, "2")
plot(1:m, ylim = c(0, eval[1]), type = "n",
```

```
    xlab = "回数", ylab = "L2 誤差", main = "ISTA と FISTA の比較")
lines(eval, col = "blue")
## FISTAの性能評価
beta = rep(1, p); beta.old = rep(0, p)
alpha = 1; gamma = beta
t = 0; val = matrix(0, m, p)
while (t < m) {
  t = t + 1; val[t, ] = beta
  beta.old = beta
  w = ## 空欄(3) ##
  beta = ## 空欄(4) ##
  alpha.old = alpha
  alpha = ## 空欄(5) ##
  gamma = ## 空欄(6) ##
}
val.final = val[m, ]; for (i in 1:m) eval[i] = norm(val[i, ] - val.final, "2")
lines(eval, col = "red")
legend("topright", c("FISTA", "ISTA"), lwd = 1, col = c("red", "blue"))
```

□ **40** グループ数 1 に対するグループ Lasso の手順を K 個のグループに巡回的に適用し，グループ間では座標降下法と同様の手順を踏むことによって，

$$\frac{1}{2}\sum_{i=1}^{N}(y_i - \sum_{k=1}^{K} z_{i,k}\theta_k)^2 + \lambda \sum_{k=1}^{K} \|\theta_k\|_2 \qquad \text{(cf. (3.1))} \tag{3.35}$$

の解を得ることを考える。下記の空欄を埋めてグループ Lasso の処理を構成し，続く処理を実行して動作を確認せよ。

```
group.lasso = function(z, y, lambda = 0) {
  J = length(z)
  theta = list(); for (j in 1:J) theta[[j]] = rep(0, ncol(z[[j]]))
  for (m in 1:10) {
    for (j in 1:J) {
      r = y; for (k in 1:J) {if (k != j) r = r - ## 空欄(1) ##}
      theta[[j]] = ## 空欄(2) ##
    }
  }
  return(theta)
}

## データの生成
N = 100; J = 2
u = rnorm(n); v = u + rnorm(n)
s = 0.1 * rnorm(n); t = 0.1 * s + rnorm(n); y = u + v + s + t + rnorm(n)
z = list(); z[[1]] = cbind(u, v); z[[2]] = cbind(s, t)
## 係数の値の変化を表示
lambda = seq(1, 500, 10); m = length(lambda); beta = matrix(nrow = m, ncol = 4)
```

```
for (i in 1:m) {
  est = group.lasso(z, y, lambda[i])
  beta[i, ] = c(est[[1]][1], est[[1]][2], est[[2]][1], est[[2]][2])
}
y.max = max(beta); y.min = min(beta)
plot(lambda[1]:lambda[m], ylim = c(y.min, y.max),
     xlab = "lambda", ylab = "係数の値", type = "n")
lines(lambda, beta[, 1], lty = 1, col = 2)
lines(lambda, beta[, 2], lty = 2, col = 2)
lines(lambda, beta[, 3], lty = 1, col = 4)
lines(lambda, beta[, 4], lty = 2, col = 4)
legend("topright", legend = c("グループ1", "グループ1", "グループ2", "グループ2"),
       lwd = 1, lty = c(1, 2), col = c(2, 2, 4, 4))
segments(lambda[1], 0, lambda[m], 0)
```

□ **41** グループ間だけでなくグループ内でもスパース性をもたせるために，(3.35) の定式化を

$$\frac{1}{2}\sum_{i=1}^{N}(y_i-\sum_{k=1}^{K}z_{i,k}\theta_k)^2+\lambda\sum_{k=1}^{K}\{(1-\alpha)\|\theta_k\|_2+\alpha\|\theta_k\|_1\}\quad(0<\alpha<1)\qquad(\text{cf. }(3.21))\tag{3.36}$$

というように拡張する（スパースグループ Lasso）。スパースグループ Lasso では，非アクティブなグループの変数はすべて非アクティブだが，アクティブなグループにはアクティブな変数と非アクティブな変数が混在してよい。すなわち，スパースグループ Lasso はグループ Lasso の一般化であり，アクティブなグループに対しても，その中でさらに非アクティブな変数を許容するものである。

(a) 式 (3.36) の第 2 項以外を除いた量の最小値は

$$\mathcal{S}_{\lambda\alpha}\left(\sum_{i=1}^{N}z_{i,k}r_{i,k}\right)$$

となることを示せ。

(b) $\theta_j=0$ が解となる必要十分条件は以下で与えられることを示せ。

$$\lambda(1-\alpha)\geq\left\|\mathcal{S}_{\lambda\alpha}\left(\sum_{i=1}^{N}z_{i,k}r_{i,k}\right)\right\|_2$$

(c) 通常のグループ Lasso の漸化式 $\beta\leftarrow\left(1-\frac{\nu\lambda}{\|\gamma\|_2}\right)_+\gamma$ は

$$\beta\leftarrow\left(1-\frac{\nu\lambda(1-\alpha)}{\|\mathcal{S}_{\lambda\alpha}(\gamma)\|_2}\right)_+\mathcal{S}_{\lambda\alpha}(\gamma)\qquad(\text{cf. }(3.23))$$

に拡張されることを示せ。

□ **42** スパースグループ Lasso の処理を R 言語で構成してみた。空欄を埋め，問題 40 の処理を実行して検証せよ。

```
sparse.group.lasso = function(z, y, lambda = 0, alpha = 0) {
  J = length(z)
  theta = list(); for (j in 1:J) theta[[j]] = rep(0, ncol(z[[j]]))
  for (m in 1:10) {
    for (j in 1:J) {
      r = y; for (k in 1:J) {if (k != j) r = r - z[[k]] %*% theta[[k]]}
      theta[[j]] = ## 空欄(1) ##
    }
  }
  return(theta)
}

sparse.gr = function(X, y, lambda, alpha = 0) {
  nu = 1 / max(2 * eigen(t(X) %*% X)$values)
  p = ncol(X)
  beta = rnorm(p); beta.old = rnorm(p)
  while (max(abs(beta - beta.old)) > 0.001) {
    beta.old = beta
    gamma = beta + nu * t(X) %*% (y - X %*% beta)
    delta = ## 空欄(2) ##
    beta = ## 空欄(3) ##
  }
  return(beta)
}
```

□ **43** グループ Lasso において，$\{1,2\},\{3,4\},\{5\}$ というのではなく $\{1,2,3\},\{3,4,5\}$ というように，グループに含まれる変数が重複するような場合も考慮したい。各変数の係数を $\beta \in \mathbb{R}^p$ とする。k 番目のグループに含まれる変数以外は 0 であるような，すなわち $\mathbb{R}^p \ni \beta = \sum_{k=1}^K \theta_k$ を満足するような $\theta_1,\ldots,\theta_K \in \mathbb{R}^p$ を用意し，$X \in \mathbb{R}^{N\times p}$, $y \in \mathbb{R}^N$ から

$$\frac{1}{2}\|y - X\sum_{k=1}^K \theta_j\|_2^2 + \lambda\sum_{k=1}^K \|\theta_k\|_2$$

を最小にする β を求めたい。$X \in \mathbb{R}^5$ の最初の 3 列を $X_1 \in \mathbb{R}^3$，最後の 3 列を $X_2 \in \mathbb{R}^3$ と書き，

$$\theta_1 = \begin{bmatrix} \beta_1 \\ \beta_2 \\ \beta_{3,1} \\ 0 \\ 0 \end{bmatrix},\ \theta_2 = \begin{bmatrix} 0 \\ 0 \\ \beta_{3,2} \\ \beta_4 \\ \beta_5 \end{bmatrix} \quad (\beta_3 = \beta_{3,1} + \beta_{3,2})$$

とおくとき，$\theta_1 = 0$, $\theta_2 = 0$ に相当する条件を，$\theta_1, \theta_2, X_1, X_2, y, \lambda$ を用いて書け。

ヒント　最小にすべき式を $\beta_1,\beta_2,\beta_{3,1},\beta_{3,2},\beta_4,\beta_5$ で劣微分する。

□ **44** 観測データ $X \in \mathbb{R}^{N\times p}$, $\beta \in \mathbb{R}^{p\times K}$, $y \in \mathbb{R}^{N\times K}$ から,

$$L_0(\beta) := \frac{1}{2}\sum_{i=1}^{N}\sum_{k=1}^{K}(y_{i,k} - \sum_{j=1}^{p} x_{i,j}\beta_{j,k})^2$$

として,

$$L(\beta) := L_0(\beta) + \lambda\sum_{j=1}^{p}\|\beta_j\|_2$$

を最小にする $\beta \in \mathbb{R}^{p\times K}$ を求めたい。このとき,

$$\hat{\beta}_j = \frac{1}{\sum_{i=1}^{N} x_{i,j}^2}\left(1 - \frac{\lambda}{\|\sum_{i=1}^{N} x_{i,j}r_i^{(j)}\|_2}\right)_+ \sum_{i=1}^{N} x_{i,j}r_i^{(j)}$$

が解となることを示せ。

□ **45** 観測データ $(x_1, y_1), \ldots, (x_N, y_N) \in \mathbb{R}\times\mathbb{R}$ から, y_i を $f_1(x_i) + f_2(x_i)$ で回帰したい。

$$f_1(x; \alpha, \beta) = \alpha + \beta x$$
$$f_2(x; p, q, r) = p\cos x + q\cos 2x + r\cos 3x$$

かつ $J = 2$, $p_1 = 2$, $p_2 = 3$ として,

$$z_1 = \begin{bmatrix} 1 & x_1 \\ \vdots & \vdots \\ 1 & x_N \end{bmatrix}, \quad z_2 = \begin{bmatrix} \cos x_1 & \cos 2x_1 & \cos 3x_1 \\ \vdots & \vdots & \vdots \\ \cos x_N & \cos 2x_N & \cos 2x_N \end{bmatrix}$$

から $\theta_1 = [\alpha, \beta]^T, \theta_2 = [p, q, r]^T$ を求める。空欄を埋めて処理を実行せよ。

```
## データの生成
n = 100; J = 2; x = rnorm(n); y = x + cos(x)
z[[1]] = cbind(rep(1, n), x)
z[[2]] = cbind(## 空欄(1) ##)
## 係数の値の変化を表示
lambda = seq(1, 200, 5); m = length(lambda); beta = matrix(nrow = m, ncol = 5)
for (i in 1:m) {
  est = ## 空欄(2) ##
  beta[i, ] = c(est[[1]][1], est[[1]][2], est[[2]][1], est[[2]][2], est[[2]][3])
}
y.max = max(beta); y.min = min(beta)
plot(lambda[1]:lambda[m], ylim = c(y.min, y.max),
     xlab = "lambda", ylab = "係数の値", type = "n")
lines(lambda, beta[, 1], lty = 1, col = 2)
lines(lambda, beta[, 2], lty = 2, col = 2)
lines(lambda, beta[, 3], lty = 1, col = 4)
lines(lambda, beta[, 4], lty = 2, col = 4)
lines(lambda, beta[, 5], lty = 3, col = 4)
legend("topright", legend = c("1", "x", "cos x", "cos 2x", "cos 3x"),
```

```
      lwd = 1, lty = c(1, 2, 1, 2, 3), col = c(2, 2, 4, 4, 4))
segments(lambda[1], 0, lambda[m], 0)

i = 5  # lambda[5]の値を用いた
f.1 = function(x) beta[i, 1] + beta[i, 2] * x
f.2 = function(x)
  beta[i, 3] * cos(x) + beta[i, 4] * cos(2 * x) + beta[i, 5] * cos(3 * x)
f = function(x) f.1(x) + f.2(x)
curve(f.1(x), -5, 5, col = "red", ylab = "関数の値")
curve(f.2(x), -5, 5, col = "blue", add = TRUE)
curve(f(x), -5, 5, add = TRUE)
legend("topleft", legend = c("f = f.1 + f.2", "f.1", "f.2"),
       col = c(1, "red", "blue"), lwd = 1)
```

□ **46** 下記の gr.multi.lasso は，多値のロジスティック回帰の係数を推定する関数である。空欄を埋めて，続く処理が実行できることを確認せよ。

```
gr.multi.lasso = function(X, y, lambda) {
  n = nrow(X); p = ncol(X); K = length(table(y))
  beta = matrix(1, p, K)
  gamma = matrix(0, p, K)
  Y = matrix(0, n, K); for (i in 1:n) Y[i, y[i]] = 1
  while (norm(beta - gamma, "F") > 10 ^ (-4)) {
    gamma = beta
    eta = X %*% beta
    P = ## 空欄(1) ##
    t = 2 * max(P * (1 - P))
    R = (Y - P) / t
    for (j in 1:p) {
      r = R + as.matrix(X[, j]) %*% t(beta[j, ])
      M = ## 空欄(2) ##
      beta[j, ] = sum(X[, j] ^ 2) ^ (-1) *
        max(1 - lambda / t / sqrt(sum(M ^ 2)), 0) * M
      R = r - as.matrix(X[, j]) %*% t(beta[j, ])
    }
  }
  return(beta)
}
## 実行する処理
df = iris
X = cbind(df[[1]], df[[2]], df[[3]], df[[4]])
y = c(rep(1, 50), rep(2, 50), rep(3, 50))
lambda.seq = c(10, 20, 30, 40, 50, 60, 70, 80, 90, 100, 125, 150)
m = length(lambda.seq); p = ncol(X); K = length(table(y))
alpha = array(dim = c(m, p, K))
for (i in 1:m) {
```

```
  res = gr.multi.lasso(X, y, lambda.seq[i])
  for (j in 1:p) {for (k in 1:K) alpha[i, j, k] = res[j, k]}
}
plot(0, xlim = c(0, 150), ylim = c(min(alpha), max(alpha)), type = "n",
     xlab = "lambda", ylab = "係数の値", main = "lambda の値と各係数の値の推移")
for (j in 1:p) {for (k in 1:K) lines(lambda.seq, alpha[, j, k], col = j + 1)}
legend("topright",
       legend = c("がく片の長さ", "がく片の幅", "花びらの長さ", "花びらの幅"),
       lwd = 2, col = 2:5)
```

第4章 Fused Lasso

Fused Lasso は観測データ $y_1, \ldots, y_N \in \mathbb{R}$ および定数 $\lambda > 0$ に対し，

$$\frac{1}{2}\sum_{i=1}^{N}(y_i - \theta_i)^2 + \lambda \sum_{i=1}^{N-1} |\theta_i - \theta_{i+1}| \tag{4.1}$$

を最小にする $\theta_1, \ldots, \theta_N$ を求める問題である。

出力される $\theta_1, \ldots, \theta_N$ の各値はそれぞれ $y_1, \ldots, y_N$ の値に近く，y_i, y_{i+1} が近い値をとれば $\theta_i = \theta_{i+1}$ になる（図 **4.1**）。$\lambda > 0$ の値が大きければ，近い y_i, y_{i+1} が同じ値にならないことのペナルティが大きくなり，各 $i = 1, \ldots, N-1$ で $\theta_i = \theta_{i+1}$ となる確率が高くなる。また，λ を無限大にすると $\theta_1 = \cdots = \theta_N$ になる。このほか，μ, λ に対して

$$\frac{1}{2}\sum_{i=1}^{N}(y_i - \theta_i)^2 + \mu \sum_{i=1}^{N} |\theta_i| + \lambda \sum_{i=1}^{N-1} |\theta_i - \theta_{i+1}| \tag{4.2}$$

を最小にする $\theta_1, \ldots, \theta_N$ を求める（θ_i の大きさを考慮する）もの（スパース **Fused Lasso**）や，多次元での距離で評価するものなど，**Fused Lasso** には種々の一般化がある。

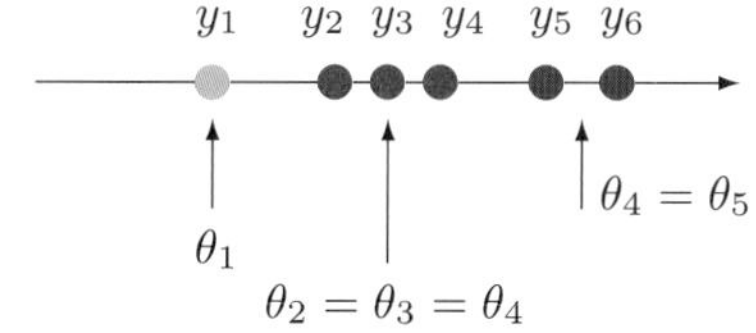

図 4.1 Fused Lasso。1 次元の場合，隣接する観測データの値が近いとき，$\{y_2, y_3, y_4\}$ や $\{y_5, y_6\}$ のように同じ値 θ とみなす。

4.1 Fused Lasso の適用事例

処理の細部を検討する前に，CRAN パッケージ genlasso[2] に種々のデータを適用し，Fused Lasso の概念を把握してみよう。

◆ **例 35** 比較ゲノムハイブリダイゼーション法 (Comparative Genomic Hybridization, CGH) といって，染色体領域上のゲノムのコピー数を計測して，腫瘍細胞を解析する方法がある。そして，その遺伝子列のコピー数の変化をあらわしたデータ[1] に対して，平滑化する処理を行い，$\lambda = 0.1, 1, 10, 100$ として，どのような結果が得られるかを確認してみた（図 4.2）。

```
library(genlasso)
df = read.table("cgh.txt"); y = df[[1]]; N = length(y)
out = fusedlasso1d(y)
plot(out, lambda = 0.1, xlab = "遺伝子番号", ylab = "コピー数比(対数値)",
     main = "遺伝子番号1000まで")
```

多次元の場合を考える。頂点集合 $V = \{1, 2, \ldots, N\}$ と辺集合 E（$\{\{i, j\} \mid i, j \in V,\ i \neq j\}$ の部分集合）について，各頂点 i にデータ y_i があるとする。このとき，

$$\frac{1}{2}\sum_{i=1}^{N}(y_i - \theta_i)^2 + \lambda \sum_{\{i,j\}\in E} |\theta_i - \theta_j| \tag{4.3}$$

を最小化する問題を定式化する。すなわち，辺として結ばれている 2 頂点間についての連結性を考える。辺が 1 次元的に連結されていれば，オリジナルの Fused Lasso の問題になる。

◆ **例 36** 2020 年に感染が拡大している新型コロナウイルスについて，6 月 9 日までの都道府県別の感染者数を図示した（図 4.3）。まず，都道府県どうしが隣接している場合に，Fused Lasso の連結性を考慮する。$\lambda = 50$ とすると感染者数の差がわかるが，$\lambda = 150$ 以上とすると，東京や北海道など感染が広まった地域だけが強調されている。プログラムでは，隣接行列（都道府県 i, j が連接していれば 1）から，列数は 47 で，隣接している辺の数だけの行をもつ行列 D を生成している。各行で，隣接している都道府県の一方が 1，他方の都道府県が -1 の値をもつ行列になっている（多次元の Fused Lasso については，4.4 節で詳細を述べる）。

```
library(genlasso)
library(NipponMap)
mat = read.table("adj.txt")
mat = as.matrix(mat)              ## 都道府県の隣接行列
y = read.table("2020_6_9.txt")
y = as.numeric(y[[1]])            ## 都道府県別感染者数

k = 0; u = NULL; v = NULL
for (i in 1:46) for (j in (i + 1):47) if (mat[i, j] == 1) {
```

[1] https://web.stanford.edu/~hastie/StatLearnSparsity_files/DATA/cgh.html

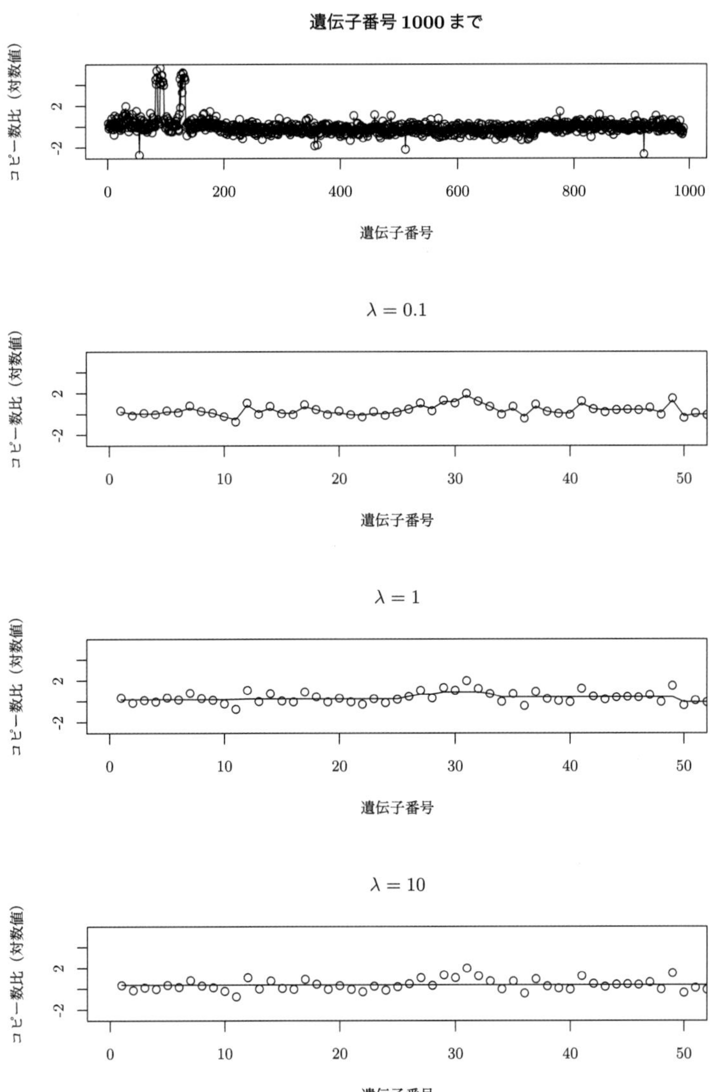

図 4.2 例 35 の実行例。Fused Lasso の処理を適用して，比較ゲノムハイブリダイゼーション法 (CGH) のデータを平滑化した。最上部の図は全遺伝子番号について，下の 3 図では遺伝子番号 50 までについて，$\lambda = 0.1, 1, 10$ とした平滑化を表示している。λ の値が大きいほど観測点を追従しなくなり，なめらかな曲線になっていることが確認できる。

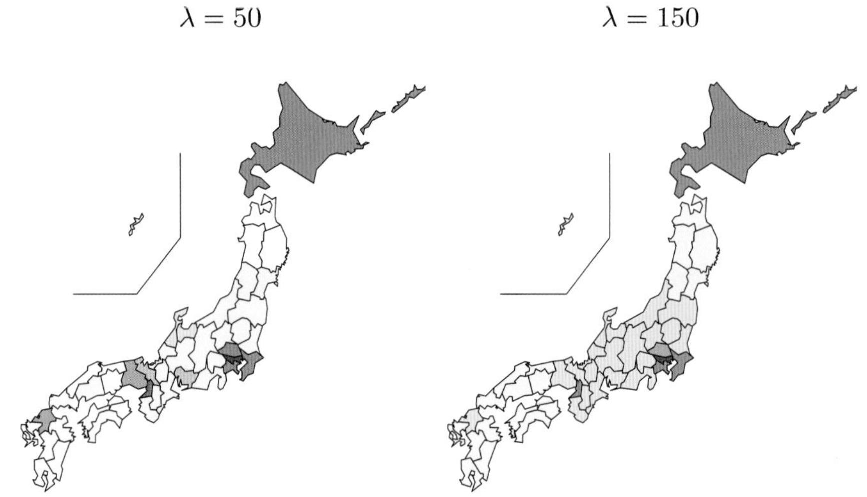

図 4.3 例 36 の実行結果。2020 年に感染が広まっている新型コロナウイルスの 6 月 9 日までの感染者数を色で表示。$\lambda = 150$（右）では，4 月になされた非常事態宣言が他の都道府県より長く続いた東京や北海道など，ごく一部の地域とそれ以外の差しかみえないが，$\lambda = 50$（左）では細かい差異までわかる。

```
  k = k + 1; u = c(u, i); v = c(v, j)
}
m = length(u)
D = matrix(0, m, 47)
for (k in 1:m) {D[k, u[k]] = 1; D[k, v[k]] = -1}
res = fusedlasso(y, D = D)
z = coef(res, lambda = 50)$beta   # lambda = 150
cc = round((10 - log(z)) * 2 - 1)
cols = NULL
for (k in 1:47) cols = c(cols, heat.colors(12)[cc[k]])
  ## 各都道府県で出力される色を決めている
JapanPrefMap(col = cols, main = "lambda = 50")  ## 日本地図を描く関数
```

◆ **例 37** Fused Lasso は変数の隣接間の (1 次) 差分だけではなく，2 次差分 $\theta_i - 2\theta_{i+1} + \theta_{i+2}$，3 次差分 $\theta_i - 3\theta_{i+1} + 3\theta_{i+2} - \theta_{i+3}$ のように，差分を何重にも導入できる。これを Trend Filtering という。`genlasso` で用意された関数 `trendfilter` を用いて，$\sin\theta$ $(0 \le \theta \le 2\pi)$ について，$k = 1, 2, 3, 4$ 次の差分を Trend Filtering してみた。この出力を図 4.4 に示す。

```
library(genlasso)
n = 50; y = sin(1:n / n * 2 * pi) + rnorm(n)  ## データ生成
out = trendfilter(y, ord = 3); k = 1  # k = 2, 3, 4
plot(out, lambda = k, main = paste("k = ", k))
```

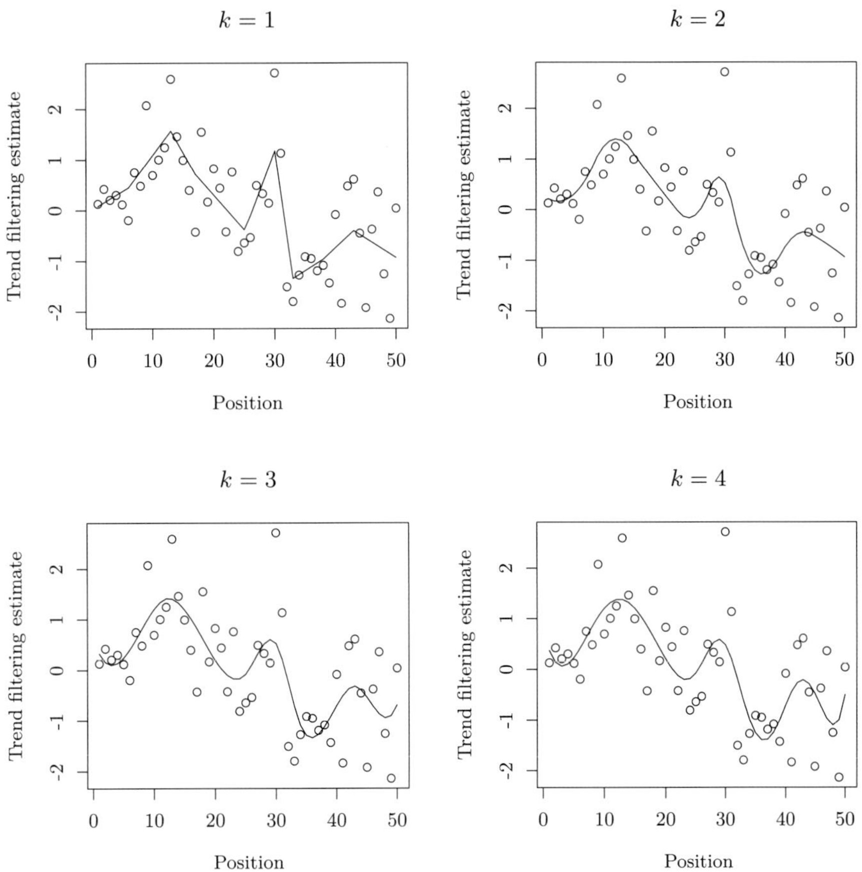

図 4.4　例 37 の実行例。Trend Filtering の出力。差分の次数 k が大きくなると自由度の高い曲線になり，データに追従しやすくなっている。

4.2　動的計画法による Fused Lasso の解法

Fused Lasso を解く手続きはいくつかある。最初に，N. Johnson による動的計画法を用いた手続き (2013)[14] を検討する。

(4.1) を最小にする $\theta_1,\ldots,\theta_N$ を解くために，θ_1 に関する最適な条件を求めると，

$$h_1(\theta_1,\theta_2) := \frac{1}{2}(y_1-\theta_1)^2 + \lambda|\theta_2-\theta_1|$$

の最小化になるが，θ_2 が変数として残る。しかし，θ_2 の値がわかっているときの最適な θ_1 は

$$\hat{\theta}_1(\theta_2) = \begin{cases} y_1-\lambda, & y_1 > \theta_2+\lambda \\ \theta_2, & |y_1-\theta_2| \le \lambda \\ y_1+\lambda, & y_1 < \theta_2-\lambda \end{cases}$$

と書ける。次に，θ_2 に関する最適な条件を求めると，

$$\frac{1}{2}(y_1-\theta_1)^2 + \frac{1}{2}(y_2-\theta_2)^2 + \lambda|\theta_2-\theta_1| + \lambda|\theta_3-\theta_2|$$

の最小化になる。θ_1, θ_3 が変数として残るが，θ_1 を $\hat{\theta}_1(\theta_2)$ で置き換えると，θ_3 の値がわかっているときの

$$h_2(\hat{\theta}_1(\theta_2), \theta_2, \theta_3) := \frac{1}{2}(y_1 - \hat{\theta}_1(\theta_2))^2 + \frac{1}{2}(y_2 - \theta_2)^2 + \lambda|\theta_2 - \hat{\theta}_1(\theta_2)| + \lambda|\theta_3 - \theta_2|$$

を最小にする θ_2 の値 $\hat{\theta}_2(\theta_3)$ は，θ_3 の関数として書ける。また，$\hat{\theta}_1(\theta_2)$ も θ_3 の関数として書けるので，$\hat{\theta}_1(\theta_3)$ と書くことにする。この操作を繰り返していくと，$\hat{\theta}_1(\theta_N), \ldots, \hat{\theta}_{N-1}(\theta_N)$ が θ_N の関数として求まる。これらを (4.1) に代入すれば，1 変数 θ_N に関する方程式

$$\begin{aligned} & h_N(\hat{\theta}_1(\theta_N), \ldots, \hat{\theta}_{N-1}(\theta_N), \theta_N, \theta_N) \\ & := \frac{1}{2}\sum_{i=1}^{N-1}(y_i - \hat{\theta}_i(\theta_N))^2 + \frac{1}{2}(y_N - \theta_N)^2 + \lambda\sum_{i=1}^{N-2}|\hat{\theta}_i(\theta_N) - \hat{\theta}_{i+1}(\theta_N)| + \lambda|\hat{\theta}_{N-1}(\theta_N) - \theta_N| \end{aligned} \tag{4.4}$$

を最小にする θ_N を求める問題に帰着できる。そして，(4.4) の解 $\theta_N = \theta_N^*$ が求まったとする。このとき，$\theta_{N-1}^* := \hat{\theta}_{N-1}(\theta_N^*)$ が，θ_{N-1}^* の値から $\theta_{N-2}^* = \hat{\theta}_{N-2}(\theta_{N-1}^*)$ が，というように (4.1) を最小にする $\theta_1^*, \ldots, \theta_N^*$ を求めることができる。このような方法を動的計画法という。

しかしながら，関数 $\hat{\theta}_i(\theta_{i+1})$ の具体的なかたちを求めることは，$i = 1$ の場合を除いて容易ではない。ただ，

$$\hat{\theta}_i(\theta_{i+1}) = \begin{cases} L_i, & \theta_{i+1} < L_i \\ \theta_{i+1}, & L_i \le \theta_{i+1} \le U_i \\ U_i, & U_i < \theta_{i+1} \end{cases}$$

なる定数 L_i, U_i $(i = 1, \ldots, N-1)$ が存在する。実際の処理では，これらの値と θ_N の最適値 θ_N^* を求める。そして，$\theta_i^* = \hat{\theta}_i(\theta_{i+1}^*)$ $(i = N-1, \ldots, 1)$ を計算する。詳細は付録に委ねるが，この処理によって以下の命題を得る。

命題 10（Johnson, 2013 [14]） 動的計画法による Fused Lasso のアルゴリズムの計算量は，$O(N)$ になる。

上記に基づいて，たとえば以下のような Fused Lasso のプログラムを構成することができる。

```
clean = function(z) {
  m = length(z)
  j = 2; while (z[1] >= z[j] && j < m) j = j + 1
  k = m - 1; while (z[m] <= z[k] && k > 1) k = k - 1
  if (j > k) return(z[c(1, m)]) else return(z[c(1, j:k, m)])
}

fused = function(y, lambda = lambda) {
  if (lambda == 0) return(y)
  n = length(y)
  L = array(dim = n - 1)
  U = array(dim = n - 1)
  G = function(i, theta) {
    if (i == 1) theta - y[1]
```

```
    else G(i - 1, theta) * (theta > L[i - 1] && theta < U[i - 1]) +
      lambda * (theta >= U[i - 1]) - lambda * (theta <= L[i - 1]) + theta - y[i]
  }
  theta = array(dim = n)
  L[1] = y[1] - lambda; U[1] = y[1] + lambda; z = c(L[1], U[1])
  if (n > 2) for (i in 2:(n - 1)) {
    z = c(y[i] - 2 * lambda, z, y[i] + 2 * lambda); z = clean(z)
    m = length(z)
    j = 1; while (G(i, z[j]) + lambda <= 0) j = j + 1
    if (j == 1) {L[i] = z[m]; j = 2}
    else L[i] = z[j - 1] - (z[j] - z[j - 1]) * (G(i, z[j - 1]) + lambda) /
      (-G(i, z[j - 1])+G(i, z[j]))
    k = m; while (G(i, z[k]) - lambda >= 0) k = k - 1
    if (k == m) {U[i] = z[1]; k = m - 1}
    else U[i] = z[k] - (z[k + 1] - z[k]) * (G(i, z[k]) - lambda) /
      (-G(i, z[k]) +  G(i, z[k + 1]))
    z = c(L[i], z[j:k], U[i])
  }
  z = c(y[n] - lambda, z, y[n] + lambda); z = clean(z)
  m = length(z)
  j = 1; while (G(n, z[j]) <= 0 && j < m) j = j + 1
  if (j == 1) theta[n] = z[1]
  else theta[n] = z[j - 1] -
    (z[j] - z[j - 1]) * G(n, z[j - 1]) / (-G(n, z[j - 1]) + G(n, z[j]))
  for (i in n:2) {
    if (theta[i] < L[i - 1]) theta[i - 1] = L[i - 1]
    if (L[i - 1] <= theta[i] && theta[i] <= U[i - 1]) theta[i - 1] = theta[i]
    if (theta[i] > U[i - 1]) theta[i - 1] = U[i - 1]
  }
  return(theta)
}
```

ここで，(4.1) ではなく (4.2) の最小化をはかることがある。このような方法をスパース Fused Lasso という。これは，隣接するデータを平滑化するだけでなく $\theta_1, \ldots, \theta_N$ に対しても L1 正則化を施して，値が大きくならないようにするためのものである。

しかし，実際は $\mu = 0$ とおくことが多い。これは，$\theta = [\theta_1, \ldots, \theta_N]$ の大きさを問題にしない場合だからということも多いが，下記の命題によるところが大きい。

命題 11（**Friedman *et al.*, 2007 [10]**） $\mu = 0$ における解 $\theta \in \mathbb{R}^N$ を $\theta(0)$ とすると，$\mu \neq 0$ のときの一般の $\theta = \theta(\mu)$ は $\mathcal{S}_\mu^N(\theta(0))$ で与えられる。ただし，$\mathcal{S}_\mu^N : \mathbb{R}^N \to \mathbb{R}^N$ は (1.11) を N 成分のそれぞれに適用したものである。

証明は章末の付録を参照されたい。

4.3 LARS

次節で導入するLassoの双対問題アルゴリズムを理解するために，LARS (Least Angle Regression; Efron *et al.*, 2004 [9]) というスパース推定の処理について検討する。LARSはLassoと同様の処理をするスパース推定のアルゴリズムだが，変数の個数pに対して$O(p^2)$の計算量になるので，実用的にはLassoが使われることが多い。しかしLARSはLassoに近い処理を行い，理論的な解析がしやすく，示唆に富んでいると言われている。

線形回帰で，通常のLassoであれば，十分大きな値からλの値を下げていくと，内積

$$\lambda_0 := \langle x^{(j)}, y \rangle$$

が最大となるjが現れる[2)]。ただし，$x^{(j)}$と書いて，行列$X \in \mathbb{R}^{N\times p}$の第$j$列目をあらわすものとする。またさらに$\lambda$の値を下げていくと，ある$\lambda = \lambda_1 < \lambda_0$の別の$j$について，係数が非ゼロになる。LARSでは以下に述べる方法で，$\lambda_0, \lambda_1, \ldots, \lambda_{p-1}$および対応する$\beta_0 = 0, \beta_1, \ldots, \beta_p \in \mathbb{R}^p$ (β_jはj個の非ゼロ要素をもつ) を設定する。このとき，各残差$r_{k-1} = y - X\beta_{k-1}$ $(k = 1, \ldots, p)$はそれらから計算される。

$\lambda_0 > \lambda_1 > \cdots > \lambda_{k-1}$および$\beta_1, \ldots, \beta_{k-1}$が決められたとして，$\beta_{k-1} \in \mathbb{R}^p$の非ゼロ要素の添字の集合をアクティブ集合$\mathcal{S}$という。そして，行列$X \in \mathbb{R}^{N\times p}$のうち，アクティブ集合$\mathcal{S}$に対応する列からなる部分行列を$X_\mathcal{S}$と書き，

$$\Delta_{k-1} := \begin{bmatrix} (X_\mathcal{S}^T X_\mathcal{S})^{-1} X_\mathcal{S}^T r_{k-1}/\lambda_{k-1} \\ 0 \end{bmatrix}$$

とおいて，$\lambda \le \lambda_{k-1}$に対応する$\beta \in \mathbb{R}^p$を以下のように設定する。

$$\beta(\lambda) = \beta_{k-1} + (\lambda_{k-1} - \lambda)\Delta_{k-1} \tag{4.5}$$

そして，対応する残差も各$\lambda \le \lambda_{k-1}$ごとに定義される。

$$r(\lambda) = y - X\beta(\lambda) = r_{k-1} - (\lambda_{k-1} - \lambda) X \Delta_{k-1} \tag{4.6}$$

そして，$j \notin \mathcal{S}$の中で

$$\langle x^{(j)}, r(\lambda) \rangle = \pm\lambda \tag{4.7}$$

の両辺の絶対値を最大にするλをλ_kとして，そのときのjを$\mathcal{S}$に加える。具体的には，$u_j := \langle x_j, r_{k-1} - \lambda_{k-1} X\Delta_{k-1} \rangle$, $v_j := \langle x_j, X\Delta_{k-1} \rangle$として，$t_j := \dfrac{u_j}{v_j \pm 1}$ $(j \notin \mathcal{S})$の最大値をλ_kとする。

(4.5), (4.6) が有効なのは，$\lambda_k \le \lambda \le \lambda_{k-1}$の範囲である。そして，$\beta_k := \beta(\lambda_k)$, $r_k := r(\lambda_k)$, $k := k+1$として，次のサイクルに行く。

(4.7) は，新しくアクティブ集合に加わったjだけでなく，すでにアクティブ集合に加わっているjについても成立している。すなわち，$\lambda \le \lambda_k$として，

$$\langle x^{(j)}, r_k \rangle = \pm\lambda_k \implies \langle x^{(j)}, r(\lambda) \rangle = \pm\lambda \tag{4.8}$$

---

2) LARSではこの内積をNで割らないで計算するので，λの値が大きく表示される。

が成立する（複号同順）。実際，(4.6) より，$H_{\mathcal{S}} := X_{\mathcal{S}}(X_{\mathcal{S}}^T X_{\mathcal{S}})^{-1} X_{\mathcal{S}}^T$ とおくと，$\lambda \le \lambda_k$ では

$$r(\lambda) = r_k - \left(1 - \frac{\lambda}{\lambda_k}\right) H_{\mathcal{S}} r_k = (I - H_{\mathcal{S}}) r_k + \frac{\lambda}{\lambda_k} H_{\mathcal{S}} r_k$$

が成立し，$\langle x^{(j)}, r_k \rangle = \pm\lambda_k$ および $(x^{(j)})^T H_{\mathcal{S}} = (H_{\mathcal{S}} x^{(j)})^T = (x^{(j)})^T$ より，

$$\langle x^{(j)}, r(\lambda) \rangle = \langle x^{(j)}, (I - H_{\mathcal{S}}) r_k + \frac{\lambda}{\lambda_k} H_{\mathcal{S}} r_k \rangle = 0 + \frac{\lambda}{\lambda_k} \langle x^{(j)}, r_k \rangle = \pm\lambda$$

が成立する。すなわち，LARS では一度アクティブになると，λ が 0 に至るまで，$\mathcal{S}$ に含まれる j どうし $\langle x^{(j)}, r(\lambda) \rangle = \pm\lambda$ を共有する。

たとえば，R 言語で以下のような処理を構成できる。

```
lars = function(X, y) {
  X = as.matrix(X); n = nrow(X); p = ncol(X); X.bar = array(dim = p)
  for (j in 1:p) {X.bar[j] = mean(X[, j]); X[, j] = X[, j] - X.bar[j]}
  y.bar = mean(y); y = y - y.bar
  scale = array(dim = p)
  for (j in 1:p) {scale[j] = sqrt(sum(X[, j] ^ 2) / n); X[, j] = X[, j] / scale[j]}
  beta = matrix(0, p + 1, p); lambda = rep(0, p + 1)
  for (i in 1:p) {
    lam = abs(sum(X[, i] * y))
    if (lam > lambda[1]) {i.max = i; lambda[1] = lam}
  }
  r = y; index = i.max; Delta = rep(0, p)
  for (k in 2:p) {
    Delta[index] = solve(t(X[, index]) %*% X[, index]) %*%
      t(X[, index]) %*% r / lambda[k - 1]
    u = t(X[, -index]) %*% (r - lambda[k - 1] * X %*% Delta)
    v = -t(X[, -index]) %*% (X %*% Delta)
    t = u / (v + 1)
    for (i in 1:(p - k + 1)) if (t[i] > lambda[k]) {lambda[k] = t[i]; i.max = i}
    t = u / (v - 1)
    for (i in 1:(p - k + 1)) if (t[i] > lambda[k]) {lambda[k] = t[i]; i.max = i}
    j = setdiff(1:p, index)[i.max]
    index = c(index, j)
    beta[k, ] = beta[k - 1, ] + (lambda[k - 1] - lambda[k]) * Delta
    r = y - X %*% beta[k, ]
  }
  for (k in 1:(p + 1)) for (j in 1:p) {beta[k, j] = beta[k, j] / scale[j]}
  return(list(beta = beta, lambda = lambda))
}
```

◆ **例 38** 第 1 章で Lasso に適用した米国犯罪データを LARS にも適用してみた。λ のスケールが異なるが，係数は同様の概形を表示している（図 4.5）。図の表示は上記の関数と下記のコードによった。

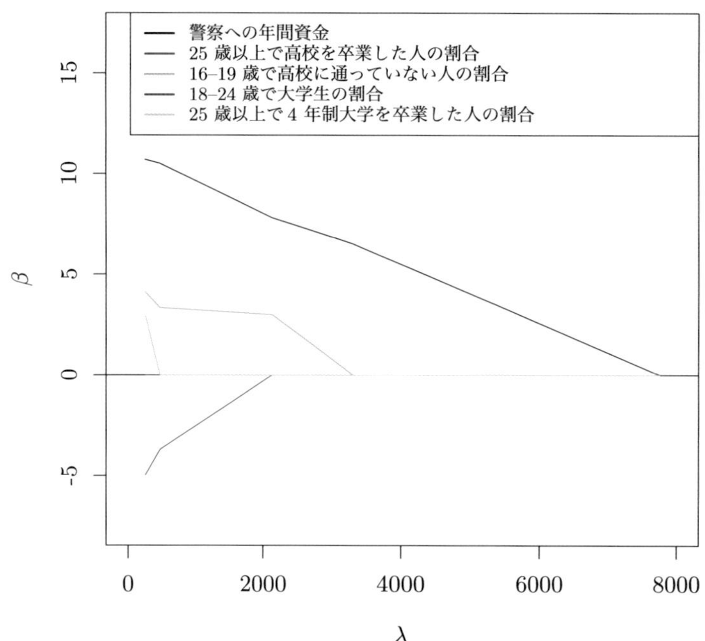

図 4.5 第 1 章で LASSO に適用した米国犯罪データを LARS に適用してみた。λ のスケールは異なるが，係数 β は同様の概形を記している。

```
df = read.table("crime.txt"); X = as.matrix(df[, 3:7]); y = df[, 1]
res = lars(X, y)
beta = res$beta; lambda = res$lambda
p = ncol(beta)
plot(0:8000, ylim = c(-7.5, 15), type = "n",
     xlab = "lambda", ylab = "beta", main = "LARS(米国犯罪データ)")
abline(h = 0)
for (j in 1:p) lines(lambda[1:(p)], beta[1:(p), j], col = j)
legend("topright",
       legend = c("警察への年間資金", "25 歳以上で高校を卒業した人の割合",
                  "16-19 歳で高校に通っていない人の割合", "18-24 歳で大学生の割合",
                  "25 歳以上で 4 年制大学を卒業した人の割合"),
       col = 1:p, lwd = 2, cex = .8)
```

4.4 Lasso の双対問題と一般化 Lasso

本節では，動的計画法とは異なる方法で，Fused Lasso の問題を解く。計算時間は $O(N^2)$ かかるが，より一般的な Fused Lasso の問題を解くことができる。まず，Lasso の双対問題という概念を導入する [30]。

◆ **例 39** $X \in \mathbb{R}^{N\times p}$, $y \in \mathbb{R}^N$, $\lambda > 0$ として，

$$\frac{1}{2}\|y - X\beta\|_2^2 + \lambda\|\beta\|_1 \tag{4.9}$$

を最小にする $\beta \in \mathbb{R}^p$ を求める問題を考える（線形回帰の Lasso）。ただし，第 1 項は N で正規化していない（λ に含まれていると考える）。これは，$r := y - X\beta$ のもとでの

$$\frac{1}{2}\|r\|_2^2 + \lambda\|\beta\|_1$$

の最小化になる。さらに，$\alpha \in \mathbb{R}^N$ を Lagrange 係数ベクトルとして，

$$L(\beta, r, \alpha) := \frac{1}{2}\|r\|_2^2 + \lambda\|\beta\|_1 - \alpha^T(r - y + X\beta)$$

の β, r に関する最小化とみることもできる。ここで，β, r のそれぞれで最小化をはかると，

$$\min_{\beta\in\mathbb{R}^p}\{-\alpha^T X\beta + \lambda\|\beta\|_1\} = \begin{cases} 0, & \|X^T\alpha\|_\infty \le \lambda \\ -\infty, & \text{その他} \end{cases}$$

$$\min_r \left\{\frac{1}{2}\|r\|_2^2 - \alpha^T r\right\} = -\frac{1}{2}\alpha^T\alpha$$

が成立する。ただし，$\|X^T\alpha\|_\infty$ は $x_j^T\alpha$ の最大値（x_j は X の第 j 列）である。したがって，(4.9) の β, r に関する最小化と，$\|X^T\alpha\|_\infty \le \lambda$ のもとでの

$$\frac{1}{2}\{\|y\|_2^2 - \|y - \alpha\|_2^2\} \tag{4.10}$$

に関する $\alpha \in \mathbb{R}^N$ の最大化，すなわち $\frac{1}{2}\|y - \alpha\|_2^2$ の最小化は一致する。以下では，前者を主問題，後者を双対問題とよぶ。この双対問題は，α が $\|X^T\alpha\|_\infty \le \lambda$，すなわち対になっている p 組の平面で囲まれた多面体の内部にある α のうち，y との距離を最小にするものを選ぶ問題になる。

Fused Lasso は，一つの具体例になる。

$y_1, \ldots, y_N \in \mathbb{R}$, $\lambda > 0$ に対して

$$\frac{1}{2}\|y - \theta\|_2^2 + \lambda\|D\theta\|_1 \tag{4.11}$$

を最小にしたい。ただし，$i = 1, \ldots, N-1$ に対して $D = (D_{i,j}) \in \mathbb{R}^{(N-1)\times N}$ を

$$D_{i,j} = \begin{cases} 1, & j = i \\ -1, & j = i+1 \\ 0, & \text{その他} \end{cases} \tag{4.12}$$

とおいた。通常の 1 次元 Fused Lasso の場合だけでなく，Trend Filtering

$$\frac{1}{2}\sum_{i=1}^N (y_i - \theta_i)^2 + \sum_{i=1}^{N-2} |\theta_i - 2\theta_{i+1} + \theta_{i+2}|$$

やその一般化

$$\frac{1}{2}\sum_{i=1}^{N}(y_i-\theta_i)^2+\sum_{i=1}^{N-2}\left|\frac{\theta_{i+2}-\theta_{i+1}}{x_{i+2}-x_{i+1}}-\frac{\theta_{i+1}-\theta_i}{x_{i+1}-x_i}\right| \quad (x_1,\ldots,x_N\in\mathbb{R},\ x_i\neq x_{i+1},\ i=1,\ldots,N-1) \tag{4.13}$$

などの場合も，それぞれ $D=\mathbb{R}^{(N-2)\times N}$ を

$$D_{i,j}=\begin{cases}1, & j=i\\ -2, & j=i+1\\ 1, & j=i+2\\ 0, & \text{その他}\end{cases},\ D_{i,j}=\begin{cases}-\dfrac{1}{x_{i+1}-x_i}, & j=i\\ \dfrac{1}{x_{i+1}-x_i}-\dfrac{1}{x_{i+2}-x_{i+1}}, & j=i+1\\ \dfrac{1}{x_{i+2}-x_{i+1}}, & j=i+2\\ 0, & \text{その他}\end{cases} \tag{4.14}$$

のように与えることで対応できる。さらに多次元の場合も，(4.3) におけるその辺集合の各辺が $\{i_1,j_1\},\ldots,\{i_m,j_m\}$ という m 個の要素からなっていれば，各 $k=1,\ldots,m$ に対して D_{k,i_k},D_{k,j_k} の一方を 1，他方を -1 とおけばよい（どちらが 1 でもよい）。

◆ **例 40** Fused Lasso を双対問題に変換して解くとき，$D\in\mathbb{R}^{m\times p}$, $\gamma=D\theta$ とおくと，(4.11) は

$$\frac{1}{2}\|y-\theta\|_2^2+\lambda\|\gamma\|_1$$

の $\theta\in\mathbb{R}^p$ に関する最小化とみなせる。Lagrange 乗数 α を導入すると

$$\frac{1}{2}\|y-\theta\|_2^2+\lambda\|\gamma\|_1+\alpha^T(D\theta-\gamma)$$

となり，これについて θ,γ で最小化をはかると

$$\min_\theta\left\{\frac{1}{2}\|y-\theta\|_2^2+\alpha^TD\theta\right\}=\frac{1}{2}\|y-D^T\alpha\|_2^2-\|y\|_2^2 \tag{4.15}$$

$$\min_\gamma\{\lambda\|\gamma\|_1-\alpha^T\gamma\}=\begin{cases}0, & \|\alpha\|_\infty\leq\lambda\\ -\infty, & \text{その他}\end{cases}$$

となる。よって，双対問題は $\|\alpha\|_\infty\leq\lambda$ のもとでの

$$\frac{1}{2}\|y-D^T\alpha\|_2^2$$

の最小化になる。そして，α の解 $\hat{\alpha}$ が求まれば，(4.15) の左辺の最小化される箇所に $\hat{\alpha}$ を代入して θ で微分をすると $\hat{\theta}=y-D^T\hat{\alpha}$ が成立するので，θ の値も求まる。

一般化 Lasso の主問題と双対問題は以下のように拡張できる。

命題 12 $X\in\mathbb{R}^{N\times p}$, $y\in\mathbb{R}^N$, $D\in\mathbb{R}^{m\times p}$ $(m\geq 1)$ として，主問題を

$$\frac{1}{2}\|y-X\beta\|_2^2+\lambda\|D\beta\|_1 \tag{4.16}$$

を最小にする $\beta\in\mathbb{R}^p$ を求める問題としたときに，双対問題は $\|\alpha\|_\infty\leq\lambda$ のもとで

$$\frac{1}{2}\|X(X^TX)^{-1}X^Ty-X(X^TX)^{-1}D^T\alpha\|_2^2 \tag{4.17}$$

を最小にする $\alpha \in \mathbb{R}^m$ を求める問題になる。ただし，X^TX が正則であることを仮定した。そして，α の解 $\hat{\alpha}$ が求まれば，β は $\hat{\beta} = y - D^T\hat{\alpha}$ から求まる。

証明は章末の付録を参照されたい。

次に，これらの問題を解決するパスアルゴリズム (R. Tibshirani and J. Taylor, 2013) について検討する。これは一般化Lassoの双対問題を解くための処理であり，本章でも扱っているCRANパッケージ genlasso もこの処理によっている。

簡単のため，(4.17) における X を単位行列とし，DD^T が正則である場合について検討する：各 $\lambda \geq 0$ に対し，$\|\alpha\|_\infty \leq \lambda$ のもとで

$$\frac{1}{2}\|y - D^T\alpha\|_2^2 \tag{4.18}$$

を最小にする α を求める処理を考えてみる。

そのために，下記の数学的性質に着目する。

命題13（Tibshirani and Taylor, 2011 [30]） 行列 $D^{m\times p}$ が

$$(DD^T)_{i,i} \geq \sum_{j\neq i}|(DD^T)_{i,j}| \quad (i,j = 1,\ldots,m) \tag{4.19}$$

を満足するとき，

$$\|\alpha_i(\lambda)\| = \lambda \implies \|\alpha_i(\lambda')\| = \lambda' \quad (\lambda' < \lambda) \tag{4.20}$$

が成立する。

証明は，原論文 (Tibshirani and Taylor, 2011 [30]) を参照されたい。

各 λ について，解 $\hat{\alpha}(\lambda)$ の各成分は λ 以下になる。パスアルゴリズムは，命題13を用いている。(4.19) は，(4.12) のような通常のFused Lassoの場合は満足するが，(4.14) では満足しない。ただ，原論文では，そのような場合でも対応できるような一般化もなされていて，パッケージ genlasso でも実装されている。本書では，行列 D が (4.19) を満足するような場合のみを考察する。

まず，(4.18) の最小二乗法の解 $\hat{\alpha}^{(1)}$ の成分の中で，絶対値の最大値を λ_1，そのときの成分 i を i_1 とする。そして，$k = 2,\ldots,m$ に関して以下の操作を行い，数列 $\{\lambda_k\},\{i_k\},\{s_k\}$ を定義する。$\mathcal{S} := \{i_1,\ldots,i_{k-1}\}$ として，

$$\frac{1}{2}\|y - \lambda D_{\mathcal{S}}^T s - D_{-\mathcal{S}}^T\alpha_{-\mathcal{S}}\|_2^2 \tag{4.21}$$

を最小にする $\alpha_{-\mathcal{S}}$ の成分のうち，絶対値が最大のものを λ_k，その成分が i 番目の変数であれば $i_k = i$ とする。また，$\hat{\alpha}_{i_k} = \lambda_k$ であれば $s_{i_k} = 1$，そうでなければ $s_{i_k} = -1$ とおく。ただし，$D_{\mathcal{S}} \in \mathbb{R}^{k\times p}$，$\alpha_{\mathcal{S}} \in \mathbb{R}^k$ は $\mathcal{S}$ に対応する D,α の行からなり，$D_{-\mathcal{S}} \in \mathbb{R}^{(m-k)\times p}$，$\alpha_{-\mathcal{S}} \in \mathbb{R}^{m-k}$ はそれ以外の D,α の行からなるものとした。

具体的に，(4.21) を $\alpha_{-\mathcal{S}}$ で微分して最小化をはかると，

$$\alpha_k(\lambda) := \{D_{-\mathcal{S}}D_{-\mathcal{S}}^T\}^{-1}D_{-\mathcal{S}}(y - \lambda D_{\mathcal{S}}^T s) \tag{4.22}$$

となる。(4.22) の右辺の第 $i \notin \mathcal{S}$ 成分を $a_i - \lambda b_i$ とおくとき，$a_i - \lambda b_i = \pm\lambda$ なる λ を λ_k，そのような i を i_k とする。また，$a_i - \lambda_k b_i = \lambda_k$ であれば $s_k = 1$，そうでなければ $s_k = -1$ とする。

$$t_i := \frac{a_i}{b_i \pm 1} = \frac{\{D_{-\mathcal{S}}D_{-\mathcal{S}}^T\}^{-1}D_{-\mathcal{S}}y\text{ の第 }i\text{ 成分}}{\{D_{-\mathcal{S}}D_{-\mathcal{S}}^T\}^{-1}D_{-\mathcal{S}}D_{\mathcal{S}}^T s\text{ の第 }i\text{ 成分} \pm 1}$$

とおくとき，その最大値は λ_k，そのときの i は i_k，$\hat{\alpha}(\lambda_k)_{i_k}$ の符号は s_k となる。そして，i_k を $\mathcal{S}$ に加える。また，$j \notin \mathcal{S}$ については，(4.22) より $\alpha_k(\lambda_k)$ が計算できる。$j \in \mathcal{S}$ については，$\alpha_k(\lambda_k) = \lambda_k$ となる。

たとえば，以下のような処理を構成することができる。

```
fused.dual = function(y, D) {
  m = nrow(D)
  lambda = rep(0, m); s = rep(0, m); alpha = matrix(0, m, m)
  alpha[1, ] = solve(D %*% t(D)) %*% D %*% y
  for (j in 1:m) if (abs(alpha[1, j]) > lambda[1]) {
    lambda[1] = abs(alpha[1, j])
    index = j
    if (alpha[1, j] > 0) s[j] = 1 else s[j] = -1
  }
  for (k in 2:m) {
    U = solve(D[-index, ] %*% t(as.matrix(D[-index, , drop = FALSE])))
    V = D[-index, ] %*% t(as.matrix(D[index, , drop = FALSE]))
    u = U %*% D[-index, ] %*% y
    v = U %*% V %*% s[index]
    t = u / (v + 1)
    for (j in 1:(m - k + 1)) if (t[j] > lambda[k]) {lambda[k] = t[j]; h = j; r = 1}
    t = u / (v - 1)
    for (j in 1:(m - k + 1)) if (t[j] > lambda[k]) {lambda[k] = t[j]; h = j; r = -1}
    alpha[k, index] = lambda[k] * s[index]
    alpha[k, -index] = u - lambda[k] * v
    h = setdiff(1:m, index)[h]
    if (r == 1) s[h] = 1 else s[h] = -1
    index = c(index, h)
  }
  return(list(alpha = alpha, lambda = lambda))
}
```

なお，

```
m = p - 1; D = matrix(0, m, p); for (i in 1:m) {D[i, i] = 1; D[i, i + 1] = -1}
```

とおけば，通常の 1 次元の Fused Lasso になる。さらに，主問題の解は

$$\hat{\beta}(\lambda) = y - D^T\hat{\alpha}(\lambda)$$

で計算できる。

```
fused.prime = function(y, D) {
  res = fused.dual(y, D)
  return(list(beta = t(y - t(D) %*% t(res$alpha)), lambda = res$lambda))
```

```
}
```

◆ **例 41** 上記の解パスアルゴリズムを用いて，λを横軸，双対問題の係数$\alpha(\lambda)$および主問題の係数$\hat{\beta}(\lambda)$の各成分を縦軸にしたグラフを描いてみた（図4.6）。

```
p = 8; y = sort(rnorm(p)); m = p - 1; s = 2 * rbinom(m, 1, 0.5) - 1
D = matrix(0, m, p); for (i in 1:m) {D[i, i] = s[i]; D[i, i + 1] = -s[i]}

par(mfrow = c(1, 2))
res = fused.dual(y, D); alpha = res$alpha; lambda = res$lambda
lambda.max = max(lambda); m = nrow(alpha)
alpha.min = min(alpha); alpha.max = max(alpha)
plot(0:lambda.max, xlim = c(0, lambda.max), ylim = c(alpha.min, alpha.max), type = "n",
     xlab = "lambda", ylab = "alpha", main = "双対問題")
u = c(0, lambda); v = rbind(0, alpha); for (j in 1:m) lines(u, v[, j], col = j)
res = fused.prime(y, D); beta = res$beta
beta.min = min(beta); beta.max = max(beta)
plot(0:lambda.max, xlim = c(0, lambda.max), ylim = c(beta.min, beta.max), type = "n",
     xlab = "lambda", ylab = "beta", main = "主問題")
w = rbind(0, beta); for (j in 1:p) lines(u, w[, j], col = j)
par(mfrow = c(1, 1))
```

それでは，行列Dが(4.19)を満足する範囲で，デザイン行列$X \in \mathbb{R}^{N\times p}$（階数$p$）を含む一般的な問題(4.17)を，これまで検討してきた方法で解いてみよう。$\tilde{y} := X(X^TX)^{-1}X^Ty$,

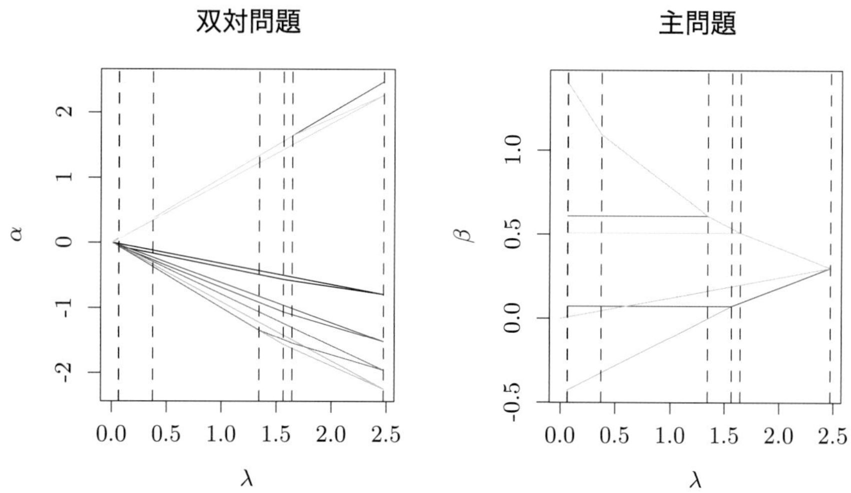

図4.6 例41の実行例。$p = 8$, $m = 7$の場合の双対問題の解パス（左）と主問題の解パス（右）。行列Dとして，1次元のFused Lassoに相当するものを選んだ。いずれも，λを下げていくと解がマージしていく。双対問題は$\alpha \in \mathbb{R}^m$の解（7色の折れ線），主問題は$\beta \in \mathbb{R}^p$の解（8色の折れ線）である。

$\tilde{D} := D(X^TX)^{-1}X^T$ とおくと，

$$\frac{1}{2}\|\tilde{y} - \tilde{D}\alpha\|_2^2$$

を最小にする問題になる。R言語の関数としては，以下のようになる。

```
fused.dual.general = function(X, y, D) {
  X.plus = solve(t(X) %*% X) %*% t(X)
  D.tilde = D %*% X.plus
  y.tilde = X %*% X.plus %*% y
  return(fused.dual(y.tilde, D.tilde))
}
fused.prime.general = function(X, y, D) {
  X.plus = solve(t(X) %*% X) %*% t(X)
  D.tilde = D %*% X.plus
  y.tilde = X %*% X.plus %*% y
  res = fused.dual.general(X, y, D)
  m = nrow(D)
  beta = matrix(0, m, p)
  for (k in 1:m) beta[k, ] = X.plus %*% (y.tilde - t(D.tilde) %*% res$alpha[k, ])
  return(list(beta = beta, lambda = res$lambda))
}
```

◆ **例 42** 行列 D が単位行列の場合および (4.12) の場合（1次元 Fused Lasso の場合）について，双対問題と主問題の解パスを表示してみた（図 4.7）。単位行列の場合，これまでみてきたような線形回帰の Lasso のパスが見られる。しかし (4.12) の場合，デザイン行列が単位行列でないため，奇妙なパスが表示されている。この実行は下記のプログラムによった。

```
n = 20; p = 10; beta = rnorm(p + 1)
X = matrix(rnorm(n * p), n, p); y = cbind(1, X) %*% beta + rnorm(n)
# D = diag(p)  ## どちらかのDを用いる
D = array(dim = c(p - 1, p))
for (i in 1:(p - 1)) {D[i, ] = 0; D[i, i] = 1; D[i, i + 1] = -1}
par(mfrow = c(1, 2))
res = fused.dual.general(X, y, D); alpha = res$alpha; lambda = res$lambda
lambda.max = max(lambda); m = nrow(alpha)
alpha.min = min(alpha); alpha.max = max(alpha)
plot(0:lambda.max, xlim = c(0, lambda.max), ylim = c(alpha.min, alpha.max), type = "n",
     xlab = "lambda", ylab = "alpha", main = "双対問題")
u = c(0, lambda); v = rbind(0, alpha); for (j in 1:m) lines(u, v[, j], col = j)
res = fused.prime.general(X, y, D); beta = res$beta
beta.min = min(beta); beta.max = max(beta)
plot(0:lambda.max, xlim = c(0, lambda.max), ylim = c(beta.min, beta.max), type = "n",
     xlab = "lambda", ylab = "beta", main = "主問題")
w = rbind(0, beta); for (j in 1:p) lines(u, w[, j], col = j)
par(mfrow = c(1, 1))
```

(a) D：単位行列

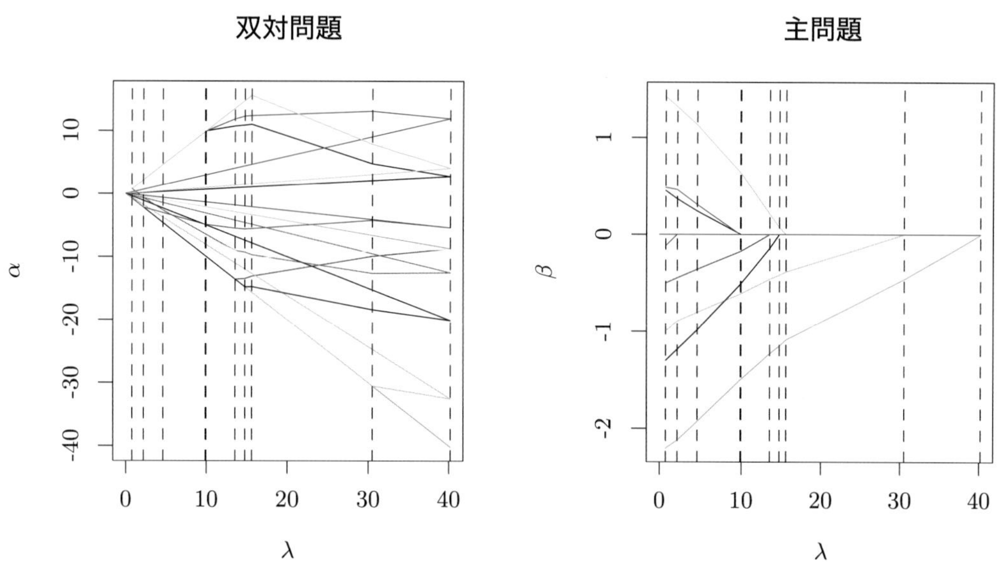

(b) D：1次元Fused Lasso

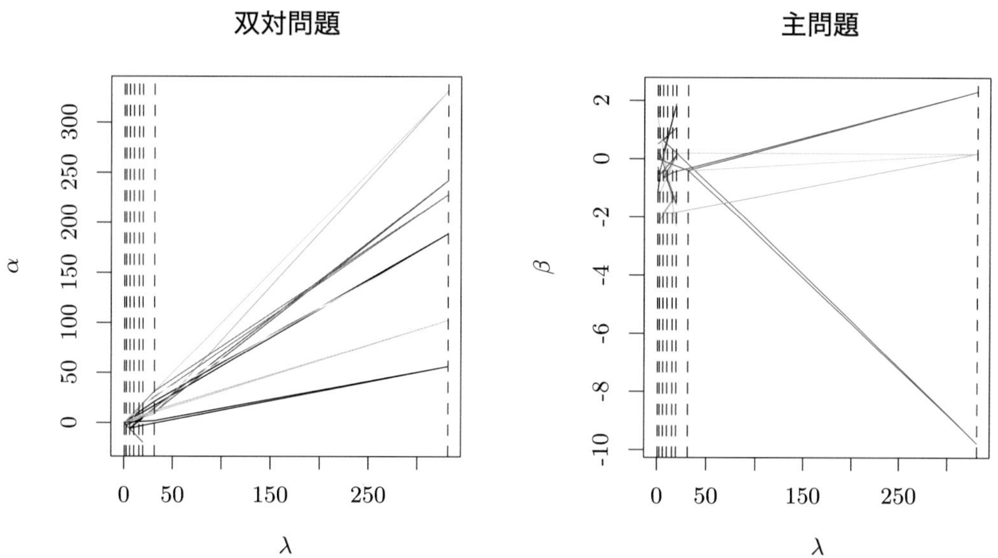

図 4.7 例42の実行例。デザイン行列 X が単位行列ではない場合の双対問題と主問題の解パス。(a) D が単位行列の場合，通常の線形回帰のLassoになる。(b) D が1次元Fused Lassoと同じ場合，全く異なる形状の解パスを示している。

一般には，g, h が凸，g が微分可能であるとして，

$$g(\beta_1, \ldots, \beta_p) + \lambda h(\beta_1, \ldots, \beta_p)$$

の形をした関数の最小化をはかる際，第2項が $h(\beta_1, \ldots, \beta_p) = \sum_{j=1}^{p} h_j(\beta_j)$ というように凸な p 個の1変数関数に分離されていれば，その目的式を β で偏微分して得られた更新式が最適な値に収束することが知られている (Tseng, 1988)。

しかし，Fused Lasso の主問題ではそのような分離性を満足しておらず，座標降下法は適用できない。したがって，動的計画法の適用や双対問題といった手段がとられている。次節で，もう一つの解法を述べる。

4.5 ADMM

本節では，これまでとは異なるより一般的な計算方法で，Fused Lasso の問題を検討する。

$A \in \mathbb{R}^{d\times m}$, $B \in \mathbb{R}^{d\times n}$, $c \in \mathbb{R}^d$ として，$f : \mathbb{R}^m \to \mathbb{R}$ および $g : \mathbb{R}^n \to \mathbb{R}$ を凸関数とする。ただし，f は微分可能であるとする。二つの条件

$$A\alpha + B\beta = c \tag{4.23}$$

$$f(\alpha) + g(\beta) \text{ を最小にする} \tag{4.24}$$

を満たす $\alpha \in \mathbb{R}^m$, $\beta \in \mathbb{R}^n$ を求める問題を，

$$L(\alpha, \beta, \gamma) := f(\alpha) + g(\beta) + \gamma^T(A\alpha + B\beta - c) \ \to \ \text{最小} \quad (\gamma \in \mathbb{R}^d \text{は未定乗数})$$

というように Lagrange 未定乗数法で定式化する。一般に，

$$\inf_{\alpha,\beta} L(\alpha, \beta, \gamma) \le L(\alpha, \beta, \gamma) \le \sup_{\gamma} L(\alpha, \beta, \gamma)$$

が成立する。

このとき，主問題の最小値と双対問題の最大値が一致する。すなわち

$$\sup_{\gamma} \inf_{\alpha,\beta} L(\alpha, \beta, \gamma) \le \sup_{\alpha,\beta} \sup_{\gamma} L(\alpha, \beta, \gamma)$$

の等号が成立する場合もあれば成立しない場合もあるが，今回の問題設定のように最小化すべき目的関数および制約条件が凸の場合，等号が成立することが知られている。この条件は Slater 条件とよばれている。

今回，さらに定数 $\rho > 0$ を用いて拡張 Lagrange

$$L_\rho(\alpha, \beta, \gamma) = f(\alpha) + g(\beta) + \gamma^T(A\alpha + B\beta - c) + \frac{\rho}{2}\|A\alpha + B\beta - c\|^2 \tag{4.25}$$

を定義し，$\alpha_0 \in \mathbb{R}^m$，$\beta_0 \in \mathbb{R}^n$，$\gamma_0 \in \mathbb{R}^d$ を適当に決めてから，$t = 1, 2, \ldots$ に対して以下の手順を繰り返す方法 (ADMM, Alternating Direction Method of Multipliers) を検討する。

1. $L_\rho(\alpha, \beta_t, \lambda_t)$ を最小にする α を α_{t+1} とする。
2. $L_\rho(\alpha_{t+1}, \beta, \lambda_t)$ を最小にする β を β_{t+1} とする。
3. $\lambda_{t+1} \leftarrow \lambda_t + \rho(A\alpha_{t+1} + B\beta_{t+1} - c)$

本節では，この手順を繰り返すことによって (4.23), (4.24) の解が得られることを示す。

ADMM は，Fused Lasso だけでなく凸最適化問題を解くための一般的な方法で，次章以降でも ADMM を適用してスパース推定の問題を検討する。

◆ **例 43** Lasso の場合,

$$L_\rho(\alpha, \beta, \gamma) := \frac{1}{2}\|y - \alpha\|_2^2 + \lambda\|\beta\|_1 + \mu^T(D\alpha - \beta) + \frac{\rho}{2}\|D\alpha - \beta\|^2$$

として ADMM に適用するとき,

$$\frac{\partial L_\rho}{\partial \alpha} = \alpha - y + D^T\gamma^t + \rho D^T(D\alpha - \beta_t)$$

$$\frac{\partial L_\rho}{\partial \beta} = -\gamma_t + \rho(\beta - D\alpha_{t+1}) + \lambda \begin{cases} 1, & \beta > 0 \\ [-1, 1], & \beta = 0 \\ -1, & \beta < 0 \end{cases}$$

となるので，更新式は以下のようになる。

$$\begin{cases} \alpha_{t+1} \leftarrow (I + \rho D^T D)^{-1}(y + D^T(\rho\beta_t - \gamma_t)) \\ \beta_{t+1} \leftarrow \mathcal{S}_\lambda(\rho D\alpha_{t+1} + \gamma_t)/\rho \\ \gamma_{t+1} \leftarrow \gamma_t + \rho(D\alpha_{t+1} - \beta_{t+1}) \end{cases}$$

ただし，$A \in \mathbb{R}^{d\times m}$, $B \in \mathbb{R}^{d\times n}$, $c \in \mathbb{R}^d$, $f : \mathbb{R}^m \to \mathbb{R}$, $g : \mathbb{R}^n \to \mathbb{R}$ はそれぞれ $A = D$, $B = -I$, $c = 0$, $f = \frac{1}{2}\|y - \alpha\|^2$, $g = \|\beta\|_1$ となる。

一般化 Lasso を実現するためには，以下のような関数を構成すればよい。

```
admm = function(y, D, lambda) {
  K = ncol(D); L = nrow(D)
  theta.old = rnorm(K); theta = rnorm(K); gamma = rnorm(L); mu = rnorm(L)
  rho = 1
  while (max(abs(theta - theta.old) / theta.old) > 0.001) {
    theta.old = theta
    theta = solve(diag(K) + rho * t(D) %*% D) %*% (y + t(D) %*% (rho * gamma - mu))
    gamma = soft.th(lambda, rho * D %*% theta + mu) / rho
    mu = mu + rho * (D %*% theta - gamma)
  }
  return(theta)
}
```

◆ **例 44** 例 35 の CGH データの問題を ADMM で解き，（主問題の）解パスを求めてみた（図 4.8）。ADMM の場合，前節のパスアルゴリズムと異なり，（すべてではなく）1 個の λ についての $\theta \in \mathbb{R}^N$ を求めている。

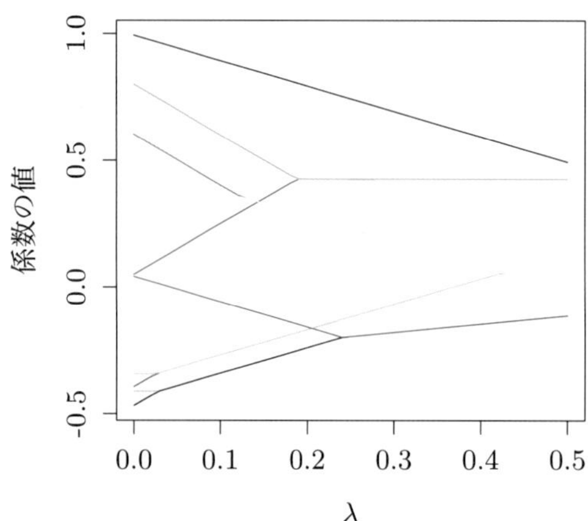

図 4.8 例 44 の実行結果。例 35 の CGH データに対する解パスを求めている。

```
df = read.table("cgh.txt"); y = df[[1]][101:110]; N = length(y)
D = array(dim = c(N - 1, N))
for (i in 1:(N - 1)) {D[i, ] = 0; D[i, i] = 1; D[i, i + 1] = -1}
lambda.seq = seq(0, 0.5, 0.01); M = length(lambda.seq)
theta = list(); for (k in 1:M) theta[[k]] = admm(y, D, lambda.seq[k])
x.min = min(lambda.seq); x.max = max(lambda.seq)
y.min = min(theta[[1]]); y.max = max(theta[[1]])
plot(lambda.seq, xlim = c(x.min, x.max), ylim = c(y.min, y.max), type = "n",
     xlab = "lambda", ylab = "係数の値", main = "Fused Lasso の解パス")
for (k in 1:N) {
  value = NULL; for (j in 1:M) value = c(value, theta[[j]][k])
  lines(lambda.seq, value, col = k)
}
```

ADMM の理論的性質として，以下が知られている。

命題 14 関数 f, g は凸であり，A, B の階数はそれぞれ m, n であるとする。(4.23), (4.24) の（最適）解 (α_*, β_*) が存在するとき，数列 $\{\alpha_t\}, \{\beta_t\}, \{\gamma_t\}$ に関して以下が成立する。

1. $p_t := f(\alpha_t) + g(\beta_t)$ とすると，$\{p_t\}$ はその最適値 p_* に収束する。
2. $\{\alpha_t\}, \{\beta_t\}$ は，それぞれ唯一存在する α_*, β_* に収束する。
3. $\{\gamma_t\}$ は唯一存在する γ_* に収束し，γ_* は (4.23), (4.24) の双対問題の解になっている。

命題 14 の証明は，Mota *et al.* (2011)[22] を参照されたい。同様の証明はいくつかある。Boyd *et al.*, "Distributed optimization and statistical learning via the alternating method of multipliers" (2011)[5] は，A, B のフルランク性を仮定せず，2 番目の性質を証明していない。Bertsekas *et al.*, *Convex Analysis and Optimization* (2003)[4] は，B が単位行列であるとして，2番目の性質を証明している。いずれも，分量としては長いが，難しい導出は含まれていない。特に，Boyd *et al.* (2011)[5] は容易に理解できるものと思われる。

付録　命題の証明

命題 10（Johnson, 2013 [14]） 動的計画法による Fused Lasso のアルゴリズムの計算量は，$O(N)$ になる。

証明　以下では，$i = 1, \ldots, N-1$ に対し，$\theta_{i+1} = \theta^*_{i+1}$ が最適であることがわかった場合の $\theta_i = \theta^*_i$ の求め方を検討する。

$$h_i(\hat\theta_1(\theta_i), \ldots, \hat\theta_{i-1}(\theta_i), \theta_i, \theta^*_{i+1})$$
$$= \frac{1}{2}\sum_{j=1}^{i-1}\{y_j - \hat\theta_j(\theta_i)\}^2 + \frac{1}{2}(y_i - \theta_i)^2 + \lambda\sum_{j=1}^{i-2}|\hat\theta_j(\theta_i) - \hat\theta_{j+1}(\theta_i)| + \lambda|\hat\theta_{i-1}(\theta_i) - \theta_i| + \lambda|\theta_i - \theta^*_{i+1}|$$

から最後の項 $\lambda|\theta_i - \theta^*_{i+1}|$ を除いた

$$\frac{1}{2}\sum_{j=1}^{i-1}\{y_j - \hat\theta_j(\theta_i)\}^2 + \frac{1}{2}(y_i - \theta_i)^2 + \lambda\sum_{j=1}^{i-2}|\hat\theta_j(\theta_i) - \hat\theta_{j+1}(\theta_i)| + \lambda|\hat\theta_{i-1}(\theta_i) - \theta_i|$$

について，θ_i で微分した値を

$$g_i(\theta_i) := -\sum_{j=1}^{i-1}\{y_j - \hat\theta_j(\theta_i)\}\frac{d\hat\theta_j(\theta_i)}{d\theta_i} - (y_i - \theta_i) + \lambda\sum_{j=1}^{i-2}\frac{d}{d\theta_i}|\hat\theta_j(\theta_i) - \hat\theta_{j+1}(\theta_i)| + \lambda\frac{d}{d\theta_i}|\hat\theta_{i-1}(\theta_i) - \theta_i|$$

と定義する。ただし，後述のように，a, b を定数として，$\hat\theta_j(\theta) = \theta + a$ もしくは $\hat\theta_j(\theta) = b$ となるので，$j = 1, \ldots, i-1$ に対して $\dfrac{d\hat\theta_j(\theta_i)}{d\theta_i}$ は 0 または 1 になる。それ以外の絶対値を含む項では通常の微分ができず，劣微分になる。

そして，以下の各場合で，$\theta^*_i = \hat\theta_i(\theta^*_{i+1})$ を求めることができる。

1. $\theta_i > \theta^*_{i+1}$ のとき，$\lambda|\theta_i - \theta^*_{i+1}|$ を θ_i で微分すると λ になる。そして，θ_i の値は θ^*_{i+1} に依存せず，
$$\frac{d}{d\theta_i}h_i(\hat\theta_1(\theta_i), \ldots, \hat\theta_{i-1}(\theta_i), \theta_i, \theta^*_{i+1}) = g_i(\theta_i) + \lambda = 0$$
を解き，その解 θ_i を $\hat\theta_i(\theta^*_{i+1}) := L_i$ とおく。
2. $\theta_i < \theta^*_{i+1}$ のとき，$\lambda|\theta_i - \theta^*_{i+1}|$ を θ_i で微分すると $-\lambda$ になる。そして，θ_i の値は θ^*_{i+1} に依存せず，
$$\frac{d}{d\theta_i}h_i(\hat\theta_1(\theta_i), \ldots, \hat\theta_{i-1}(\theta_i), \theta_i, \theta^*_{i+1}) = g_i(\theta_i) - \lambda = 0$$
を解き，その解 θ_i を $\hat\theta_i(\theta^*_{i+1}) := U_i$ とおく。
3. 上記以外，すなわち $L_i < \theta^*_{i+1} < U_i$ では，$\hat\theta_i(\theta^*_{i+1}) = \theta^*_{i+1}$ となる。

たとえば，$i=1$であれば，$g_1(\theta_1)=\theta_1-y_1$である。そして，$\theta_1>\theta_2^*$であれば，$g_1(\theta_1)+\lambda=0$を解いて$\hat{\theta}_1(\theta_2^*)=y_1-\lambda=L_1$となる。$\theta_1<\theta_2^*$であれば，$g_1(\theta_1)-\lambda=0$を解いて$\hat{\theta}_1(\theta_2^*)=y_1+\lambda=U_1$となる。さらに，$L_1<\theta_1<U_1$であれば，$\hat{\theta}_1(\theta_2^*)=\theta_2^*$となる。したがって，

$$
\begin{aligned}
L_1=\hat{\theta}_1(\theta_2^*)>\theta_2^* &\implies \lambda|\theta_2^*-\theta_1(\theta_2^*)|=-\lambda(\theta_2^*-L_1)\\
U_1=\hat{\theta}_1(\theta_2^*)<\theta_2^* &\implies \lambda|\theta_2^*-\theta_1(\theta_2^*)|=\lambda(\theta_2^*-U_1)\\
L_1\le\theta_2^*\le U_1 &\iff \hat{\theta}_1(\theta_2^*)=\theta_2^*
\end{aligned}
$$

が成立し，

$$
\hat{\theta}_1(\theta_2):=\begin{cases} L_1=y_1-\lambda, & \theta_2<L_1\\ \theta_2, & L_1\le\theta_2\le L_2\\ U_1=y_1+\lambda, & U_1<\theta_2\end{cases}
$$

が得られる。したがって，$g_2(\theta_2)$は以下のように書ける。

$$
\begin{aligned}
g_2(\theta_2)&=\frac{d}{d\theta_2}\left\{\frac{1}{2}(y_1-\hat{\theta}(\theta_2))^2+\frac{1}{2}(y_2-\theta_2)^2+\lambda|\hat{\theta}_1(\theta_2)-\theta_2|\right\}\\
&=\begin{cases}\theta_2-y_2-\lambda, & \theta_2<L_1\\ 2\theta_2-y_2-y_1, & L_1\le\theta_2\le U_1\\ \theta_2-y_2+\lambda, & U_1<\theta_2\end{cases}\\
&=g_1(\theta_2)I[L_1\le\theta_2\le U_1]+\lambda I[\theta_2>U_1]-\lambda I[\theta_2<L_1]+\theta_2-y_2
\end{aligned}
$$

ただし，条件Aが真であるときに$I[A]=1$，偽であるときに$I[A]=0$とした。同様に

$$
0=\frac{d}{d\theta_2}h_2(\hat{\theta}_1(\theta_2),\theta_2,\theta_3^*)=\begin{cases}g_2(\theta_2)+\lambda, & \theta_2>\theta_3^*\\ g_2(\theta_2)-\lambda, & \theta_2<\theta_3^*\end{cases}
$$

を解いて，それぞれL_2,U_2が得られる。さらに，$i=2,\ldots,N$として，

$$
g_i(\theta_i)=g_{i-1}(\theta_i)I[L_{i-1}\le\theta_i\le U_{i-1}]+\lambda I[\theta_i>U_{i-1}]-\lambda I[\theta_i<L_{i-1}]+\theta_i-y_i \quad (4.26)
$$

が成立する。また，$g_i(\theta_i)$は区分的に非負の傾きをもつ直線であり，その分岐点は

$$
L_1,\ldots,L_{i-1},U_1,\ldots,U_{i-1}
$$

となる。そして，$g_i(\theta_i)$の最初の3項はそれぞれ$-\lambda$以上λ以下であって，$g_i(\theta_i)\pm\lambda=0$の解が$y_i-2\lambda\le\theta_i\le y_i+2\lambda$の範囲であることに注意する。実際，(4.26)より，

$$
g_i(\theta_i)\begin{cases}>\lambda, & \theta_i>y_i+2\lambda\\ <-\lambda, & \theta_i<y_i-2\lambda\end{cases}
$$

が成立する。分岐点は，これら2個を含めても高々$2i$個である。それらを$x_1<\cdots<x_{2i}$と書き，$g_i(x_k)+\lambda\le 0$かつ$g_i(x_{k+1})+\lambda\ge 0$であれば，

$$
L_i:=x_k+(x_{k+1}-x_k)\frac{|g_i(x_k)+\lambda|}{|g_i(x_k)+\lambda|+|g_i(x_{k+1})+\lambda|}
$$

が解となる。同様に，$g_i(\theta_i)-\lambda=0$なるθ_iをU_iとすればよい。

特に，$i = N$ では，$\theta_N = \theta_{N+1}$ であり，$h_2, \ldots, h_{N-1}$ の最後の項に相当する項がないので，$g_N(\theta_N) \pm \lambda = 0$ ではなく，

$$0 = \frac{d}{d\theta_N} h_N(\hat{\theta}_1(\theta_N), \ldots, \hat{\theta}_{N-1}(\theta_N), \theta_N, \theta_N) = g_N(\theta_N) = 0$$

なる θ_N を求めることになる。このときも同様の探索を行う。

次に，計算量を評価したい。まず，

$$x_1 < \cdots < x_r \leq L_{i-1} < x_{r+1} < \cdots < x_{s-1} < U_{i-1} \leq x_s < \cdots < x_{2i}$$

であるとき, 外側の $x_1, \ldots, x_r$ および $x_s, \ldots, x_{2i}$ は L_i, U_i の探索から除外してよい。実際, $g_i(\theta_i) \pm \lambda = 0$ の解を求める際に，(4.26) より，U_{i-1} を上回る U_j および L_{i-1} を下回る L_j $(j = 1, \ldots, i-2)$ には依存しないことがわかる。すなわち，g_i がそれらを含まないで構成されていて，$y_i - 2\lambda$, L_{i-1}, $x_{r+1}, \ldots, x_{s-1}$, U_{i-1}, $y_i + 2\lambda$ が分岐点となる。

また，L_i, U_i の探索で用いられた分岐点は，L_j, U_j $(j = i+1, \ldots, N-1)$ の探索でも用いられる。ただし，一度削除されると，それ以降の探索では用いられない。そして，追加される分岐点は毎回 4 個であって，全体でも $4N$ 個である。したがって，L_i, U_i を毎回外側から探索するとき，除外される分岐点の個数の合計は $4N$ を超えない。このことは，全体の計算量が N に比例することを意味している。

そして，最後に $i = N-1, \ldots, 1$ に対して，以下を適用して，θ_i^* を求めればよい。

$$\theta_i^* := \begin{cases} U_i, & \theta_{i+1}^* > U_i \\ \theta_{i+1}^*, & L_i \leq \theta_{i+1}^* \leq U_i \\ L_i, & \theta_{i+1}^* < L_i \end{cases}$$

この計算量も N に比例する。 □

命題 11（Friedman *et al.*, 2007 [10]） $\mu = 0$ における解 $\theta \in \mathbb{R}^N$ を $\theta(0)$ とすると，$\mu \neq 0$ のときの一般の $\theta = \theta(\mu)$ は $\mathcal{S}_\mu^N(\theta(0))$ で与えられる。ただし，$\mathcal{S}_\mu^N : \mathbb{R}^N \to \mathbb{R}^N$ は (1.11) すなわち，解となるを N 成分のそれぞれに適用したものである。

証明　(4.2) を θ_i $(i = 2, \ldots, N-1)$ で偏微分して 0 とおくと，

$$-y_i + \theta_i(\mu) + \mu\partial|\theta_i| + \lambda\partial|\theta_i - \theta_{i-1}| + \lambda\partial|\theta_i - \theta_{i+1}| = 0 \quad (i = 2, \ldots, N-1)$$

と書けることに注意する。そして，各 $\mu \geq 0$ および $i = 2, \ldots, N-1$ に対して

$$f_i(\mu) := -y_i + \theta_i(\mu) + \mu s_i(\mu) + \lambda t_i(\mu) + \lambda u_i(\mu) = 0 \tag{4.27}$$

$$\theta_i(\mu) = \mathcal{S}_\mu(\theta_i(0)) \tag{4.28}$$

なる

$$s_i(\mu) = \begin{cases} 1, & \theta_i > 0 \\ [-1, 1], & \theta_i = 0 \\ -1, & \theta_i < 0 \end{cases}, \quad t_i(\mu) = \begin{cases} 1, & \theta_i > \theta_{i-1} \\ [-1, 1], & \theta_i = \theta_{i-1} \\ -1, & \theta_i < \theta_{i-1} \end{cases}, \quad u_i(\mu) = \begin{cases} 1, & \theta_i > \theta_{i+1} \\ [-1, 1], & \theta_i = \theta_{i+1} \\ -1, & \theta_i < \theta_{i+1} \end{cases}$$

が存在することを示せば十分である。ただし，$\theta_i(\mu)$ を θ_i と略記した。ここで，$f_i(0)=0$ となる $(s_i(0),t_i(0),u_i(0))$ が存在することを仮定してよい。実際，$\theta(0)$ が $f_i(0)=0$ を満足しているので，

$$f_i(0) = -y_i + \theta_i(0) + \lambda t_i(0) + \lambda u_i(0) = 0 \tag{4.29}$$

となる。また，$\mu \geq 0$ と $i,j=1,\ldots,N\ (i\neq j)$ について，(4.28) の定義より，$\mathcal{S}_\mu(x)$ が $x\in\mathbb{R}$ について単調非減少であるので，

$$\begin{cases} \theta_i(0)=\theta_j(0) \implies \theta_i(\mu)=\mathcal{S}_\mu(\theta_i(0))=\mathcal{S}_\mu(\theta_j(0))=\theta_j(\mu) \\ \theta_i(0)<\theta_j(0) \implies \theta_i(\mu)=\mathcal{S}_\mu(\theta_i(0))\leq\mathcal{S}_\mu(\theta_j(0))=\theta_j(\mu) \end{cases}$$

が成立する。このことより，

$$t_i(0)=\begin{cases} 1, & \theta_i(0)>\theta_{i-1}(0) \\ [-1,1], & \theta_i(0)=\theta_{i-1}(0) \\ -1, & \theta_i(0)<\theta_{i-1}(0) \end{cases}$$

$$\Longrightarrow t_i(\mu)=\begin{cases} 1\ \text{または}\ [-1,1], & \theta_i(0)>\theta_{i-1}(0) \\ [-1,1], & \theta_i(0)=\theta_{i-1}(0) \\ -1\ \text{または}\ [-1,1], & \theta_i(0)<\theta_{i-1}(0) \end{cases}$$

すなわち，解となる $t_i(0),t_i(\mu)$ を集合 $\{1\},[-1,1],\{-1\}$ のいずれかとみなすとき，

$$t_i(0)\subseteq t_i(\mu) \tag{4.30}$$

が成り立つ。同様に，

$$u_i(0)\subseteq u_i(\mu) \tag{4.31}$$

が成り立つ。

次に，(4.28) より，$|\theta_i(0)|>\mu$ なる i については $\theta_i(\mu)=\theta_i(0)\pm\mu$ が，$|\theta_i(0)|\leq\mu$ なる i については $\theta_i(\mu)=0$ が成立することに注意する。

まず，前者では，

$$\begin{cases} \theta_i(0)>\mu \iff \theta_i(\mu)=\theta_i(0)-\mu \iff s_i(0)=1 \\ \theta_i(0)<-\mu \iff \theta_i(\mu)=\theta_i(0)+\mu \iff s_i(0)=-1 \end{cases}$$

である。また，$s_i(0)\subseteq s_i(\mu)$ より，$s_i(\mu)=s_i(0)$ としてよい。さらに，(4.30),(4.31) より，$t_i(\mu),u_i(\mu)$ の値を $t_i(0),u_i(0)$ としても成り立つので，(4.27) に $\theta_i(\mu)=\theta_i(0)-s_i(0)\mu$ および $(s_i(\mu),t_i(\mu),u_i(\mu))=(s_i(0),t_i(0),u_i(0))$ を代入することによって，(4.27),(4.29) より，

$$f_i(\mu)=-y_i+\theta_i(0)-s_i(0)\mu+s_i(0)\mu+\lambda t_i(0)+\lambda u_i(0)=0$$

が成立する。

後者では，$|\theta_i(0)|\leq\mu$ なる i については，劣微分の $s_i(0)$ が $[-1,1]$ でなくてはならない。したがって，$s_i(\mu)=\theta_i(0)/\mu\in[-1,1]$ とおけば，$s_i(\mu)$ が $|\theta_i(\mu)|$ の劣微分になる。ここでも，(4.30),(4.31) より，$t_i(\mu),u_i(\mu)$ の値を $t_i(0),u_i(0)$ としても成り立つので，$\theta_i(\mu)=0$ および $(s_i(\mu),t_i(\mu),u_i(\mu))=(\theta_i(0)/\mu,t_i(0),u_i(0))$ を $f_i(\mu)=0$ に代入することによって，(4.27),(4.29) より，

$$f_i(\mu)=-y_i+\mu\cdot\frac{\theta_i(0)}{\mu}+\lambda t_i(0)+\lambda u_i(0)=0$$

が成立する。 □

命題 12　$X \in \mathbb{R}^{N\times p}$, $y \in \mathbb{R}^N$, $D \in \mathbb{R}^{m\times p}$ $(m \geq 1)$ として，主問題を

$$\frac{1}{2}\|y - X\beta\|_2^2 + \lambda\|D\beta\|_1 \tag{4.16}$$

を最小にする $\beta \in \mathbb{R}^p$ を求める問題としたときに，双対問題は $\|\alpha\|_\infty \leq \lambda$ のもとで

$$\frac{1}{2}\|X(X^TX)^{-1}X^Ty - X(X^TX)^{-1}D^T\alpha\|_2^2 \tag{4.17}$$

を最小にする $\alpha \in \mathbb{R}^m$ を求める問題になる。ただし，X^TX が正則であることを仮定した。そして，α の解 $\hat{\alpha}$ が求まれば，β は $\hat{\beta} = y - D^T\hat{\alpha}$ から求まる。

証明　$D \in \mathbb{R}^{m\times p}$, $\gamma = D\beta$ とおくと，主問題は

$$\frac{1}{2}\|y - X\beta\|_2^2 + \lambda\|\gamma\|_1$$

の $\beta \in \mathbb{R}^p$ に関する最小化とみなせる。Lagrange 乗数 α を導入すると

$$\frac{1}{2}\|y - X\beta\|_2^2 + \lambda\|\gamma\|_1 + \alpha^T(D\beta - \gamma)$$

となり，これについて β, γ で最小化をはかると

$$\begin{aligned}\min_\beta\left\{\frac{1}{2}\|y - X\beta\|_2^2 + \alpha^TD\beta\right\} &= \frac{1}{2}\|y - X(X^TX)^{-1}(X^Ty - D^T\alpha)\|_2^2 \\ &\quad + \alpha^TD(X^TX)^{-1}(X^Ty - D^T\alpha)\end{aligned}$$

$$\min_\gamma\{\lambda\|\gamma\|_1 - \alpha^T\gamma\} = \begin{cases} 0, & \|\alpha\|_\infty \leq \lambda \\ -\infty, & \text{その他}\end{cases}$$

となる。ここで，$-X^T(y - X\beta) + D^T\alpha = 0$ より，$\beta = (X^TX)^{-1}(X^Ty - D^T\alpha)$ とおいた。したがって，最小値は，

$$\begin{aligned}&\frac{1}{2}\|(I - X(X^TX)^{-1}X^T)y + X(X^TX)^{-1}D^T\alpha)\|_2^2 + \alpha^TD(X^TX)^{-1}(X^Ty - D^T\alpha) \\ &\sim \frac{1}{2}\{X(X^TX)^{-1}D^T\alpha\}^TX(X^TX)^{-1}D^T\alpha + \alpha^TD(X^TX)^{-1}X^Ty - \alpha^TD(X^TX)^{-1}D^T\alpha \\ &\sim -\frac{1}{2}\|X(X^TX)^{-1}X^Ty - X(X^TX)^{-1}D^T\alpha\|_2^2\end{aligned}$$

と書ける。ただし，$A \sim B$ で $A - B$ が α によらない定数である同値関係をあらわすものとした。双対問題は，この値の最大化に相当するので，$\|\alpha\|_\infty \leq \lambda$ のもとでの

$$\frac{1}{2}\|X(X^TX)^{-1}X^Ty - X(X^TX)^{-1}D^T\alpha\|_2^2$$

の最小化になる。 □

問題 47〜61

□ **47** 以下の Fused Lasso の処理を実行せよ。

(a) 観測データ $y_1, \ldots, y_N$ から,

$$\frac{1}{2}\sum_{i=1}^{N}(y_i - \theta_i)^2 + \lambda\sum_{i=2}^{N}|\theta_i - \theta_{i-1}| \qquad \text{(cf. (4.1))} \tag{4.32}$$

を最小にする，同じ長さの平滑化された出力 $\theta = (\theta_1, \ldots, \theta_N)$ を得たい。$\lambda \geq 0$ は各出力の大きさを抑制するためのパラメータである。下記の処理では，比較ゲノムハイブリダイゼーション法 (CGH, Comparative Genomic Hybridization) により計測された，ある病気の患者と健康な人に対するある染色体領域上にあるゲノムのコピー数の比に関するデータを平滑化している。このデータを

`https://web.stanford.edu/~hastie/StatLearnSparsity_files/DATA/cgh.html`

よりダウンロードし，空欄を埋めて以下の処理を実行し，$\lambda = 0.1, 1, 10, 100, 1000$ と変えながら，どのような平滑化が得られるかを確認せよ。

```
library(genlasso)
df = read.table("cgh.txt"); y = df[[1]]; N = length(y)
theta = ## 空欄 ##
plot(1:N, theta, lambda = 0.1, xlab = "遺伝子番号",
     ylab = "コピー数比(対数値)", col = "red", type = "l")
points(1:N, y, col = "blue")
```

(b) Fused Lasso は変数の隣接間の (1 次) 差分だけではなく，2 次差分 $\theta_i - 2\theta_{i+1} + \theta_{i+2}$，3 次差分 $\theta_i - 3\theta_{i+1} + 3\theta_{i+2} - \theta_{i+3}$ のように，k 次差分まで考慮できる (Trend Filtering)。`genlasso` で用意された関数 `trendfilter` を用いて，$\sin\theta$ $(0 \leq \theta \leq 2\pi)$ について Trend Filtering したい。空欄を埋めて λ の値を適当に決め，$k = 1, 2, 3, 4$ 次の差分で (a) と同様のグラフを出力せよ。

```
library(genlasso)
N = 100; y = sin(1:N/(N * 2 * pi)) + rnorm(N, sd = 0.3)  ## データ生成
out = ## 空欄 ##
plot(out, lambda = lambda)  ## 平滑化と出力
```

□ **48** 観測データ $y_1, \ldots, y_N$ から，動的計画法によって (4.32) を最小にする $\theta_1, \ldots, \theta_N$ を求めたい。

(a) θ_1 に関する最適な条件を求めると,

$$h_1(\theta_1, \theta_2) := \frac{1}{2}(y_1 - \theta_1)^2 + \lambda|\theta_2 - \theta_1|$$

の最小化になるが，θ_2 が変数として残る。しかし，θ_2 の値がわかっている場合の最適な θ_1 は，

$$\hat{\theta}_1(\theta_2) = \begin{cases} y_1 - \lambda, & y_1 \geq \theta_2 + \lambda \\ \theta_2, & |y_1 - \theta_2| < \lambda \\ y_1 + \lambda, & y_1 \leq \theta_2 - \lambda \end{cases}$$

と書ける。次に，θ_2 に関する最適な条件を求める場合，

$$\frac{1}{2}(y_1 - \theta_1)^2 + \frac{1}{2}(y_2 - \theta_2)^2 + \lambda|\theta_2 - \theta_1| + \lambda|\theta_3 - \theta_2|$$

の最小化になる。θ_1, θ_3 が変数として残るが，θ_1 を $\hat{\theta}_1(\theta_2)$ で置き換えると，θ_3 の値がわかっている場合の

$$h_2(\hat{\theta}_1(\theta_2), \theta_2, \theta_3) := \frac{1}{2}(y_1 - \hat{\theta}_1(\theta_2))^2 + \frac{1}{2}(y_2 - \theta_2)^2 + \lambda|\theta_2 - \hat{\theta}_1(\theta_2)| + \lambda|\theta_3 - \theta_2|$$

を最小にする θ_2 の値 $\hat{\theta}_2(\theta_3)$ が θ_3 の関数として書ける。$\theta_1, \ldots, \theta_N$ を求める問題が

$$\frac{1}{2}\sum_{i=1}^{N-1}(y_i - \hat{\theta}_i(\theta_N))^2 + \frac{1}{2}(y_N - \theta_N)^2 + \lambda\sum_{i=1}^{N-2}|\hat{\theta}_i(\theta_N) - \hat{\theta}_{i+1}(\theta_N)| + \lambda|\hat{\theta}_{N-1}(\theta_N) - \theta_N| \quad \text{(cf. (4.4))}$$

を最小にする θ_N を求める問題に帰着できることを示せ。

(b) (a) で θ_N が求まった場合，$\theta_1, \ldots, \theta_{N-1}$ の値はどうやって求めたらよいか。

□ **49** Fused Lasso を動的計画法で解くとき，計算時間が観測データ $y \in \mathbb{R}^N$ の長さ N に比例する。その理由の本質的な部分を簡潔に述べよ。

□ **50**

$$\frac{1}{2}\sum_{i=1}^{N}(y_i - \theta_i)^2 + \lambda\sum_{i=1}^{N}|\theta_i| + \mu\sum_{i=2}^{N}|\theta_i - \theta_{i-1}| \quad \text{(cf. (4.2))} \tag{4.33}$$

を最小にする θ_i を求める際に，一般性を失うことなく $\lambda_1 = 0$ として θ_i を求めてよいことがわかっている。実際，$\lambda_1 = 0$ で求まった解 $\theta(0)$ に対して，$\mathcal{S}_\lambda(\theta(0))$ が $\lambda_1 = \lambda$ の解になる。以下では，$y_1, \ldots, y_N \in \mathbb{R}^N$，$\mu$ を定数として，各 $\lambda \geq 0$ に対して

$$f_i(\lambda) := -y_i + \theta_i(\lambda) + \lambda s_i(\lambda) + \mu t_i(\lambda) + \mu u_i(\lambda) = 0 \quad (i = 2, \ldots, N-1) \quad \text{(cf. (4.27))}$$

$$\theta_i(\lambda) = \mathcal{S}_\lambda(\theta_i(0)) \quad \text{(cf. (4.28))}$$

なる

$$s_i(\lambda) = \begin{cases} 1, & \theta > 0 \\ [-1, 1], & \theta = 0 \\ -1, & \theta < 0 \end{cases}, \quad t_i(\lambda) = \begin{cases} 1, & \theta_i > \theta_{i-1} \\ [-1, 1], & \theta_i = \theta_{i-1} \\ -1, & \theta_i < \theta_{i-1} \end{cases}$$

$$u_i(\lambda) = \begin{cases} 1, & \theta_i > \theta_{i+1} \\ [-1, 1], & \theta_i = \theta_{i+1} \\ -1, & \theta_i < \theta_{i+1} \end{cases}$$

が存在することを示したい。ただし，$f_i(0)=0$ となる $(s_i(0), t_i(0), u_i(0))$ が存在することを仮定する。

(a) $-y_i + \theta_i(0) + \mu t_i(0) + \mu u_i(0) = 0$ を示せ。

(b) $i, j = 1, \ldots, N \ (i \neq j)$ について，$\theta_i(0) = \theta_j(0) \Longrightarrow \theta_i(\lambda) = \theta_j(\lambda)$ および $\theta_i(0) < \theta_j(0) \Longrightarrow \theta_i(\lambda) \leq \theta_j(\lambda)$ を示せ。

(c) 解となる $t_i(0), t_i(\lambda)$ を集合 $(\{1\}, [-1, 1], \{-1\})$ とみなすとき，$t_i(0) \subseteq t_i(\lambda)$ を示せ。

(d) $|\theta_i(0)| \geq \lambda$ のとき，$(s_i(\lambda), t_i(\lambda), u_i(\lambda)) = (s_i(0), t_i(0), u_i(0))$ が $f_i(\lambda) = 0$ の解となることを示せ。

(e) $|\theta_i(0)| < \lambda$ のとき，$(s_i(\lambda), t_i(\lambda), u_i(\lambda)) = (\theta_i(0)/\lambda, t_i(0), u_i(0))$ が $f_i(\lambda) = 0$ の解となることを示せ。

(f) (4.33) を最小にする θ_i を $\hat{\theta}_i(\lambda_1, \lambda_2) \ (i = 1, \ldots, N)$ と書くとき，$\hat{\theta}_i(\lambda_1, \lambda_2) = \mathcal{S}_{\lambda_1}(\hat{\theta}_i(0, \lambda_2))$ を示せ。

□ **51** 問題50にもとづいて，(4.33) を最小化する際に，$\lambda = 0$ とおいて最小化を施したあと，どのような処理をすれば $\lambda \neq 0$ の解が求められるか。R言語で関数を記述せよ。

□ **52** 線形回帰のLassoでパラメータ λ を下げていくと，最初にある変数の係数がアクティブになる λ の値があった。この値 λ_0 は，LARSでは $r_0 := y$ としたときの，内積 $\langle r_0, x_j \rangle$ の最大値である。最初に，アクティブな添字の集合を $\mathcal{S}$ として，$\mathcal{S} = j$ となる。LARSでは，λ をさらに小さくすると，選ばれた変数の係数だけが増加していく。添字が j の変数がアクティブになると，そのときより小さな λ で，残差を $r(\lambda)$ として，

$$\langle x^{(j)}, r(\lambda) \rangle = \pm\lambda$$

が成立することを証明せよ。ただし，$x^{(j)}$ で行列 X の第 j 列目をあらわすものとする。

□ **53** LARSの処理をR言語で構成してみた。空欄を埋めて，続く処理を実行せよ。

```
lars = function(X, y) {
  X = as.matrix(X); n = nrow(X); p = ncol(X); X.bar = array(dim = p)
  for (j in 1:p) {X.bar[j] = mean(X[, j]); X[, j] = X[, j] - X.bar[j]}
  y.bar = mean(y); y = y - y.bar
  scale = array(dim = p)
  for (j in 1:p) {
    scale[j] = sqrt(sum(X[, j] ^ 2) / n); X[, j] = X[, j] / scale[j]
  }
  beta = matrix(0, p + 1, p); lambda = rep(0, p + 1)
  for (i in 1:p) {
    lam = abs(sum(X[, i] * y))
    if (lam > lambda[1]) {i.max = i; lambda[1] = lam}
  }
  r = y; index = i.max; Delta = rep(0, p)
```

```
  for (k in 2:p) {
    Delta[index] = solve(t(X[, index]) %*% X[, index]) %*%
      t(X[, index]) %*% r / lambda[k - 1]
    u = t(X[, -index]) %*% (r - lambda[k - 1] * X %*% Delta)
    v = -t(X[, -index]) %*% (X %*% Delta)
    t = ## 空欄(1) ##
    for (i in 1:(p - k + 1)) if (t[i] > lambda[k]) {lambda[k] = t[i]; i.max = i}
    t = u / (v - 1)
    for (i in 1:(p - k + 1)) if (t[i] > lambda[k]) {lambda[k] = t[i]; i.max = i}
    j = setdiff(1:p, index)[i.max]
    index = c(index, j)
    beta[k, ] = ## 空欄(2) ##
    r = y - X %*% beta[k, ]
  }
  for (k in 1:(p + 1)) for (j in 1:p) beta[k, j] = beta[k, j] / scale[j]
  return(list(beta = beta, lambda = lambda))
}
df = read.table("crime.txt"); X = as.matrix(df[, 3:7]); y = df[, 1]
res = lars(X, y)
beta = res$beta; lambda = res$lambda
p = ncol(beta)
plot(0:8000, ylim = c(-7.5, 15), type = "n",
     xlab = "lambda", ylab = "beta", main = "LARS(米国犯罪データ)")
abline(h = 0)
for (j in 1:p) lines(lambda[1:(p)], beta[1:(p), j], col = j)
legend("topright",
       legend = c("警察への年間資金", "25 歳以上で高校を卒業した人の割合",
                  "16-19 歳で高校に通っていない人の割合",
                  "18-24 歳で大学生の割合",
                  "25 歳以上で 4 年制大学を卒業した人の割合"),
       col = 1:p, lwd = 2, cex = .8)
```

□ **54** Fused Lasso から，以下のような定式化を考える（一般化 Lasso）：$X \in \mathbb{R}^{N \times p}$, $y \in \mathbb{R}^N$, $\beta \in \mathbb{R}^p$, $D \in \mathbb{R}^{m \times p}$ $(m \leq p)$ に対し，

$$\frac{1}{2}\|y - X\beta\|^2 + \lambda\|D\beta\|_1 \tag{4.34}$$

を定式化する。通常の線形回帰の Lasso は，(4.34) において，どのようにおいた場合か。また，通常の Fused Lasso の場合はどうか。そして，次の二つの式では行列 D をどのように与えたらよいか (Trend Filtering)。

i. $\displaystyle \frac{1}{2}\sum_{i=1}^{N}(y_i - \theta_i)^2 + \sum_{i=1}^{N-2}|\theta_i - 2\theta_{i+1} + \theta_{i+2}|$

ii. $$\frac{1}{2}\sum_{i=1}^{N}(y_i - \theta_i)^2 + \sum_{i=1}^{N-2}\left|\frac{\theta_{i+2} - \theta_{i+1}}{x_{i+2} - x_{i+1}} - \frac{\theta_{i+1} - \theta_i}{x_{i+1} - x_i}\right| \quad (\text{cf.}\ (4.13)) \tag{4.35}$$

□ **55** 以下のそれぞれについて，主問題から双対問題を導出せよ。

(a) $X \in \mathbb{R}^{N\times p}$, $y \in \mathbb{R}^N$, $\lambda > 0$ として，

$$\frac{1}{2}\|y - X\beta\|_2^2 + \lambda\|\beta\|_1 \qquad \text{(cf. (4.9))}$$

を最小にする $\beta \in \mathbb{R}^p$ を求める（主問題）。$\|X^T\alpha\|_\infty \le \lambda$ のもとでの

$$\frac{1}{2}\{\|y\|_2^2 - \|y - \alpha\|_2^2\}$$

を最大にする $\alpha \in \mathbb{R}^N$ を求める（双対問題）。

(b) $\lambda \ge 0$ および $D \in \mathbb{R}^{m\times N}$ に対して，

$$\frac{1}{2}\|y - \theta\|_2^2 + \lambda\|D\theta\|_1$$

を最小にする $\theta \in \mathbb{R}^N$ を求める（主問題）。$\|\alpha\|_\infty \le \lambda$ のもとで，

$$\frac{1}{2}\|y - D^T\alpha\|_2^2$$

を最小にする $\alpha \in \mathbb{R}^N$ を求める（双対問題）。

(c) $X \in \mathbb{R}^{N\times p}$, $y \in \mathbb{R}^N$, $D \in \mathbb{R}^{m\times p}$ $(m \ge 1)$ として，

$$\frac{1}{2}\|y - X\beta\|_2^2 + \lambda\|D\beta\|_1$$

を最小にする $\beta \in \mathbb{R}^p$ を求める（主問題）。$\|\alpha\|_\infty \le \lambda$ のもとで

$$\frac{1}{2}\|X(X^TX)^{-1}X^Ty - X(X^TX)^{-1}D^T\alpha\|_2^2 \qquad \text{(cf. (4.17))}$$

を最小にする $\alpha \in \mathbb{R}^m$ を求める（双対問題）。

□ **56** Fused Lasso を双対問題として解く際に，$\|y - D^T\alpha\|_2^2$ の最小二乗法の解 $\hat{\alpha}^{(1)}$ の中で絶対値の最大値を λ_1，そのときの成分 i を i_1 とする。$k = 2, \ldots, m$ に関して以下の操作を行い，数列 $\{\lambda_k\}, \{i_k\}, \{s_k\}$ を定義する。$\mathcal{S} := \{i_1, \ldots, i_{k-1}\}$ として，

$$\frac{1}{2}\|y - \lambda D_{\mathcal{S}}^T s - D_{-\mathcal{S}}^T\alpha_{-\mathcal{S}}\|_2^2 \qquad \text{(cf. (4.21))}$$

を最小にする $\alpha_{-\mathcal{S}}$ の成分のうち，絶対値を最大にするものを λ_k，その成分が i 番目の変数であれば $i_k = i$ とする。また，$\hat{\alpha}_{i_k} = \lambda_k$ であれば $s_{i_k} = 1$，そうでなければ $s_{i_k} = -1$ とおく。ただし，$D_{\mathcal{S}} \in \mathbb{R}^{k\times p}$，$\alpha_{\mathcal{S}} \in \mathbb{R}^k$ は $\mathcal{S}$ に対応する D, α の行からなり，$D_{-\mathcal{S}} \in \mathbb{R}^{(m-k)\times p}$，$\alpha_{-\mathcal{S}} \in \mathbb{R}^{m-k}$ はそれ以外の D, α の行からなるものとした。具体的に，$\alpha_{-\mathcal{S}}$ で微分して最小化をはかると，

$$\alpha_k(\lambda) := \{D_{-\mathcal{S}}D_{-\mathcal{S}}^T\}^{-1}D_{-\mathcal{S}}(y - \lambda D_{\mathcal{S}}^T s) \qquad \text{(cf. (4.22))}$$

となる。この第 $i \notin \mathcal{S}$ 成分を $a_i - \lambda b_i$ とおくとき，a_i, b_i は何になるか。また，どのようにして i_k, λ_k を求めたらよいか。

□ **57** Fused Lasso の双対問題，主問題の解を求めるプログラムを構成してみた。空欄を埋めて，続く処理を実行せよ。

```
fused.dual = function(y, D) {
  m = nrow(D)
  lambda = rep(0, m); s = rep(0, m); alpha = matrix(0, m, m)
  alpha[1, ] = solve(D %*% t(D)) %*% D %*% y
  for (j in 1:m) if (abs(alpha[1, j]) > lambda[1]) {
    lambda[1] = abs(alpha[1, j])
    index = j
    if (alpha[1, j] > 0) ## 空欄(1) ##
  }
  for (k in 2:m) {
    U = solve(D[-index, ] %*% t(as.matrix(D[-index, , drop = FALSE])))
    V = D[-index, ] %*% t(as.matrix(D[index, , drop = FALSE]))
    u = U %*% D[-index, ] %*% y
    v = U %*% V %*% s[index]
    t = u / (v + 1)
    for (j in 1:(m - k + 1))
      if (t[j] > lambda[k]) {lambda[k] = t[j]; h = j; r = 1}
    t = u / (v - 1)
    for (j in 1:(m - k + 1))
      if (t[j] > lambda[k]) {lambda[k] = t[j]; h = j; r = -1}
    alpha[k, index] = ## 空欄(2) ##
    alpha[k, -index] = ## 空欄(3) ##
    h = setdiff(1:m, index)[h]
    if (r == 1) s[h] = 1 else s[h] = -1
    index = c(index, h)
  }
  return(list(alpha = alpha, lambda = lambda))
}
m = p - 1; D = matrix(0, m, p); for (i in 1:m) {D[i, i] = 1; D[i, i + 1] = -1}
fused.prime = function(y, D){
  res = fused.dual(y, D)
  return(list(beta = t(y - t(D) %*% t(res$alpha)), lambda = res$lambda))
}
p = 8; y = sort(rnorm(p)); m = p - 1; s = 2 * rbinom(m, 1, 0.5) - 1
D = matrix(0, m, p); for (i in 1:m) {D[i, i] = s[i]; D[i, i + 1] = -s[i]}
par(mfrow = c(1, 2))
res = fused.dual(y, D); alpha = res$alpha; lambda = res$lambda
lambda.max = max(lambda); m = nrow(alpha)
alpha.min = min(alpha); alpha.max = max(alpha)
plot(0:lambda.max, xlim = c(0, lambda.max), ylim = c(alpha.min, alpha.max),
     type = "n", xlab = "lambda", ylab = "alpha", main = "双対問題")
u = c(0, lambda); v = rbind(0, alpha); for (j in 1:m) lines(u, v[, j], col = j)
res = fused.prime(y, D); beta = res$beta
beta.min = min(beta); beta.max = max(beta)
plot(0:lambda.max, xlim = c(0, lambda.max), ylim = c(beta.min, beta.max),
```

```
    type = "n", xlab = "lambda", ylab = "beta", main = "主問題")
w = rbind(0, beta); for (j in 1:p) lines(u, w[, j], col = j)
par(mfrow = c(1, 1))
```

□ **58** 一般化 Lasso でデザイン行列 X が単位行列でない場合，$X^+ := (X^TX)^{-1}X^T$, $\tilde{y} := XX^+y$, $\tilde{D} := DX^+$ とおくと，

$$\frac{1}{2}\|\tilde{y} - \tilde{D}\alpha\|_2^2$$

を最小にする問題になる。関数`fused.dual`, `fused.prime`をそれぞれ`fused.dual.general`, `fused.prime.general`に拡張し，それを用いて以下の処理を実行することで，構成した関数が正しいことを確認せよ。

```
n = 20; p = 10; beta = rnorm(p + 1)
X = matrix(rnorm(n * p), n, p); y = cbind(1, X) %*% beta + rnorm(n)
# D = diag(p)  ## どちらかのDを用いる
D = array(dim = c(p - 1, p))
for (i in 1:(p - 1)) {D[i, ] = 0; D[i, i] = 1; D[i, i + 1] = -1}
par(mfrow = c(1, 2))
res = fused.dual.general(X, y, D); alpha = res$alpha; lambda = res$lambda
lambda.max = max(lambda); m = nrow(alpha)
alpha.min = min(alpha); alpha.max = max(alpha)
plot(0:lambda.max, xlim = c(0, lambda.max), ylim = c(alpha.min, alpha.max),
    type = "n", xlab = "lambda", ylab = "alpha", main = "双対問題")
u = c(0, lambda); v = rbind(0, alpha); for (j in 1:m) lines(u, v[, j], col = j)
res = fused.prime.general(X, y, D); beta = res$beta
beta.min = min(beta); beta.max = max(beta)
plot(0:lambda.max, xlim = c(0, lambda.max), ylim = c(beta.min, beta.max),
    type = "n", xlab = "lambda", ylab = "beta", main = "主問題")
w = rbind(0, beta); for (j in 1:p) lines(u, w[, j], col = j)
par(mfrow = c(1, 1))
```

□ **59** $A \in \mathbb{R}^{d\times m}$, $B \in \mathbb{R}^{d\times n}$, $c \in \mathbb{R}^d$ とする。また，$f : \mathbb{R}^m \to \mathbb{R}$ および $g : \mathbb{R}^n \to \mathbb{R}$ を凸関数とし，f は微分可能であるとする。$A\alpha + B\beta = c$ のもとで $f(\alpha) + g(\beta)$ を最小にする問題を，Lagrange 未定乗数法

$$f(\alpha) + g(\beta) + \gamma^T(A\alpha + B\beta - c) \ \to\ 最小 \quad (\gamma \in \mathbb{R}^d)$$

において，さらに定数 $\rho > 0$ を用いて

$$L_\rho(\alpha, \beta, \gamma) := f(\alpha) + g(\beta) + \gamma^T(A\alpha + B\beta - c) + \frac{\rho}{2}\|A\alpha + B\beta - c\|^2 \quad (\text{cf. } (4.25))$$

として以下の 3 式を繰り返し適用するとき，ある条件のもとで最適解が得られることが知られている (ADMM, Alternating Direction Method of Multipliers)。

$$\begin{cases} \alpha_{t+1} \leftarrow L_\rho(\alpha, \beta_t, \gamma_t) \text{ を最小にする } \alpha \in \mathbb{R}^m \\ \beta_{t+1} \leftarrow L_\rho(\alpha_{t+1}, \beta, \gamma_t) \text{ を最小にする } \beta \in \mathbb{R}^n \\ \gamma_{t+1} \leftarrow \gamma_t + \rho(A\alpha_{t+1} + B\beta_{t+1} - c) \end{cases}$$

同様のことを

$$L_\rho(\theta, \gamma, \mu) := \frac{1}{2}\|y - \theta\|_2^2 + \lambda\|\gamma\|_1 + \mu^T(D\theta - \gamma) + \frac{\rho}{2}\|D\theta - \gamma\|^2$$

として一般化 Lasso に適用するとき，以下の問いに答えよ。

(a) $A \in \mathbb{R}^{d\times m}$, $B \in \mathbb{R}^{d\times n}$, $c \in \mathbb{R}^d$, $f : \mathbb{R}^m \to \mathbb{R}$, $g : \mathbb{R}^n \to \mathbb{R}$ はそれぞれ何になるか。

(b) 更新式が以下のようになることを示せ。

$$\begin{cases} \theta_{t+1} \leftarrow (I + \rho D^T D)^{-1}(y + D^T(\rho\gamma_t - \mu_t)) \\ \gamma_{t+1} \leftarrow \mathcal{S}_\lambda(\rho D\theta_{t+1} + \mu_t)/\rho \\ \mu_{t+1} \leftarrow \mu_t + \rho(D\theta_{t+1} - \gamma_{t+1}) \end{cases}$$

ヒント

$$\frac{\partial L_\rho}{\partial \theta} = \theta - y + D^T\mu_t + \rho D^T(D\theta - \gamma_t)$$

$$\frac{\partial L_\rho}{\partial \gamma} = -\mu_t + \rho(\gamma - D\theta_{t+1}) + \lambda \begin{cases} 1, & \gamma > 0 \\ [-1, 1], & \gamma = 0 \\ -1, & \gamma < 0 \end{cases}$$

□ **60** 下記の空欄を埋めることによって，一般化 Lasso を実現する関数`admm`を構成せよ。

```
admm = function(y, D, lambda) {
  K = ncol(D); L = nrow(D)
  theta.old = rnorm(K); theta = rnorm(K); gamma = rnorm(L); mu = rnorm(L)
  rho = 1
  while (max(abs(theta - theta.old) / theta.old) > 0.001) {
    theta.old = theta
    theta = ## 空欄(1) ##
    gamma = ## 空欄(2) ##
    mu = mu + ## 空欄(3) ##
  }
  return(theta)
}
```

□ **61** 問題 60 を用いて，以下のそれぞれのケースで，空欄を埋めて処理を実行せよ。

(a) (4.35) 式の Lasso (Trend Filtering)。データは `https://web.stanford.edu/~hastie/StatLearnSparsity_files/DATA/airPollution.txt` からダウンロードできる。

```
## ベクトルyの入力
df = read.table("airpolution.txt", header = TRUE)
index = order(df[[3]])
y = df[[1]][index]; N = length(y)
x = df[[3]] + rnorm(N) * 0.01
# もとのデータが整数値で,同じ値のものが含まれていたため,摂動を加えた
x = x[index]
## 行列Dの設定
D = matrix(0, ncol = N, nrow = N - 2)
for (i in 1:(N - 2)) D[i, ] = 0
for (i in 1:(N - 2)) D[i, i] = 1 / (x[i + 1] - x[i])
for (i in 1:(N - 2))
  D[i, i + 1] = -1 / (x[i + 1] - x[i]) - 1 / (x[i + 2] - x[i + 1])
for (i in 1:(N - 2)) D[i, i + 2] = ## 空欄(1) ##
## thetaの計算と出力
theta = ## 空欄(2) ##
plot(x, theta, xlab = "気温(F)", ylab = "オゾン", col = "red", type = "l")
points(x, y, col = "blue")
```

(b) Fused Lassoで，解パスがマージしていく様子をみる。データは問題47 (a) のCGHを用いる。

```
df = read.table("cgh.txt"); y = df[[1]][101:110]; N = length(y)
D = array(dim = c(N - 1, N))
for (i in 1:(N - 1)) {D[i, ] = 0; D[i, i] = 1; D[i, i + 1] = -1}
lambda.seq = seq(0, 0.5, 0.01); M = length(lambda.seq)
theta = list(); for (k in 1:M) theta[[k]] = ## 空欄(3) ##
x.min = min(lambda.seq); x.max = max(lambda.seq)
y.min = min(theta[[1]]); y.max = max(theta[[1]])
plot(lambda.seq, xlim = c(x.min, x.max), ylim = c(y.min, y.max), type = "n",
     xlab = "lambda の値", ylab = "係数の値", main = "Fused Lasso の解パス")
for (k in 1:N) {
  value = NULL; for (j in 1:M) value = c(value, theta[[j]][k])
  lines(lambda.seq, value, col = k)
}
```

第5章　グラフィカルモデル

本章では，具体的な観測データから，グラフィカルモデルの構造を推定する問題を検討する。グラフィカルモデルは，各頂点を変数とみなし，その間の依存性（条件付き独立性）を辺で表現する。特に，頂点の個数が変数の個数と比較して多い，いわゆるスパースな状況を仮定し，依存性の大きさが一定以上の頂点対を辺として結合する問題を検討する。スパース性を仮定したグラフィカルモデルの構造推定では，辺の向きのないいわゆる無向グラフを扱うことが多い。

本章では，最初にグラフィカルモデルの理論，特に条件付き独立性と無向グラフの分離性の概念を，そして，グラフィカル **Lasso**，疑似尤度を用いたグラフィカルモデルの構造推定，**Joint** グラフィカル **Lasso** のアルゴリズムを順に学んでいく。

5.1　グラフィカルモデル

本書で扱うグラフィカルモデルは，無向グラフに関するものである。$p \geq 1$ として，$V := \{1, \ldots, p\}$，E を $\{\{i, j\} \mid i \neq j,\ i, j \in V\}$ の部分集合とする[1)]。特に V を頂点集合，その要素を頂点，E を辺集合，その要素を辺という。また，それらからなる無向グラフを (V, E) と書くものとする。そして，V の部分集合 A, B, C について，A, B を結ぶすべての経路が C の何らかの頂点を通過するとき，C は A, B を分離するといい，$A \perp\!\!\!\perp_E B \mid C$ と書くものとする（図 5.1）。

以下では，p 個の確率変数 $X_1, \ldots, X_p$ と頂点 $1, \ldots, p$ を同一視し，それらの条件付き独立性を無向グラフ (V, E) で表現することを考える。

確率変数 X, Y について，X に関する事象の確率を $P(X)$，Y に関する事象の確率を $P(Y)$ とする。また，X, Y に関する事象の確率を $P(X, Y)$ と書くものとする。

$$P(X)P(Y) = P(X, Y)$$

が成立するとき，X, Y は独立であるといい，$X \perp\!\!\!\perp_P Y$ と書く。同様に，X, Y, Z に関する事象の確率を $P(X, Y, Z)$ と書くものとする。

---

1) $\{1, 2\}$ と $\{2, 1\}$ は区別しない。

赤の頂点が青と緑の頂点を分離している

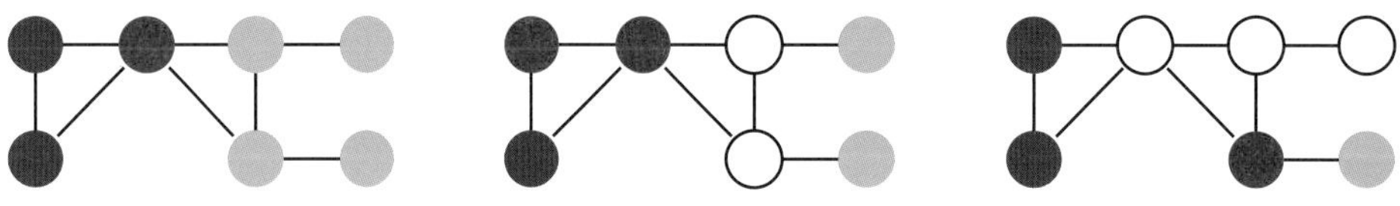

赤の頂点が青と緑の頂点を分離していない

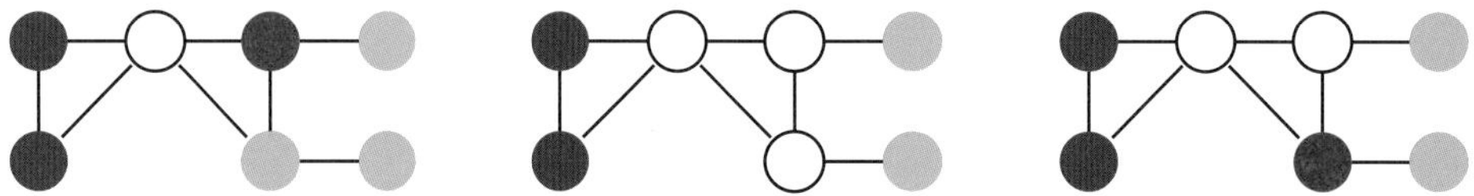

図 5.1　ある頂点集合 A, B が別の頂点集合によって分離される。上の3個の無向グラフでは，青と緑の頂点が赤の頂点で分離されている。下の3個の無向グラフでは，青と緑の頂点が赤の頂点で分離されていない。すなわち，青から緑に行く経路で，赤の頂点を通過しないものがある。左下では，左の緑の頂点が白い頂点を通って青の頂点に到達できる。中央下では，赤い頂点がなく，どの青と緑の頂点も赤の頂点を通らずに到達できる。右下では，一番右上の頂点が2個の白い頂点を通って青い頂点に到達できる。

$$P(X, Z)P(Y, Z) = P(X, Y, Z)P(Z)$$

が成立するとき，X, Y は Z のもとで条件付き独立であるといい，$X \perp\!\!\!\perp_P Y \mid Z$ と書く。

グラフィカルモデルは，$X_1, \ldots, X_p$ の重複しない各部分集合 X_A, X_B, X_C について，

$$X_A \perp\!\!\!\perp_P X_B \mid X_C \iff A \perp\!\!\!\perp_E B \mid C \tag{5.1}$$

が成立するように，無向グラフ (V, E) の辺集合 E を定めるものである。しかし，確率 P によっては，そのような E が存在しない場合がある。

◆ **例 45**　X, Y が独立に確率 $1/2$ で $0, 1$ の値をとり，Z が $X + Y$ の値を2で割った余りをとるとする。(X, Y) は4通りの値をそれぞれ確率 $1/4$ でとるので，

$$P(X)P(Y) = P(X, Y)$$

が成立して，X, Y は独立である。しかし，$(X, Z), (Y, Z), (X, Y, Z)$ はいずれも4通りの値をそれぞれ確率 $1/4$ で生じ，Z は2通りの値を確率 $1/2$ で生じるので，

$$P(X, Z)P(Y, Z) = \frac{1}{4} \cdot \frac{1}{4} \neq \frac{1}{4} \cdot \frac{1}{2} = P(X, Y, Z)P(Z)$$

より，X, Y は Z のもとで条件付き独立ではない。(5.1) の $\Longleftarrow$ の条件から，少なくとも X, Z, Y がこの順で結合されることはない。実際，Z の値がわかると，$X = Y$ もしくは $X \neq Y$ のいずれであるかがわかり，X と Y が独立ではないことがわかる。また，$(X, Z), (Y, Z)$ は独立でないため，X, Z および Y, Z はそれぞれ辺として結合される必要がある。したがって，3辺をすべて結ぶ必要がある。ただ，3辺を結ぶと $X \perp\!\!\!\perp_P Y$ という関係を表現できず，そのような関係が存在しない場合との区別がつかない。

しかし，どのような場合でも，すべての辺を結べば，(5.1) の $\Longleftarrow$ は自明に成立する。(5.1) の $\Longleftarrow$ を満足する範囲で，辺を限りなく削減した極小の無向グラフを，それらの条件付き独立性をあらわす Markov ネットワークという。

しかしながら，p 変数が正規分布にしたがう場合，その共分散行列 $\Sigma \in \mathbb{R}^{p\times p}$ を調査するだけで，変数間の条件付き独立性をすべて見出せる。以下，簡単のため，各変数の平均を 0 と仮定する。Θ を Σ の逆行列として，その確率密度関数を

$$f(x) = \sqrt{\frac{\det\Theta}{(2\pi)^p}}\exp\left\{-\frac{1}{2}x^T\Theta x\right\} \quad (x \in \mathbb{R}^p)$$

と書くものとする。そして，A, B, C を排他的な $\{1,\ldots,p\}$ の部分集合として，条件付き独立であるための必要十分条件は，任意の $x \in \mathbb{R}^p$ について

$$f_{A\cup C}(x_{A\cup C})f_{B\cup C}(x_{B\cup C}) = f_{A\cup B\cup C}(x_{A\cup B\cup C})f_C(x_C) \tag{5.2}$$

となることであり，これは，任意の $x \in \mathbb{R}^p$ について

$$\begin{aligned}&-\log\det\Sigma_{A\cup C} - \log\det\Sigma_{B\cup C} + \log\det\Sigma_{A\cup B\cup C} + \log\det\Sigma_C\\&= x_{A\cup C}^T\Theta_{A\cup C}x_{A\cup C} + x_{B\cup C}^T\Theta_{B\cup C}x_{B\cup C} - x_{A\cup B\cup C}^T\Theta_{A\cup B\cup C}x_{A\cup B\cup C} - x_C^T\Theta_C x_C\end{aligned} \tag{5.3}$$

となることと同値である。ただし，Θ_S, x_S はそれぞれ添字の集合 $S \subseteq \{1,\ldots,p\}$ に対応する Θ, x の成分であるとした。右辺の $x_{A\cup B\cup C}^T\Theta_{A\cup B\cup C}x_{A\cup B\cup C}$ の項のうち，$x_i\Theta_{i,j}x_j$ $(i \in A,\ j \in B)$ は左辺で定数になっているので，0 でなければならない。すなわち，Θ のうち，添字 $i \in A,\ j \in B$ および $i \in B,\ j \in A$ に対応する要素（Θ_{AB}, Θ_{BA} とおく）は 0 である必要がある。逆に $\Theta_{AB} = \Theta_{BA}^T = 0$ であれば，(5.3) の右辺はもちろんのこと，左辺も 0 になる（命題 15）。

命題 15（Lauritzen, 1996 [18]）

$$\Theta_{AB} = \Theta_{BA}^T = 0 \Longrightarrow \det\Sigma_{A\cup C}\det\Sigma_{B\cup C} = \det\Sigma_{A\cup B\cup C}\det\Sigma_C$$

証明は，付録を参照されたい。

◆ **例 46** $\Theta = \begin{bmatrix}\theta_{1,1} & 0 & \theta_{1,3}\\ 0 & \theta_{2,2} & \theta_{2,3}\\ \theta_{1,3} & \theta_{2,3} & \theta_{3,3}\end{bmatrix}$ のとき，

$$\Sigma = \frac{1}{\det\Theta}\begin{bmatrix}\theta_{2,2}\theta_{3,3}-\theta_{2,3}^2 & \theta_{1,3}\theta_{2,3} & -\theta_{1,3}\theta_{2,2}\\ \theta_{1,3}\theta_{2,3} & \theta_{1,1}\theta_{3,3}-\theta_{1,3}^2 & -\theta_{2,3}\theta_{1,1}\\ -\theta_{1,3}\theta_{2,2} & -\theta_{2,3}\theta_{1,1} & \theta_{1,1}\theta_{2,2}\end{bmatrix}$$

となるので，以下のように変形できる。

$$\begin{aligned}&\det\Sigma_{\{1,3\}}\det\Sigma_{\{2,3\}}\\&= \frac{1}{\det\Theta}\{(\theta_{2,2}\theta_{3,3}-\theta_{2,3}^2)\theta_{1,1}\theta_{2,2}-\theta_{1,3}^2\theta_{2,2}^2\}\cdot\frac{1}{\det\Theta}\{(\theta_{1,1}\theta_{3,3}-\theta_{1,3}^2)\theta_{1,1}\theta_{2,2}-\theta_{2,3}^2\theta_{1,1}^2\}\\&= \frac{1}{(\det\Theta)^2}\theta_{1,1}\theta_{2,2}(\theta_{1,1}\theta_{2,2}\theta_{2,3}-\theta_{1,1}\theta_{2,3}^2-\theta_{2,2}\theta_{1,3}^2)^2\\&= \theta_{1,1}\theta_{2,2} = \det\Sigma_{\{3\}}\det\Sigma_{\{1,2,3\}}\end{aligned}$$

したがって，$X_1, \ldots, X_p$ が正規分布にしたがうとき，$\Theta_{AB} = \Theta_{BA} = 0 \iff$ (5.3) が成立する。すなわち，次の命題が成り立つ。

命題 16 $X_1, \ldots, X_p$ が正規分布にしたがうとき，

$$\Theta_{AB} = \Theta_{BA}^T = 0 \iff X_A \perp\!\!\!\perp_P X_B \mid X_C \text{ なる } C \subseteq \{1, 2, \ldots, p\} \text{ が存在}$$

が成立する。特に，$D \cap (A \cup B) = \phi$ として

$$X_A \perp\!\!\!\perp_P X_B \mid X_C,\ C \subseteq D \implies X_A \perp\!\!\!\perp_P X_B \mid X_D$$

が成り立つ。

例 45 では，$X \perp\!\!\!\perp_P Y$ であっても $X \perp\!\!\!\perp_P Y \mid Z$ が成立しなかった。しかし正規分布では，命題 16 より，そのようなことは生じない。また命題 16 の後半は，任意の正規分布 P について (5.1) なる Markov ネットワークが常に存在することを述べている。すなわち，本章にとって有用な以下の命題を意味している（図 5.2）。

命題 17 $X_1, \ldots, X_p$ が正規分布にしたがうとき，それの条件付き独立性を示す Markov ネットワークについて，以下が成立する。

$$\Theta_{AB} = \Theta_{BA}^T = 0 \iff A \perp\!\!\!\perp_E B \mid C \text{ なる } C \subseteq \{1, \ldots, p\} \text{ が存在}$$

本章では，p 変数 $X_1, \ldots, X_p$ の N 組の具体的な観測データ $X \in \mathbb{R}^{N \times p}$ から，Markov ネットワークの辺集合 E を推定することを検討している。命題 17 によれば，共分散行列の逆行列（精度行列）Θ を推定すればよいことになる。観測データ X の各成分を $x_{i,j}$ と書くと，$\bar{x}_j := \dfrac{1}{N}\displaystyle\sum_{i=1}^N x_{i,j}$ として，$s_{i,j} := \dfrac{1}{N}\displaystyle\sum_{i=1}^N (x_{i,j} - \bar{x}_j)^2$ を成分にもつサンプル共分散行列 $S = (s_{i,j})$ を求め，その逆行

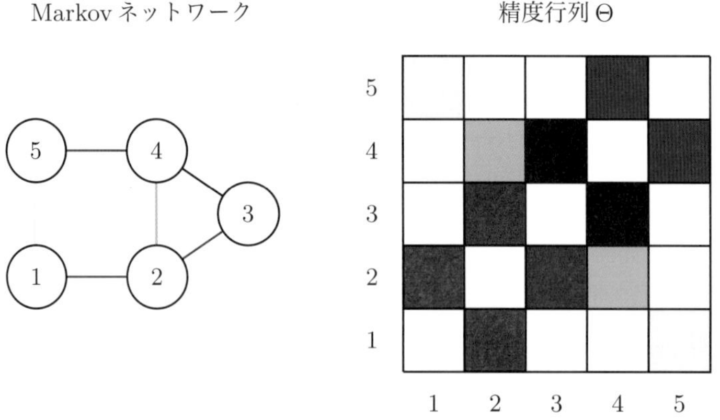

図 5.2 命題 17 において，正規分布では Markov ネットワークの辺の有無と対応する精度行列の成分のゼロ・非ゼロが一致する。赤，青，緑，黄，黒，桃の色が左右で対応している。

列の成分が 0 か否かをみればよいかもしれない。しかし，いくつかの問題点がある。

まず，行列 S の逆行列が存在する保証がない。本書では，サンプル数 N に対して変数の個数 p が大きい場合を想定している。ある病気の 100 件の症例・参照例について，10,000 の遺伝子のタンパク質の生成量（発現量）から，どの遺伝子が関与しているかを見出す場合などである。しかし，S は非負定値であって，ある $N \times p$ の行列 A を用いて A^TA と書ける。しかし，$p > N$ であれば $S \in \mathbb{R}^{p\times p}$ の階数は高々 $N\,(< p)$ であって，逆行列をもたない。

また $p < N$ の場合でも，サンプルから推定するため，$X_A \perp\!\!\!\perp X_B \mid X_C$ であっても，Θ_{AB} に相当する箇所 S_{AB} がすべて 0 になる可能性は低い。したがって，検定のような操作を行わないと，正しい結論が得られない。

5.2 グラフィカル Lasso

前節では，サンプル共分散行列 S を正しく推定しても，$p > N$ の状況では $X_1, \ldots, X_p$ の条件付き独立性が正しく推定できないことを確認した。本節では，Lasso を用いて $\Theta_{i,j}$ が 0 となるか否かを判定する方法を検討する。この方法をグラフィカル Lasso [12] という。

まず，p 変数正規分布の確率密度関数を $f_\Theta(x_1, \ldots, x_p)$ と書くとき，対数尤度は以下のように計算できることに注意する。

$$\begin{aligned}
&\frac{1}{N}\sum_{i=1}^{N} \log f_\Theta(x_{i,1}, \ldots, x_{i,p}) \\
&= \frac{1}{2}\log\det\Theta - \frac{p}{2}\log(2\pi) - \frac{1}{2N}\sum_{i=1}^{N}\sum_{j=1}^{p}\sum_{k=1}^{p} x_{i,j}\theta_{j,k}x_{i,k} \\
&= \frac{1}{2}\{\log\det\Theta - p\log(2\pi) - \mathrm{trace}(S\Theta)\} \qquad (5.4)
\end{aligned}$$

ただし，

$$\frac{1}{N}\sum_{i=1}^{N}\sum_{j=1}^{p}\sum_{k=1}^{p} x_{i,j}\theta_{j,k}x_{i,k} = \sum_{j=1}^{p}\sum_{k=1}^{p}\theta_{j,k}\frac{1}{N}\sum_{i=1}^{N} x_{i,j}x_{i,k} = \sum_{j=1}^{p}\sum_{k=1}^{p} s_{j,k}\theta_{j,k}$$

を用いた。

次に，$\lambda \geq 0$ として (5.4) を L1 正則化させる。そして，

$$\frac{1}{N}\sum_{i=1}^{N}\log f_\Theta(x_i) - \frac{1}{2}\lambda\sum_{j\neq k}|\theta_{j,k}|$$

の Θ に関する非負定値の最大化が，以下のそれと一致することに注意する。

$$\log\det\Theta - \mathrm{trace}(S\Theta) - \lambda\sum_{j\neq k}|\theta_{j,k}| \qquad (5.5)$$

以下では，記法の簡略化のため，行列 A の行列式を $\det A$ だけでなく，$|A|$ と書く場合がある。一般に，行列 $A \in \mathbb{R}^{p\times p}$ から i 行 j 列を除いた行列を $A_{i,j}$ と書くと，

$$\sum_{j=1}^{p}(-1)^{k+j}a_{i,j}|A_{k,j}| = \begin{cases} |A|, & i = k \\ 0, & i \neq k \end{cases} \qquad (5.6)$$

が成立する。

まず，$|A| \neq 0$ のときを考える。$b_{j,k} = (-1)^{k+j}|A_{k,j}|/|A|$ を (j,k) 成分にもつ行列を B とするとき，AB は単位行列になる。実際，(5.6) より

$$\sum_{j=1}^{p} a_{i,j}b_{j,k} = \sum_{j=1}^{p} a_{i,j}(-1)^{k+j}\frac{|A_{k,j}|}{|A|} = \begin{cases} 1, & i = k \\ 0, & i \neq k \end{cases}$$

が成り立つ。以降，このような B を A^{-1} と書くものとする。次に，$|A|$ を $a_{i,j}$ で偏微分した値が $(-1)^{i+j}|A_{i,j}|$ になることに注意する。実際，(5.6) で $i = k$ とおくと，$|A|$ における $a_{i,j}$ の係数が $(-1)^{i+j}|A_{i,j}|$ であることが確認できる。また，$\mathrm{trace}(S\Theta) = \sum_{i=1}^{p}\sum_{j=1}^{p} s_{i,j}\theta_{i,j}$ を Θ の (k,h) 成分 $\theta_{k,h}$ で偏微分すると，S の (k,h) 成分 $s_{k,h}$ になる。さらに，$\log\det\Theta$ を $\theta_{k,h}$ で偏微分すると，

$$\frac{\partial \log|\Theta|}{\partial\theta_{k,h}} = \frac{1}{|\Theta|}\frac{\partial|\Theta|}{\partial\theta_{k,h}} = \frac{1}{|\Theta|}(-1)^{k+h}|\Theta_{k,h}|$$

すなわち，Θ^{-1} の (h,k) 成分となる。しかし，Θ が対称なので，Θ^{-1} も対称になる：

$$\Theta^T = \Theta \implies (\Theta^{-1})^T = (\Theta^T)^{-1} = \Theta^{-1}$$

すなわち，(5.5) を最大にする Θ は，

$$\Theta^{-1} - S - \lambda\Psi = 0 \tag{5.7}$$

の解になる。ただし，$\Psi = (\psi_{j,k})$ は $s = t$ のとき $\psi_{j,k} = 0$，それ以外で以下のようにおく。

$$\psi_{j,k} = \begin{cases} 1, & \theta_{j,k} > 0 \\ [-1,1], & \theta_{j,k} = 0 \\ -1, & \theta_{j,k} < 0 \end{cases}$$

実際には，非負定値問題に対する Lagrange の未定乗数法の定式化

$$-\log\det\Theta + \mathrm{trace}(S\Theta) + \lambda\sum_{j\neq k}|\theta_{j,k}| + \langle\Gamma,\Theta\rangle \to \text{最小}$$

に KKT 条件を適用し，

1. $\Theta \succeq 0$
2. $\Gamma \succeq 0,\ \Theta^{-1} - S - \lambda\Psi + \langle\Gamma, \partial\Theta\rangle = 0$
3. $\langle\Gamma,\Theta\rangle = 0$

が得られる。ただし，$A \succeq 0$ で A が非負定値であることをあらわし，行列 A, B の内積 $\langle A, B\rangle$ は $\mathrm{trace}(A^TB)$ で得られるものとした。また，$\Gamma, \Theta \succeq 0$ であるので，$\langle\Gamma,\Theta\rangle = 0$ は $\mathrm{trace}(\Theta\Gamma) = \mathrm{trace}(\Gamma^{1/2}\Theta\Gamma^{1/2}) = 0$ を意味する。また，$\Gamma^{1/2}\Theta\Gamma^{1/2} \succeq 0$ であるので，これはさらに $\Gamma = 0$ を意味する。このことから (5.7) が得られる。

次に，(5.7) の解 Θ を求める。まず，Θ の逆行列を W とし，行列 $\Psi, \Theta, S, W \in \mathbb{R}^{p\times p}$ を分解し，左上の成分を $(p-1)\times(p-1)$ として，

$$\Psi = \begin{bmatrix} \Psi_{1,1} & \psi_{1,2} \\ \psi_{2,1} & \psi_{2,2} \end{bmatrix},\ S = \begin{bmatrix} S_{1,1} & s_{1,2} \\ s_{2,1} & s_{2,2} \end{bmatrix},\ \Theta = \begin{bmatrix} \Theta_{1,1} & \theta_{1,2} \\ \theta_{2,1} & \theta_{2,2} \end{bmatrix}$$

$$\begin{bmatrix} W_{1,1} & w_{1,2} \\ w_{2,1} & w_{2,2} \end{bmatrix} \begin{bmatrix} \Theta_{1,1} & \theta_{1,2} \\ \theta_{2,1} & \theta_{2,2} \end{bmatrix} = \begin{bmatrix} I_{p-1} & 0 \\ 0 & 1 \end{bmatrix} \tag{5.8}$$

と書くとする。ただし，$\theta_{2,2} > 0$ であることを仮定する。実際，Σ が正定値であれば，Θ の固有値が Σ のそれの逆数であって，Θ も正定値である。したがって，p 番目だけ 1 でそれ以外は 0 であるような p 次元ベクトルを前後から掛けて，その値（2 次形式）が正でなければならない。

このとき，(5.7) の両辺の右上の成分から

$$w_{1,2} - s_{1,2} - \lambda\psi_{1,2} = 0 \tag{5.9}$$

が導かれ（Θ^{-1} の右上の成分は $w_{1,2}$ となる），(5.8) の各項の右上の成分から

$$W_{1,1}\theta_{1,2} + w_{1,2}\theta_{2,2} = 0 \tag{5.10}$$

が導かれる。さらに，$\beta = \begin{bmatrix} \beta_1 \\ \vdots \\ \beta_{p-1} \end{bmatrix} := -\dfrac{\theta_{1,2}}{\theta_{2,2}}$ とおくと，(5.9), (5.10) から以下の 2 式が得られる。

$$W_{1,1}\beta - s_{1,2} + \lambda\phi_{1,2} = 0 \tag{5.11}$$

$$w_{1,2} = W_{1,1}\beta \tag{5.12}$$

ただし，$\phi_{1,2} \in \mathbb{R}^{p-1}$ の第 j 成分は $\begin{cases} 1, & \beta_j > 0 \\ [-1,1], & \beta_j = 0 \\ -1, & \beta_j < 0 \end{cases}$ となるものとする。実際，$\psi_{1,2} \in \mathbb{R}^{p-1}$ の各成分は対応する $\theta_{1,2}$ の成分の正・負・0 によって決まる。また，$[-1,1]$ に含まれているものは正負を逆にしても $[-1,1]$ に含まれる。$\theta_{2,2} > 0$ より，β と $\theta_{1,2}$ の各成分は符号が逆になっている。そのため，$\psi_{1,2} = -\phi_{1,2}$ となる。

(5.7) の解を以下の手順で求める。まず，(5.11) の β に関する解を求め，(5.12) に代入して，$w_{1,2}$（対称のため $w_{2,1}$ と同じ）を得る。この処理を，$W_{1,1}, w_{1,2}$ の位置を変えながら行う。すなわち，$j = 1, \ldots, p$ として，$W_{1,1}$ は W から第 j 行と第 j 列を除いたもの，$w_{1,2}$ は第 j 列から第 j 成分を除いたものとなる（図 5.3）。

$A := W_{1,1} \in \mathbb{R}^{(p-1)\times(p-1)}$, $b = s_{1,2} \in \mathbb{R}^{p-1}$, $c_j := b_j - \sum_{k\neq j} a_{j,k}\beta_k$ とおくとき，(5.11) を満足する各 β_j は，以下の手順にしたがって計算できる。

$$\beta_j = \begin{cases} \dfrac{c_j - \lambda}{a_{j,j}}, & c_j > \lambda \\ 0, & -\lambda < c_j < \lambda \\ \dfrac{c_j + \lambda}{a_{j,j}}, & c_j < -\lambda \end{cases} \tag{5.13}$$

最後に，$j = 1, \ldots, p$ について，以下の手順を 1 サイクル踏むことによって，Θ の推定値を得る。

$$\theta_{2,2} = [w_{2,2} - w_{1,2}^T\beta]^{-1} \tag{5.14}$$

$$\theta_{1,2} = -\beta\theta_{2,2} \tag{5.15}$$

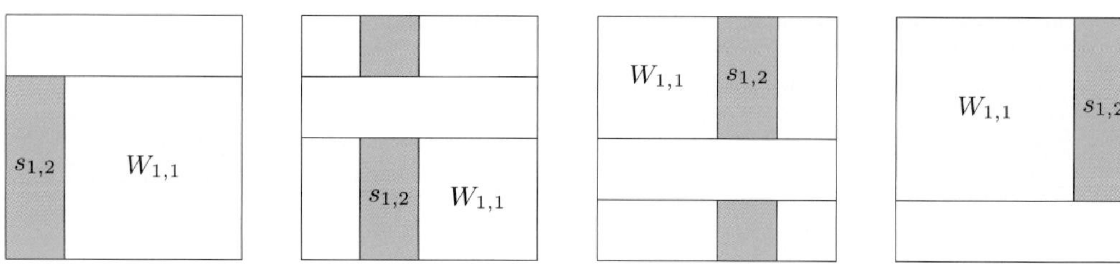

図 5.3 グラフィカル Lasso (Friedman *et al.*, 2008)[12] の主要部。$W_{1,1}, w_{1,2}$ によって $w_{1,2}$ を更新している。黄が $W_{1,1}$，緑が $w_{1,2}$ である。$w_{2,1}$ には $w_{1,2}$ と同じ値が格納される。図 ($p=4$) の場合，この 4 ステップを繰り返す。対角成分は S の対角成分が格納されたまま，更新されない。

ただし，(5.14) は (5.8) と $\beta = -\theta_{1,2}/\theta_{2,2}$ から導かれる：

$$\theta_{2,2}(w_{2,2} - w_{1,2}\beta) = \theta_{2,2}w_{2,2} - \theta_{2,2}w_{1,2}(-\theta_{1,2}/\theta_{2,2}) = 1$$

たとえば，下記のような処理を構成できる。

```
inner.prod = function(x, y) return(sum(x * y))  ## 既出
soft.th = function(lambda, x) return(sign(x) * pmax(abs(x) - lambda, 0))  ## 既出
graph.lasso = function(s, lambda = 0) {
  W = s; p = ncol(s); beta = matrix(0, nrow = p - 1, ncol = p)
  beta.out = beta; eps.out = 1
  while (eps.out > 0.01) {
    for (j in 1:p) {
      a = W[-j, -j]; b = s[-j, j]
      beta.in = beta[, j]; eps.in = 1
      while (eps.in > 0.01) {
        for (h in 1:(p - 1)) {
          cc = b[h] - inner.prod(a[h, -h], beta[-h, j])
          beta[h, j] = soft.th(lambda, cc) / a[h, h]
        }
        eps.in = max(beta[, j] - beta.in); beta.in = beta[, j]
      }
      W[-j, j] = W[-j, -j] %*% beta[, j]
    }
    eps.out = max(beta - beta.out); beta.out = beta
  }
  theta = matrix(nrow = p, ncol = p)
  for (j in 1:p) {
    theta[j, j] = 1 / (W[j, j] - W[j, -j] %*% beta[, j])
    theta[-j, j] = -beta[, j] * theta[j, j]
  }
  return(theta)
}
```

◆ **例 47** $\theta_{s,t} \neq 0$ なる s,t を辺として結ぶことによって無向グラフ G が生成される。事前に $\Theta = (\theta_{s,t})$ の値のわかっているものから 5 変数，$N = 100$ 個のデータを発生させた。

```
library(MultiRNG)
Theta = matrix(c(   2,  0.6,    0,    0,  0.5,  0.6,    2, -0.4,  0.3,    0,
                    0, -0.4,    2, -0.2,    0,    0,  0.3, -0.2,    2, -0.2,
                  0.5,    0,    0, -0.2,    2), nrow = 5)
Sigma = solve(Theta)
meanvec = rep(0, 5)
dat = draw.d.variate.normal(no.row = 20, d = 5, mean.vec = meanvec, cov.mat = Sigma)
# 平均mean.vec, 共分散行列cov.mat, サンプル数no.row, 変数の個数dからサンプル行列を生成
s = t(dat) %*% dat / nrow(dat)
```

このデータについて，R 言語の関数 graph.lasso で辺の有無を検出してみた。行列 Theta で成分が 0 になっているか否かを認識できればよい。

```
Theta
```

```
     [,1] [,2] [,3] [,4] [,5]
[1,]  2.0  0.6  0.0  0.0  0.5
[2,]  0.6  2.0 -0.4  0.3  0.0
[3,]  0.0 -0.4  2.0 -0.2  0.0
[4,]  0.0  0.3 -0.2  2.0 -0.2
[5,]  0.5  0.0  0.0 -0.2  2.0
```

```
graph.lasso(s)
```

```
           [,1]        [,2]       [,3]        [,4]        [,5]
[1,]  2.1854523  0.49532753 -0.1247222 -0.04480949  0.46042784
[2,]  0.4962869  1.75439746 -0.2578557  0.17696543 -0.04818041
[3,] -0.1258535 -0.25806533  2.0279864 -0.47076829  0.13461843
[4,] -0.0435247  0.17742249 -0.4710045  2.22329991 -0.45533867
[5,]  0.4595971 -0.04867342  0.1350065 -0.45560256  2.20517785
```

```
graph.lasso(s, lambda = 0.015)
```

```
            [,1]       [,2]        [,3]       [,4]        [,5]
[1,]  2.12573980  0.4372959 -0.06516687  0.0000000  0.39343910
[2,]  0.43823782  1.7088250 -0.17041729  0.1011818  0.00000000
[3,] -0.06538542 -0.1708783  1.97559922 -0.3728077  0.04907338
[4,]  0.00000000  0.1010347 -0.37528158  2.1517477 -0.34531269
[5,]  0.39473905  0.0000000  0.04930174 -0.3453602  2.14001693
```

```
graph.lasso(s, lambda = 0.03)
```

```
          [,1]        [,2]          [,3]        [,4]       [,5]
[1,] 2.0764031  0.37682657 -0.0002649865  0.00000000  0.3254736
[2,] 0.3769137  1.67661814 -0.0963712162  0.03264331  0.0000000
[3,] 0.0000000 -0.09711355  1.9435147152 -0.29372726  0.0000000
[4,] 0.0000000  0.03199325 -0.2935709011  2.10377862 -0.2659885
[5,] 0.3271177  0.00000000  0.0000000000 -0.26606666  2.0965524
```

```
graph.lasso(s, lambda = 0.05)
```

```
          [,1]        [,2]        [,3]       [,4]       [,5]
[1,] 2.0259641  0.30684893  0.00000000  0.0000000  0.2421536
[2,] 0.3068663  1.64928815 -0.03096349  0.0000000  0.0000000
[3,] 0.0000000 -0.03157345  1.91889676 -0.2112410  0.0000000
[4,] 0.0000000  0.00000000 -0.21143915  2.0642104 -0.1808793
[5,] 0.2423494  0.00000000  0.00000000 -0.1809381  2.0549861
```

上記から得られた $\lambda = 0, 0.015, 0.03, 0.05$ に対する無向グラフ（Markov ネットワーク）を図5.4に示した。λ の値を大きくしていくと辺の数が減っていくことがわかる。

また，グラフィカル Lasso の実際のデータ処理では `glasso` を用いることが多い（λ を指定するために `rho` という変数を用いる）。本書でも `graphical.lasso` という関数を構成したが，処理の細部で最適化がなされていないので，本節の残りでは `glasso` を用いることとする。

◆ **例 48** 例47と同じ処理を `glasso` で実行することができる。

```
library(glasso)
solve(s); glasso(s, rho = 0); glasso(s, rho = 0.015)
glasso(s, rho = 0.030); glasso(s, rho = 0.045)
```

R 言語でグラフを描く場合，有向・無向いずれでも `igraph` というパッケージがよく用いられる。大きさ p の対称行列から，(i, j) 成分が非ゼロであれば辺を結び，そうでなければ結ばないような無向グラフを描くのに便利である。また，共分散行列の逆行列 Θ から，それに対応する無向グラフ

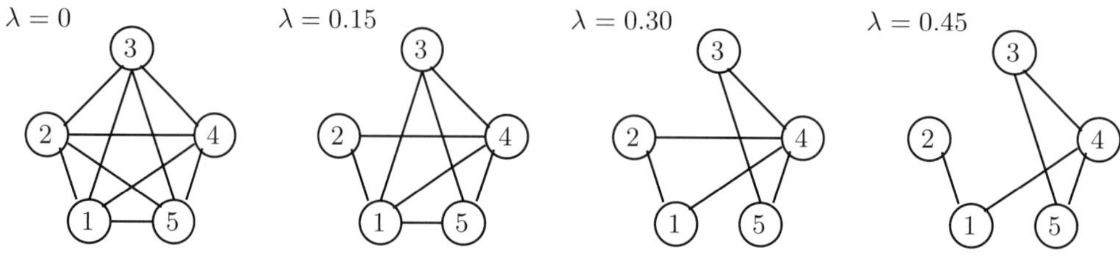

図 5.4 例47で無向グラフの形状を決めて，それにしたがうサンプルを発生させ，サンプルのみからオリジナルの無向グラフを推定させた。λ の値が大きいほど辺の数が減っていくことがわかる。

を描くのにも用いられる。たとえば，下記のような関数 `adj` を構成するものとする。

```
library(igraph)
adj = function(mat) {
  p = ncol(mat); ad = matrix(0, nrow = p, ncol = p)
  for (i in 1:(p - 1)) for (j in (i + 1):p) {
    if (mat[i, j] == 0) ad[i, j] = 0 else ad[i, j] = 1
  }
  g = graph.adjacency(ad, mode = "undirected")
  plot(g)
}
```

しかし，大規模なグラフを画面やファイルに出力することは容易ではない。特にスパース推定の場合，pが100以上になることが多いが，R言語の `igraph` パッケージでは頂点のサイズを小さくしても，辺が重なるなど視覚的に問題が生じる。そこで，隣接行列などグラフの情報のみを出力させて，専用のソフトウェア[2)]を利用するのが普通である。論文投稿や重要なプレゼンテーションであれば，なおさらである。グラフィカルモデルの構造推定は，隣接行列などの数学的記述を求めるまでがタスクであると思って間違いない。

◆ **例 49（Breast Cancer）** データセット breastcancer.csv ($N = 250,\ p = 1000$) について，グラフィカルLassoに関する処理を行った。乳がん患者の遺伝子の発現量について，遺伝子間でどのような関連があるかをみている。下記のプログラムを実行してみると，λが小さいほど処理に時間がかかることがわかる。$\lambda = 0.75$ の `glasso` の出力の最初の200遺伝子についての無向グラフを表示した（図5.5）。下記のコードによった。CSV出力したデータをCytoscapeでグラフとして表示している。

```
library(glasso); library(igraph)
df = read.csv("breastcancer.csv")
w = matrix(nrow = 250, ncol = 1000)
for (i in 1:1000) w[, i] = as.numeric(df[[i]])
x = w; s = t(x) %*% x / 250
fit = glasso(s, rho = 0.75); sum(fit$wi == 0)
y = NULL; z = NULL
for (i in 1:999) for (j in (i + 1):1000) if (fit$wi[i, j] != 0) {y = c(y, i); z = c(z, j)}
edges = cbind(y, z)
write.csv(edges,"edges.csv")
```

これまでグラフィカルLassoのアルゴリズムを検討してきたが，λの値の設定方法について述べてこなかった。また，サンプル数Nが大きい場合に，辺の有無をどれだけ正しく推定できるのか，精度行列の各成分をどの程度正しく推定できるのかに関しては，まだ検討していない。

Ravikumar *et al.* (2011)[25] は，グラフィカルLassoの理論的な性質を保証する結果として知ら

2) Cytoscape (`https://cytoscape.org/`) など。

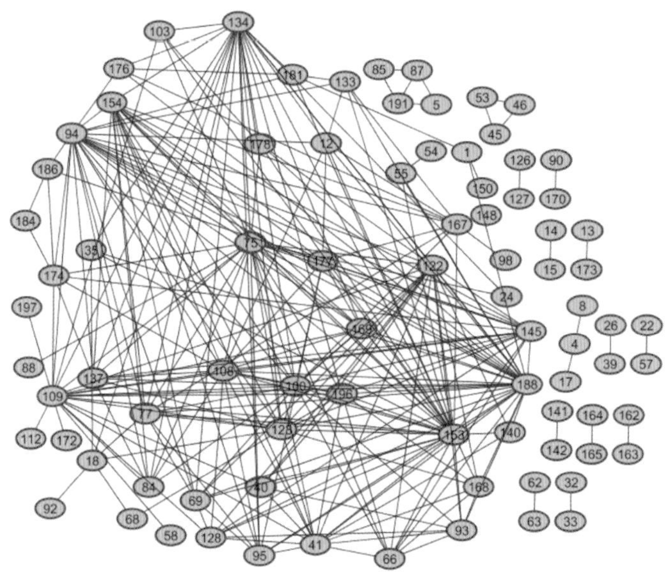

図 5.5 Breast Cancer データセット ($N = 1000$, $p = 250$) の $\lambda = 0.75$ の `glasso` の出力の最初の 200 遺伝子についての無向グラフを表示した。表示には R 言語の `igraph` ではなく，Cytoscape を用いている。

れている。記号の定義と仮定が煩雑になるので，概要のみを説明すると，真のパラメータ Θ に関するパラメータ α とその関数 f, g があって，N の値を大きくすれば，λ を $f(\alpha)/\sqrt{N}$ に設定すると $\Theta - \hat{\Theta}$ の成分の最大値が $g(\alpha)/\sqrt{N}$ 以下になる確率を大きくできること，および $\Theta, \hat{\Theta}$ の各辺の有無が一致する確率をいくらでも大きくできることを示している。ここで，$\hat{\Theta}$ はグラフィカル Lasso で得られる精度行列の推定値である。

Ravikumar *et al.* (2011)[25] に関しては注意すべき点がいくつかある。まず，λ の値を $O(1/\sqrt{N})$ にすることが示唆されているが，パラメータ α が未知であって，サンプルから推定することが困難で，それを知らないと，性能を保証するような λ の値を設定できない。また，α の値によっては解析の適用外になるなどの問題点がある。そして，その λ の値が仮にわかったとしても，その設定が最適であるか否かに関しては言及していない。しかし，サンプル数を増やせば広い範囲の問題について一致性が保証できること，パラメータ推定の精度が $O(1/\sqrt{N})$ 程度でよくなるかどうかがわかることから，この結果は理論のよりどころになっている。

5.3 疑似尤度を用いたグラフィカルモデルの推定

連続変数に対しては線形回帰，離散変数に対してはロジスティック回帰を用いることによって，関連する説明変数を見出すことができる（線形回帰やロジスティック回帰の説明変数として，離散変数をおくことができる）。目的変数 X_i の説明変数が X_k $(k \in \pi_i \subseteq \{1, \ldots, p\} \backslash \{i\})$ であるとき，π_i を X_i の親集合という。このようにして最適な親集合を見出すことができたとしても，そのデータに対して尤度もしくは正則化された尤度を最大にしたことにはならない。グラフが木または森構造になっていて，ある頂点（根）から説明変数を見出しながら葉に向かっていくというのであれば，尤度最大が実現できる可能性はある。しかし，その場合でも，根をどこにするのか，また，ループがないという人工的な仮定をおいてよいのか，という疑念が残る。

そこで，尤度最大を近似的に実現するために，各頂点の親集合 π_i $(i = 1, \ldots, p)$ を独立に求めておいて，$j \in \pi_i$ かつ $i \in \pi_j$ であれば i, j を辺で結合する（AND ルール），あるいは，$j \in \pi_i$ または $i \in \pi_j$ であれば i, j を辺で結合する（OR ルール）として，無向グラフを生成することが考えられる。また，λ の選び方はそれぞれの回帰で異なっていてもよい。

このような疑似尤度による方法 [21] は理論的ではないが，グラフィカル Lasso と比較して，正規分布にしたがう変数でなくても離散変数でも対応できるなど，適用範囲は広い。しかし，特に λ が小さい場合に大きな p では実行時間がかかり，グラフィカル Lasso と比較しても時間がかかる。

R 言語で実現するなら `glmnet` を用いればよい。目的変数が連続変数なら `family = "gausssian"`（デフォルト）を，2 値なら `family = "binomial"` を，3 値以上なら `family = "multinomial"` を指定する。

◆ **例 50**　疑似尤度を用いた方法で，`glmnet` を用いてグラフを生成する。以下では，AND ルールを用いた場合と OR ルールを用いた場合で差異が生じるかどうか確認してみた。本来 $p = 1{,}000$ だが，実行時間がかかるので，（最初の）$p = 50$ で実行してみた。すると，AND と OR で差異はなく，$\lambda = 0.1$ としたとき，$p(p-1)/2 = 1{,}225$ 個の辺の候補のうち 243 個の辺が結合された（図 5.6 左）。

```
library(glmnet)
df = read.csv("breastcancer.csv")
n = 250; p = 50; w = matrix(nrow = n, ncol = p)
for (i in 1:p) w[, i] = as.numeric(df[[i]])
x = w[, 1:p]; fm = rep("gaussian", p); lambda = 0.1
fit = list()
for (j in 1:p) fit[[j]] = glmnet(x[, -j], x[, j], family = fm[j], lambda = lambda)
ad = matrix(0, p, p)
for (i in 1:p) for (j in 1:(p - 1)) {
  k = j
  if (j >= i) k = j + 1
  if (fit[[i]]$beta[j] != 0) ad[i, k] = 1 else ad[i, k] = 0
}
## ANDの場合
for (i in 1:(p - 1)) for (j in (i + 1):p) {
  if (ad[i, j] != ad[i, j]) {ad[i, j] = 0; ad[j, i] = 0}
}
u = NULL; v = NULL
for (i in 1:(p - 1)) for (j in (i + 1):p) {
  if (ad[i, j] == 1) {u = c(u, i); v = c(v, j)}
}
u
```

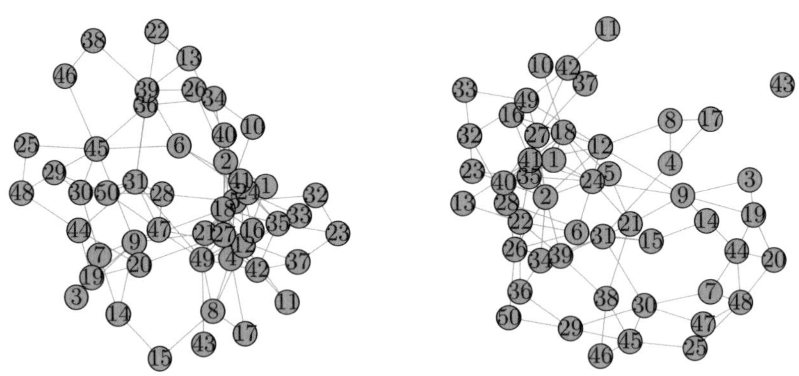

図 5.6 疑似尤度による方法で，Breast Cancer データセットのグラフィカルモデルを出力。全変数が連続である場合（左，例 50）と全変数が2値である場合（右，例 51）。

```
   [1]  1  1  1  1  1  1  1  1  1  1  1  1  2  2  2  2  2  2  2  2  2  2
  [23]  2  2  3  3  3  3  3  3  3  3  3  3  4  4  4  4  4  4  4  5  5  5
.....................................................................
[199] 30 30 31 31 31 31 31 31 31 32 32 33 33 34 34 34 35 35 36 36 36 37
[221] 37 37 38 38 38 38 38 40 40 42 42 43 43 43 44 44 45 45 47 47 47 49
```

```
v
```

```
   [1]  2 12 13 18 22 23 24 28 41 46 48 50  4  5 10 16 18 21 23 26 27 34
  [23] 37 43  9 10 15 19 20 21 24 29 38 50  5  8 17 18 21 23 46  9 20 21
.....................................................................
[199] 48 50 34 36 39 44 47 49 50 33 45 37 49 35 36 45 41 42 38 39 45 38
[221] 42 46 39 45 46 49 50 41 42 49 50 47 49 50 48 50 46 50 48 49 50 50
```

```
adj(ad)
## ORの場合
for (i in 1:(p - 1)) for (j in (i + 1):p) {
  if (ad[i, j] != ad[i, j]) {ad[i, j] = 1; ad[j, i] = 1}
}
adj(ad)
```

◆**例 51** 2値の値をとる p 変数に関する N サンプルから無向グラフを構成した。breast-cancer.csv の各値の符号 ± について，実験してみた。

```
library(glmnet)
df = read.csv("breastcancer.csv")
w = matrix(nrow = 250, ncol = 1000); for (i in 1:1000) w[, i] = as.numeric(df[[i]])
w = (sign(w) + 1) / 2  ## 2値データに変換する
```

```
p = 50; x = w[, 1:p]; fm = rep("binomial", p); lambda = 0.15
fit = list()
for (j in 1:p) fit[[j]] = glmnet(x[, -j], x[, j], family = fm[j], lambda = lambda)
ad = matrix(0, nrow = p, ncol = p)
for (i in 1:p) for (j in 1:(p - 1)) {
  k = j
  if (j >= i) k = j + 1
  if (fit[[i]]$beta[j] != 0) ad[i, k] = 1 else ad[i, k] = 0
}
for (i in 1:(p - 1)) for (j in (i + 1):p) {
  if (ad[i, j] != ad[i, j]) {ad[i, j] = 0; ad[j, i] = 0}
}
sum(ad); adj(ad)
```

例 50，例 51 の配列 fm に "gaussian", "binomial", "multinomial" を設定することによって，離散と連続の変数が混在する場合でも実行できる。

5.4 Joint グラフィカル Lasso

これまで，データ $X \in \mathbb{R}^{N\times p}$ から無向グラフを生成してきた。次に，$X_1 \in \mathbb{R}^{N_1\times p}, X_2 \in \mathbb{R}^{N_2\times p}$ $(N_1+N_2=N)$ から 2 個のグラフを生成することを考える。X 以外に $y \in \{1,2\}^N$ の教師がある（$y_i=1$ の行と $y_i=2$ の行でそれぞれ行列 X_1, X_2 を生成）と考えてもよい。ただし，両方のグラフで共通点が多く，N 個のサンプルを有効に使いたいとする。たとえば，乳がんの症例と対照例のデータで p 個の遺伝子の発現量に関する無向グラフを生成したいとする。この場合，異なる辺の結合はあっても，共通部分が多いことが想定できる。

Joint グラフィカル Lasso (JGL; Danaher and Witten, 2014)[8] は，(5.5) の最大化を，$y \in \{1,2,\ldots,K\}$ $(K\geq 2)$ として，

$$\sum_{i=1}^{K}\{N_k \log\det\Theta_k - \mathrm{trace}(S\Theta_k)\} - P(\Theta_1,\ldots,\Theta_K) \tag{5.16}$$

の最大化に一般化する。$P(\Theta_1,\ldots,\Theta_K)$ は Fused Lasso のペナルティをおくものと，グループ Lasso のペナルティをおくものに分かれる。

$\theta_k = (\theta_{i,j}^{(k)})$ $(k=1,\ldots,K)$ として Fused Lasso のペナルティ，グループ Lasso のペナルティでは，それぞれ

$$P(\Theta_1,\ldots,\Theta_K) := \lambda_1 \sum_k \sum_{i\neq j} |\theta_{i,j}^{(k)}| + \lambda_2 \sum_{k<k'} \sum_{i,j} |\theta_{i,j}^{(k)} - \theta_{i,j}^{(k')}| \tag{5.17}$$

$$P(\Theta_1,\ldots,\Theta_K) := \lambda_1 \sum_k \sum_{i\neq j} |\theta_{i,j}^{(k)}| + \lambda_2 \sum_{i\neq j} \sqrt{\sum_k {\theta_{i,j}^{(k)}}^2} \tag{5.18}$$

となる（$\sum$ の添字は $k=1,\ldots,K, i,j=1,\ldots,p$ を動く）。(5.17), (5.18) の第 1 項は共通で，通常の Lasso と同様，絶対値の小さい成分を強制的に 0 にするためのものである。

JGL では (5.16) の解を得るために，第 4 章で導入された ADMM を適用する。拡張 Lagrange を

$$L_\rho(\Theta, Z, U) := -\sum_{k=1}^{K} N_k\{\log\det\Theta_k - \mathrm{trace}(S\Theta_k)\} + P(\Theta_1, \ldots, \Theta_K)$$
$$+\rho\sum_{k=1}^{K}\langle U_k, \Theta_k - Z_k\rangle + \frac{\rho}{2}\sum_{k=1}^{K}\|\Theta_k - Z_k\|_F^2$$

とおいて，以下の3ステップを繰り返す。

i. $\Theta^{(t)} \leftarrow \mathrm{argmin}_\Theta L_\rho(\Theta, Z^{(t-1)}, U^{(t-1)})$

ii. $Z^{(t)} \leftarrow \mathrm{argmin}_Z L_\rho(\Theta^{(t)}, Z, U^{(t-1)})$

iii. $U^{(t)} \leftarrow U^{(t-1)} + \rho(\Theta^{(t)} - Z^{(t)})$

具体的には，各 $k = 1, \ldots, K$ で，Θ_k を単位行列，Z_k, U_k をゼロ行列にして，$\rho > 0$ を適当に設定してから，上記の3ステップを繰り返すことになる。ただ，最初のステップは若干注意がいる。(5.16) を Θ で微分すると，グラフィカル Lasso のときと同様の議論から，

$$-N_k(\Theta_k^{-1} - S_k) + \rho(\Theta_k - Z_k + U_k) = 0$$

とできる。そして，

$$\Theta_k^{-1} - \frac{\rho}{N_k}\Theta_k = S_k - \rho\frac{Z_k}{N_k} + \rho\frac{U_k}{N_k}$$

の両辺（対称行列）を VDV^T（D は対角行列）と分解すると，Θ_k と VDV^T は同じ固有ベクトルをもつので，$\Theta = V\tilde{D}V^T$, $\Theta^{-1} = V\tilde{D}^{-1}V^T$ と書ける。したがって，対角成分では

$$\frac{1}{\tilde{D}_{j,j}} - \frac{\rho}{N_k}\tilde{D}_{j,j} = D_{j,j}$$

すなわち，

$$\tilde{D}_{j,j} = \frac{N_k}{2\rho}\left(-D_{j,j} + \sqrt{D_{j,j}^2 + 4\rho/N_k}\right)$$

が成立する。したがって，最適な Θ は，そのような $\tilde{D}$ を用いて $V\tilde{D}V^T$ と書ける。

また，次のステップでは異なるクラス k の間で Fused Lasso を行っている。$K = 2$ の場合もあるが，`genlasso` をはじめ，Fused Lasso は観測データが2個では動作しないので，関数 `b.fused` を設定しておいた。y_1, y_2 の大きさが 2λ 以内であれば $\theta_1 = \theta_2 = (y_1 + y_2)/2$ とし，それ以外の場合では y_1, y_2 の大きい方の値から λ を引き，小さい方の値から λ を加えることになっている。λ_2 を得てから λ_1 を得るのは，4.3節のスパース Fused Lasso の方法によっている。

Fused Lasso の JGL について，具体的な処理を構成してみた。

```
# 大きさが3以上でないとgenlassoは稼働しない
b.fused = function(y, lambda) {
  if (y[1] > y[2] + 2 * lambda) {a = y[1] - lambda; b = y[2] + lambda}
  else if (y[1] < y[2] - 2 * lambda) {a = y[1] + lambda; b = y[2] - lambda}
  else {a = (y[1] + y[2]) / 2; b = a}
  return(c(a, b))
}
# 隣接項だけではなく，離接するすべての値と比較するFused Lasso
fused = function(y, lambda.1, lambda.2) {
```

```
  K = length(y)
  if (K == 1) theta = y
  else if (K == 2) theta = b.fused(y, lambda.2)
  else {
    L = K * (K - 1) / 2; D = matrix(0, nrow = L, ncol = K)
    k = 0
    for (i in 1:(K - 1)) for (j in (i + 1):K) {
      k = k + 1; D[k, i] = 1; D[k, j] = -1
    }
    out = genlasso(y, D = D)
    theta = coef(out, lambda = lambda.2)
  }
  theta = soft.th(lambda.1, theta)
  return(theta)
}
# Joint Graphical Lasso
jgl = function(X, lambda.1, lambda.2) {  # Xはリストで与える
  K = length(X); p = ncol(X[[1]]); n = array(dim = K); S = list()
  for (k in 1:K) {n[k] = nrow(X[[k]]); S[[k]] = t(X[[k]]) %*% X[[k]] / n[k]}
  rho = 1; lambda.1 = lambda.1 / rho; lambda.2 = lambda.2 / rho
  Theta = list(); for (k in 1:K) Theta[[k]] = diag(p)
  Theta.old = list(); for (k in 1:K) Theta.old[[k]] = diag(rnorm(p))
  U = list(); for (k in 1:K) U[[k]] = matrix(0, nrow = p, ncol = p)
  Z = list(); for (k in 1:K) Z[[k]] = matrix(0, nrow = p, ncol = p)
  epsilon = 0; epsilon.old = 1
  while (abs((epsilon - epsilon.old) / epsilon.old) > 0.0001) {
    Theta.old = Theta; epsilon.old = epsilon
    ## (a)に関する更新
    for (k in 1:K) {
      mat = S[[k]] - rho * Z[[k]] / n[k] + rho * U[[k]] / n[k]
      svd.mat = svd(mat)
      V = svd.mat$v
      D = svd.mat$d
      DD = n[k] / (2 * rho) * (-D + sqrt(D ^ 2 + 4 * rho / n[k]))
      Theta[[k]] = V %*% diag(DD) %*% t(V)
    }
    ## (b)に関する更新
    for (i in 1:p) for (j in 1:p) {
      A = NULL; for (k in 1:K) A = c(A, Theta[[k]][i, j] + U[[k]][i, j])
      if (i == j) B = fused(A, 0, lambda.2) else B = fused(A, lambda.1, lambda.2)
      for (k in 1:K) Z[[k]][i, j] = B[k]
    }
    ## (c)に関する更新
    for (k in 1:K) U[[k]] = U[[k]] + Theta[[k]] - Z[[k]]
    ## 収束したかどうかの検査
    epsilon = 0
    for (k in 1:K) {
      epsilon.new = max(abs(Theta[[k]] - Theta.old[[k]]))
```

```
      if (epsilon.new > epsilon) epsilon = epsilon.new
    }
  }
  return(Z)
}
```

グループ Lasso の場合，ii の更新の部分のみを変更すればよい。$A_k[i,j] = \Theta_k[i,j] + U_k[i,j]$ とおくと，$i = j$ については変更なし，$i \neq j$ では

$$Z_k[i,j] = \mathcal{S}_{\lambda_1/\rho}(A_k[i,j]) \left(1 - \frac{\lambda_2}{\rho\sqrt{\sum_{k=1}^{K} \mathcal{S}_{\lambda_1/\rho}(A_k[i,j])^2}}\right)_+$$

となる（記法は異なるが，第3章で既出である）。

以下のようなコードを構成してみた。関数 `b.fused` や `genlasso` は不要である。

```
## (b)の更新の箇所を以下で置き換える。下記単独では動作しない。
for (i in 1:p) for (j in 1:p) {
  A = NULL; for (k in 1:K) A = c(A, Theta[[k]][i, j] + U[[k]][i, j])
  if (i == j) B = A
  else {B = soft.th(lambda.1 / rho,A) *
    max(1 - lambda.2 / rho / sqrt(norm(soft.th(lambda.1 / rho, A), "2") ^ 2), 0)}
  for (k in 1:K) Z[[k]][i, j] = B[k]
}
```

◆ **例 52** $K = 2$ として，あるデータ $X \in \mathbb{R}^{N \times p}$ に雑音を加え，類似のデータ $X' \in \mathbb{R}^{N \times p}$ を生成した。同じデータに対して $(\lambda_1, \lambda) = (10, 0.05), (10, 0.10), (3, 0.03)$ のパラメータで，Fused Lasso について JGL を実行してみた。コードは以下の通り。

```
## データ生成と実行
p = 10; K = 2; N = 100; n = array(dim = K); for (k in 1:K) n[k] = N / K
X = list(); X[[1]] = matrix(rnorm(n[k] * p), ncol = p)
for (k in 2:K) X[[k]] = X[[k - 1]] + matrix(rnorm(n[k] * p) * 0.1, ncol = p)
## lambda.1,lambda.2を変えて実行してみた
Theta = jgl(X, 3, 0.01)
par(mfrow = c(1, 2)); adj(Theta[[1]]); adj(Theta[[2]])
```

λ_1 が大きいほど両グラフともスパースになっている。また，λ_2 が大きいほど両グラフの類似度が高くなっていることがわかる（図 5.7）。

また，グループ Lasso についても JGL を実行してみた（図 5.8）。これだけでは，Fused Lasso の場合と比較した差異がわからなかった。

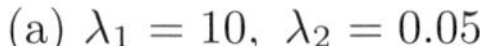

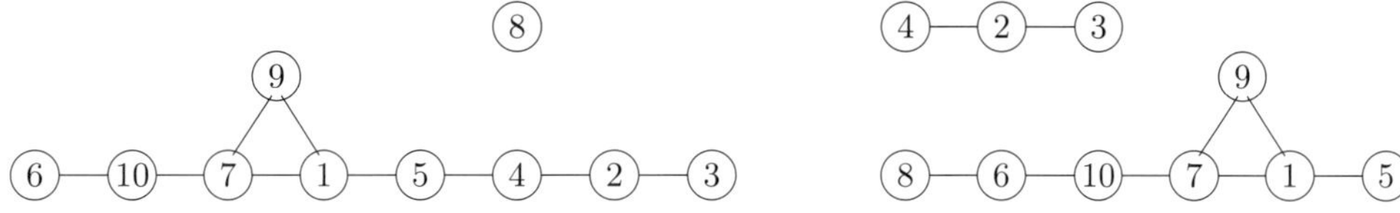

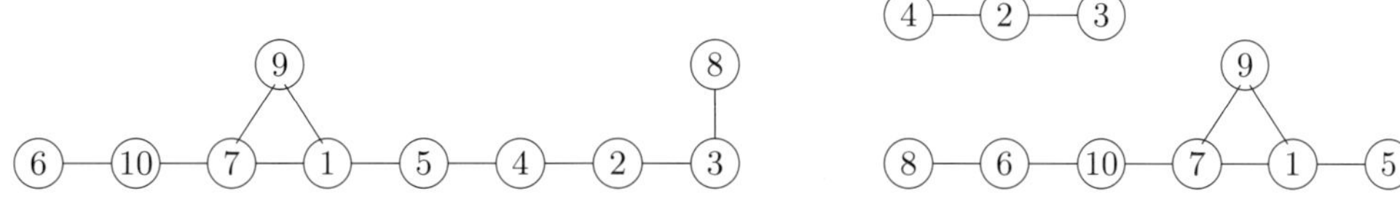

(c) $\lambda_1 = 3,\ \lambda_2 = 0.03$

	1	2	3	4	5	6	7	8	9	10
1		0	1	0	1	0	1	1	1	0
2			1	1	1	1	0	0	1	0
3				0	0	0	1	0	0	1
4					1	1	1	0	0	1
5						0	1	1	1	1
6							0	1	1	0
7								0	1	1
8									1	1
9										1

	1	2	3	4	5	6	7	8	9	10
1		1	0	0	1	1	1	1	1	0
2			0	1	1	1	0	0	1	0
3				0	0	0	1	0	1	1
4					1	1	1	0	0	0
5						1	0	1	0	1
6							0	0	1	1
7								0	1	1
8									1	1
9										1

図 5.7 例 52 の実行結果 (Fused Lasso, $K = 2$)。$(\lambda_1, \lambda) = (10, 0.05), (10, 0.10), (3, 0.03)$ の 3 組で出力させてみた。λ_1 が大きいほど両グラフともスパースになり，λ_2 が大きいほど両グラフの類似度が高くなることがわかる。

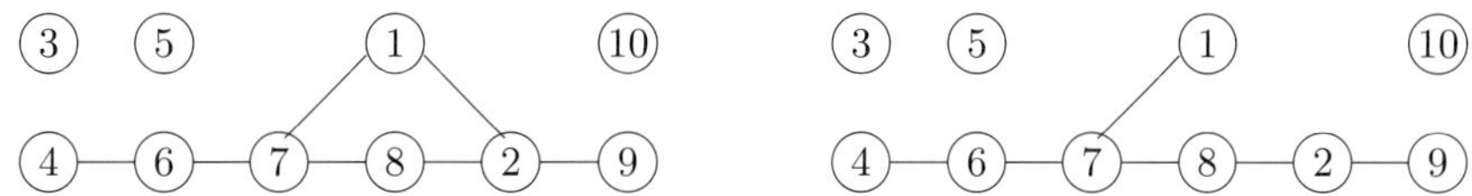

図 5.8 例 52 の実行結果（グループ Lasso, $K = 2$）。$(\lambda_1, \lambda) = (10, 0.01)$ とした。

付録　命題の証明

命題 15（Lauritzen, 1996 [18]）

$$\Theta_{AB} = \Theta_{BA}^T = 0 \implies \det \Sigma_{A\cup C} \det \Sigma_{B\cup C} = \det \Sigma_{A\cup B\cup C} \det \Sigma_C$$

証明　$a = \begin{bmatrix} \Theta_{AA} & \Theta_{AC} \\ \Theta_{CA} & \Theta_{CC} \end{bmatrix}$, $b = \begin{bmatrix} 0 \\ \Theta_{CB} \end{bmatrix}$, $c = \begin{bmatrix} 0 & \Theta_{BC} \end{bmatrix}$, $d = \Theta_{BB}$ および

$$\begin{aligned} e = a - bd^{-1}c &= \begin{bmatrix} \Theta_{AA} & \Theta_{AC} \\ \Theta_{CA} & \Theta_{CC} \end{bmatrix} - \begin{bmatrix} 0 \\ \Theta_{CB} \end{bmatrix} \Theta_{BB}^{-1} \begin{bmatrix} 0 & \Theta_{BC} \end{bmatrix} \\ &= \begin{bmatrix} \Theta_{AA} & \Theta_{AC} \\ \Theta_{CA} & \Theta_{CC} - \Theta_{CB}(\Theta_{BB})^{-1}\Theta_{BC} \end{bmatrix} \end{aligned}$$

を

$$\begin{bmatrix} a & b \\ c & d \end{bmatrix}^{-1} = \begin{bmatrix} e^{-1} & -e^{-1}bd^{-1} \\ -ed^{-1}c & d^{-1} + d^{-1}ce^{-1}bd^{-1} \end{bmatrix} \tag{5.19}$$

に適用して,

$$\begin{aligned} \begin{bmatrix} \Sigma_{A\cup C} & * \\ * & * \end{bmatrix} &= \begin{bmatrix} \Theta_{AA} & \Theta_{AC} & 0 \\ \Theta_{CA} & \Theta_{CC} & \Theta_{CB} \\ 0 & \Theta_{BC} & \Theta_{BB} \end{bmatrix}^{-1} \\ &= \begin{bmatrix} \begin{bmatrix} \Theta_{AA} & \Theta_{AC} \\ \Theta_{CA} & \Theta_{CC} - \Theta_{CB}(\Theta_{BB})^{-1}\Theta_{BC} \end{bmatrix}^{-1} & * \\ * & * \end{bmatrix} \end{aligned}$$

を得る。これは,

$$(\Sigma_{A\cup C})^{-1} = \begin{bmatrix} \Theta_{AA} & \Theta_{AC} \\ \Theta_{CA} & \Theta_{CC} - \Theta_{CB}(\Theta_{BB})^{-1}\Theta_{BC} \end{bmatrix} \tag{5.20}$$

を意味する。なお, (5.19) は

$$\begin{aligned} &\begin{bmatrix} a & b \\ c & d \end{bmatrix} \begin{bmatrix} e^{-1} & -e^{-1}bd^{-1} \\ -d^{-1}ce^{-1} & d^{-1}(I + ce^{-1}bd^{-1}) \end{bmatrix} \\ &= \begin{bmatrix} ae^{-1} - bd^{-1}ce^{-1} & -ae^{-1}bd^{-1} + bd^{-1}(I + ce^{-1}bd^{-1}) \\ ce^{-1} - ce^{-1} & -ce^{-1}bd^{-1} + I + ce^{-1}bd^{-1} \end{bmatrix} = \begin{bmatrix} I & 0 \\ 0 & I \end{bmatrix} \end{aligned}$$

によった。同様に,

$$\begin{aligned} (\Sigma_C)^{-1} &= \Theta_{CC} - \begin{bmatrix} \Theta_{CA} & \Theta_{CB} \end{bmatrix} \begin{bmatrix} \Theta_{AA} & 0 \\ 0 & \Theta_{BB} \end{bmatrix}^{-1} \begin{bmatrix} \Theta_{AC} \\ \Theta_{BC} \end{bmatrix} \\ &= \Theta_{CC} - \Theta_{CA}(\Theta_{AA})^{-1}\Theta_{AC} - \Theta_{CB}(\Theta_{BB})^{-1}\Theta_{BC} \end{aligned}$$

が成立する。したがって，

$$\det\begin{bmatrix} I & (\Theta_{AA})^{-1}\Theta_{AC} \\ \Theta_{CA} & \Theta_{CC}-\Theta_{CB}(\Theta_{BB})^{-1}\Theta_{BC} \end{bmatrix} = \det(\Sigma_C)^{-1} \tag{5.21}$$

が成り立つ。さらに，恒等式

$$\begin{bmatrix} \Theta_{AA}^{-1} & 0 \\ 0 & I \end{bmatrix}\begin{bmatrix} \Theta_{AA} & \Theta_{AC} \\ \Theta_{CA} & \Theta_{CC}-\Theta_{CB}(\Theta_{BB})^{-1}\Theta_{BC} \end{bmatrix} = \begin{bmatrix} I & (\Theta_{AA})^{-1}\Theta_{AC} \\ \Theta_{CA} & \Theta_{CC}-\Theta_{CB}(\Theta_{BB})^{-1}\Theta_{BC} \end{bmatrix}$$

および (5.20), (5.21) より，

$$\det\Sigma_{A\cup C} = \frac{\det\Sigma_C}{\det\Theta_{AA}} \tag{5.22}$$

が成立する。

また，

$$\det\begin{bmatrix} a & b \\ c & d \end{bmatrix} = \det\begin{bmatrix} a & b \\ c & d \end{bmatrix}\det\begin{bmatrix} I & 0 \\ -d^{-1}c & I \end{bmatrix} = \det(a-bd^{-1}c)\det d$$

より

$$\begin{aligned}\det\Theta &= \det\begin{bmatrix} \Theta_{AA} & \begin{bmatrix} 0 & \Theta_{AC} \end{bmatrix} \\ \begin{bmatrix} 0 \\ \Theta_{CA} \end{bmatrix} & \Theta_{B\cup C} \end{bmatrix} = \det\begin{bmatrix} \Theta_{B\cup C} & \begin{bmatrix} 0 \\ \Theta_{CA} \end{bmatrix} \\ \begin{bmatrix} 0 & \Theta_{CA} \end{bmatrix} & \Theta_{AA} \end{bmatrix} \\ &= \det\left\{\Theta_{B\cup C} - \begin{bmatrix} 0 \\ \Theta_{CA} \end{bmatrix}\Theta_{AA}\begin{bmatrix} 0 & \Theta_{CA} \end{bmatrix}\right\}\cdot\det\Theta_{AA} = \frac{\det\Theta_{AA}}{\det\Sigma_{B\cup C}}\end{aligned} \tag{5.23}$$

が成立する。(5.22), (5.23) の辺々を掛けあわせると，

$$\det\Theta = \frac{\det\Sigma_C}{\det\Sigma_{A\cup C}\det\Sigma_{B\cup C}}$$

となる。$\det\Theta = (\det\Sigma)^{-1}$ より，これは命題を意味する。 □

問題 62〜75

□ **62** 下記の各無向グラフのうち，青の頂点と緑の頂点が赤の頂点で分離されているものはどれか。理由も述べよ。

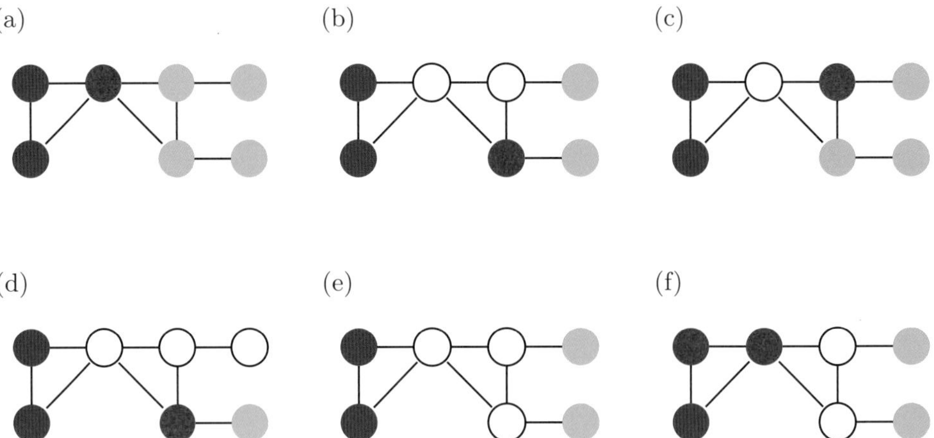

□ **63** 2値の値（0または1）をとり，相互に独立に生起する確率変数 X, Y と，それらの値（それぞれ0または1）の和を2で割った余り Z について，X, Y が Z のもとで条件付き独立でないことを示せ。ただし，$X = 1$ の確率 p および $Y = 1$ の確率 q は必ずしも 0.5 ではなく，$p = q$ とは限らないものとする。

□ **64** $\theta_{12} = \theta_{21} = 0$ の精度行列 $\Theta = (\theta_{i,j})_{i,j=1,2,3}$ について，

$$\det \Sigma_{\{1,2,3\}} \det \Sigma_{\{3\}} = \det \Sigma_{\{1,3\}} \det \Sigma_{\{2,3\}}$$

を示せ。ただし，Σ_S で Σ の $S \subseteq \{1,2,3\}$ の成分からなる部分行列を意味するものとする。

□ **65** 平均0・精度行列 Θ の p 変数正規分布の確率密度関数を

$$f(x) = \sqrt{\frac{\det \Theta}{(2\pi)^p}} \exp\left\{-\frac{1}{2}x^T \Theta x\right\} \quad (x \in \mathbb{R}^p)$$

と書くものとする。そして，A, B, C を排他的な $\{1, \ldots, p\}$ の部分集合として，任意の $x \in \mathbb{R}^p$ について

$$f_{A\cup C}(x_{A\cup C}) f_{B\cup C}(x_{B\cup C}) = f_{A\cup B\cup C}(x_{A\cup B\cup C}) f_C(x_C) \qquad \text{(cf. (5.2))}$$

であるとき，添字 $i \in A$, $j \in B$ および $i \in B$, $j \in A$ に対応する要素 $\theta_{i,j}$ は0であることを示せ。

□ **66** p 変数正規分布 $N(0, \Sigma)$ ($\Sigma \in \mathbb{R}^{p\times p}$) にしたがって発生した n サンプル $X \in \mathbb{R}^{n\times p}$ について，$S := \frac{1}{n}X^TX$, $\Theta := \Sigma^{-1}$ とおけるとき，以下を示せ。

(a) $\lambda = 0$ であって $N < p$ のとき，

$$\Theta^{-1} - S - \lambda\Psi = 0 \qquad \text{(cf. (5.7))} \tag{5.24}$$

の S に逆行列は存在せず，最尤推定の解 Θ は存在しない。

ヒント　S の階数が高々 N で，$S \in \mathbb{R}^{p\times p}$ であることに注意。

(b) $S\Theta$ のトレース（対角成分の和）は，$\Theta = (\theta_{s,t})$ として以下のように書ける。

$$\frac{1}{N}\sum_{i=1}^{N}\left(\sum_{s=1}^{p}\sum_{t=1}^{p} x_{i,s}\theta_{s,t}x_{i,t}\right)$$

ヒント　行列 A, B の積 AB および BA が定義できるとき，各トレースは等しいことに注意する。そして，$A = X^T$, $B = X\Theta$ とおくと，(a) から，以下のように変形できる。

$$\text{trace}(S\Theta) = \frac{1}{N}\text{trace}(X^TX\Theta) = \frac{1}{N}\text{trace}(X\Theta X^T)$$

(c) p 変数正規分布の確率密度関数を $f_\Theta(x_1, \ldots, x_p)$ と書くとき，対数尤度

$$\frac{1}{N}\sum_{i=1}^{N}\log f_\Theta(x_{i,1}, \ldots, x_{i,p})$$

は以下のように書ける。

$$\frac{1}{2}\{\log\det\Theta - p\log(2\pi) - \text{trace}(S\Theta)\} \qquad \text{(cf. (5.4))}$$

(d) $\lambda \geq 0$ として，$\displaystyle\frac{1}{N}\sum_{i=1}^{N}\log f_\Theta(x_i) - \frac{1}{2}\lambda\sum_{s\neq t}|\theta_{s,t}|$ の Θ に関する最大化は，以下のそれと一致する。

$$\log\det\Theta - \text{trace}(S\Theta) - \lambda\sum_{s\neq t}|\theta_{s,t}| \qquad \text{(cf. (5.5))} \tag{5.25}$$

□ **67** 一般に，行列 $A \in \mathbb{R}^{p\times p}$ から i 行 j 列を除いた行列を $A_{i,j}$，行列 $B \in \mathbb{R}^{m\times m}$ $(m \leq p)$ の行列式を $|B|$ と書くと，

$$\sum_{j=1}^{p}(-1)^{k+j}a_{i,j}|A_{k,j}| = \begin{cases} |A|, & i = k \\ 0, & i \neq k \end{cases} \qquad \text{(cf. (5.6))}$$

が成立する。

(a) $|A| \neq 0$ として，$b_{j,k} = (-1)^{k+j}|A_{k,j}|/|A|$ を (j, k) 成分にもつ行列を B とする。AB は単位行列になることを示せ。以降，このような B を A^{-1} と書くものとする。

(b) $|A|$ を $a_{i,j}$ で偏微分した値は $(-1)^{i+j}|A_{i,j}|$ となることを示せ。

(c) $\log|A|$ を $a_{i,j}$ で偏微分した値は $(-1)^{i+j}|A_{i,j}|/|A|$，すなわち A^{-1} の (j, i) 成分となることを示せ。

(d) $S\Theta$ のトレースを Θ の (s,t) 成分 $\theta_{s,t}$ で偏微分すると，S の (t,s) 成分になることを示せ。

ヒント trace$(S\Theta) = \sum_{i=1}^{p}\sum_{j=1}^{p} s_{i,j}\theta_{j,i}$ を $\theta_{s,t}$ で偏微分する。

(e) (5.25) を最大にする Θ は (5.7) の解になっている。ただし $\Psi = (\psi_{s,t})$ は，$s=t$ のとき $\psi_{s,t}=0$，それ以外で

$$\psi_{s,t} = \begin{cases} 1, & \theta_{s,t} > 0 \\ [-1,1], & \theta_{s,t} = 0 \\ -1, & \theta_{s,t} < 0 \end{cases}$$

であるとした。

ヒント $\log\det\Theta$ は，$\theta_{s,t}$ で偏微分すると，前問 (d) から Θ^{-1} の (t,s) 成分となる。しかし，Θ が対称なので，Θ^{-1} も対称になる：$\Theta^T = \Theta \implies (\Theta^{-1})^T = (\Theta^T)^{-1} = \Theta^{-1}$.

□ **68** 行列 $\Psi, \Theta, S \in \mathbb{R}^{p\times p}$ および $W\Theta = I$ なる W を分解し，左上の成分を $(p-1)\times(p-1)$ として，

$$\Psi = \begin{bmatrix} \Psi_{1,1} & \psi_{1,2} \\ \psi_{2,1} & \psi_{2,2} \end{bmatrix},\ S = \begin{bmatrix} S_{1,1} & s_{1,2} \\ s_{2,1} & s_{2,2} \end{bmatrix},\ \Theta = \begin{bmatrix} \Theta_{1,1} & \theta_{1,2} \\ \theta_{2,1} & \theta_{2,2} \end{bmatrix}$$

$$\begin{bmatrix} W_{1,1} & w_{1,2} \\ w_{2,1} & w_{2,2} \end{bmatrix}\begin{bmatrix} \Theta_{1,1} & \theta_{1,2} \\ \theta_{2,1} & \theta_{2,2} \end{bmatrix} = \begin{bmatrix} I_{p-1} & 0 \\ 0 & 1 \end{bmatrix} \qquad \text{(cf. (5.8))} \tag{5.26}$$

と書くとする。ただし，$\theta_{2,2} > 0$ であることを仮定する。

(a) (5.24) の各項の右上の成分から

$$w_{1,2} - s_{1,2} - \lambda\psi_{1,2} = 0 \qquad \text{(cf. (5.9))} \tag{5.27}$$

が，(5.26) の各項の右上の成分から

$$W_{1,1}\theta_{1,2} + w_{1,2}\theta_{2,2} = 0 \qquad \text{(cf. (5.10))} \tag{5.28}$$

が導かれることを示せ。

ヒント Θ^{-1} の右上の成分は $w_{1,2}$ となる。

(b) $\beta = \begin{bmatrix} \beta_1 \\ \vdots \\ \beta_{p-1} \end{bmatrix} := -\dfrac{\theta_{1,2}}{\theta_{2,2}}$ とおくと，(5.27), (5.28) から以下の 2 式が得られることを示せ。

$$W_{1,1}\beta - s_{1,2} + \lambda\phi_{1,2} = 0 \qquad \text{(cf. (5.11))} \tag{5.29}$$

$$w_{1,2} = W_{1,1}\beta \qquad \text{(cf. (5.12))} \tag{5.30}$$

ただし，$\phi_{1,2} \in \mathbb{R}^{p-1}$ の第 j 成分は $\begin{cases} 1, & \beta_j > 0 \\ [-1,1], & \beta_j = 0 \\ -1, & \beta_j < 0 \end{cases}$ となるものとする。

ヒント $\psi_{2,2} \in \mathbb{R}^{p-1}$ の各成分は $\theta_{1,2}$ が正か負か 0 かによって決まった。$\theta_{2,2} > 0$ より，β と $\theta_{1,2}$ の各成分は符号が逆になっている。そのため，$\psi_{1,2} = -\phi_{1,2}$ となる。

□ **69** (5.24) の解を以下の手順で求める。まず，(5.29) の β に関する解を求め，(5.30) に代入して $w_{1,2}$（対称のため $w_{2,1}$ と同じ）を得る。この処理を W, S, Θ の第 p 列の最初の $p-1$ 成分について行うのではなく，$j = 1, \ldots, p$ 列の最初の $p-1$ 成分について，繰り返して行う。最後に，$j = 1, \ldots, p$ について，以下の手順を 1 サイクル踏むことによって，Θ の推定値を得る。

$$\theta_{2,2} = [w_{2,2} - w_{1,2}\beta]^{-1} \qquad (\text{cf. } (5.14)) \tag{5.31}$$

$$\theta_{1,2} = -\beta\theta_{2,2} \qquad (\text{cf. } (5.15)) \tag{5.32}$$

(a) $A := W_{1,1} \in \mathbb{R}^{(p-1)\times(p-1)}$, $b = s_{1,2} \in \mathbb{R}^{p-1}$, $c_j := b_j - \sum_{k\neq j} a_{j,k}\beta_k$ とおくとき，(5.29) を満足する各 β_j は以下の手順にしたがって計算できることを示せ。

$$\beta_j = \begin{cases} \dfrac{c_j - \lambda}{a_{j,j}}, & c_j > \lambda \\ 0, & -\lambda < c_j < \lambda \\ \dfrac{c_j + \lambda}{a_{j,j}}, & c_j < -\lambda \end{cases} \qquad (\text{cf. } (5.13)) \tag{5.33}$$

(b) (5.26) から (5.31) を導け。

□ **70** グラフィカル Lasso の処理を以下のように構築した。

```
library(glasso)
solve(s); glasso(s, rho = 0); glasso(s, rho = 0.01)
```

をそれぞれ実行し，結果を比較せよ。

```
inner.prod = function(x, y) return(sum(x * y))
soft.th = function(lambda, x) return(sign(x) * pmax(abs(x) - lambda, 0))
graph.lasso = function(s, lambda = 0) {
  W = s; p = ncol(s); beta = matrix(0, nrow = p - 1, ncol = p)
  beta.out = beta; eps.out = 1
  while (eps.out > 0.01) {
    for (j in 1:p) {
      a = W[-j, -j]; b = s[-j, j]
      beta.in = beta[, j]; eps.in = 1
      while (eps.in > 0.01) {
        for (h in 1:(p - 1)) {
          cc = b[h] - inner.prod(a[h, -h], beta[-h, j])
          beta[h, j] = soft.th(lambda, cc) / a[h, h]
        }
        eps.in = max(beta[, j] - beta.in); beta.in = beta[, j]
      }
      W[-j, j] = W[-j, -j] %*% beta[, j]
```

```
    }
    eps.out = max(beta - beta.out); beta.out = beta
  }
  theta = matrix(nrow = p, ncol = p)
  for (j in 1:p) {
    theta[j, j] = 1 / (W[j, j] - W[j, -j] %*% beta[, j])
    theta[-j, j] = -beta[, j] * theta[j, j]
  }
  return(theta)
}
```

(5.30)–(5.33) はそれぞれ graph.lasso の関数定義のどの行に相当するか。次に，$\theta_{s,t} \neq 0$ なる s, t を辺として結ぶことによって無向グラフ G が生成されるが，事前に $\Theta = (\theta_{s,t})$ の値のわかっているものから 5 変数，$N = 20$ 個のデータを発生させよ。

```
library(MultiRNG)
Theta = matrix(c(   2,  0.6,     0,     0,  0.5,  0.6,     2, -0.4,  0.3,     0,     0,
                 -0.4,     2, -0.2,     0,     0,  0.3, -0.2,     2, -0.2,  0.5,     0,
                    0, -0.2,     2), nrow = 5)
Sigma = ## 空欄 ##; meanvec = rep(0, 5)
# 平均mean.vec, 共分散行列cov.mat, サンプル数no.row, 変数の個数dから
# サンプル行列を生成
dat = draw.d.variate.normal(no.row = 20, d = 5, mean.vec = meanvec,
                            cov.mat = Sigma)
```

また，以下のコードを実行し，出力された共分散行列の逆行列が正しく推定されているかどうかを確認せよ。

```
s = t(dat) %*% dat / nrow(dat); graph.lasso(s); graph.lasso(s, lambda = 0.01)
```

□ **71** 以下で定義している関数adj は，大きさ p の対称行列から，(i, j) 成分が非ゼロであれば辺を結び，そうでなければ結ばないような無向グラフを描く処理である。空欄を埋めて，データセット breastcancer.csv に関する処理を実行せよ。

```
library(igraph)
adj = function(mat) {
  p = ncol(mat); ad = matrix(0, nrow = p, ncol = p)
  for (i in 1:(p - 1)) for (j in (i + 1):p) {
    if (## 空欄 ##) ad[i, j] = 0 else ad[i, j] = 1
  }
  g = graph.adjacency(ad, mode = "undirected")
  plot(g)
}

library(glasso)
```

```
df = read.csv("breastcancer.csv")
w = matrix(nrow = 250, ncol = 1000)
for (i in 1:1000) w[, i] = as.numeric(df[[i]])
x = w; s = t(x) %*% x / 250
fit = glasso(s, rho = 1); sum(fit$wi == 0); adj(fit$wi)
fit = glasso(s, rho = 0.5); sum(fit$wi == 0); adj(fit$wi)
y = NULL; z = NULL
for (i in 1:999) for (j in (i + 1):1000) {
  if (mat[i, j] != 0) {y = c(y, i); z = c(z, j)}
}
cbind(y, z)
## 最初の100遺伝子に限定してみる
x = x[, 1:100]; s = t(x) %*% x / 250
fit = glasso(s, rho = 0.75); sum(fit$wi == 0); adj(fit$wi)
y = NULL; z = NULL
for (i in 1:99) for (j in (i + 1):100) {
  if (fit$wi[i, j] != 0) {y = c(y, i); z = c(z, j)}
}
cbind(y, z)
fit = glasso(s, rho = 0.25); sum(fit$wi == 0); adj(fit$wi)
```

□ **72** 以下のコードでは，疑似尤度を用いた方法で，`glmnet` を用いてグラフを生成している。AND ルールを用いた場合と OR ルールを用いた場合で，差異が生じるかどうか確認したい（本来 $p = 1{,}000$ だが，実行に時間がかかるため（最初の）$p = 50$ で実行する）。AND だけでなく OR についてもコードを記述して実行せよ。

```
library(glmnet)
df = read.csv("breastcancer.csv")
n = 250; p = 50; w = matrix(nrow = n, ncol = p)
for (i in 1:p) w[, i] = as.numeric(df[[i]])
x = w[, 1:p]; fm = rep("gaussian", p); lambda = 0.1
fit = list()
for (j in 1:p) fit[[j]] = glmnet(x[, -j], x[, j], family = fm[j], lambda = lambda)
ad = matrix(0, p, p)
for (i in 1:p) for (j in 1:(p - 1)) {
  k = j
  if (j >= i) k = j + 1
  if (fit[[i]]$beta[j] != 0) ad[i, k] = 1 else ad[i, k] = 0
}
## ANDの場合
for (i in 1:(p - 1)) for (j in (i + 1):p) {
  if (ad[i, j] != ad[i, j]) {ad[i, j] = 0; ad[j, i] = 0}
}
u = NULL; v = NULL
for (i in 1:(p - 1)) for (j in (i + 1):p) {
  if (ad[i, j] == 1) {u = c(u, i); v = c(v, j)}
```

```
}
## ORの場合
```

また，breastcancer.csv に対し，各値の符号 ± のデータについて実験してみた。

```
library(glmnet)
df = read.csv("breastcancer.csv")
w = matrix(nrow = 250, ncol = 1000)
for (i in 1:1000) w[, i] = as.numeric(df[[i]])
w = (sign(w) + 1) / 2  ## 2値データに変換する
p = 50; x = w[, 1:p]; fm = rep("binomial", p); lambda = 0.15
fit = list()
for (j in 1:p) fit[[j]] = glmnet(x[, -j], x[, j], family = fm[j], lambda = lambda)
ad = matrix(0, nrow = p, ncol = p)
for (i in 1:p) for (j in 1:(p - 1)) {
  k = j
  if (j >= i) k = j + 1
  if (fit[[i]]$beta[j] != 0) ad[i, k] = 1 else ad[i, k] = 0
}
for (i in 1:(p - 1)) for (j in (i + 1):p) {
  if (ad[i, j] != ad[i, j]) {ad[i, j] = 0; ad[j, i] = 0}
}
sum(ad); adj(ad)
```

この処理を参考にして，離散と連続の変数が混在したデータセットではどのように対応すればよいかを述べよ。

□ **73** Joint グラフィカル Lasso (JGL) は，$X \in \mathbb{R}^{N\times p}$, $y \in \{1,2,\ldots,K\}^N$ $(K \ge 2)$ から

$$\sum_{i=1}^{K} N_k\{\log\det\Theta_k - \mathrm{trace}(S\Theta_k)\} - P(\Theta_1,\ldots,\Theta_K) \qquad (\mathrm{cf.}\ (5.16)) \qquad (5.34)$$

を最大にする θ を求めるものである。$P(\Theta_1,\ldots,\Theta_K)$ として，Fused Lasso のペナルティ

$$P(\Theta_1,\ldots,\Theta_K) := \lambda_1\sum_k\sum_{i\neq j}|\theta_{i,j}^{(k)}| + \lambda_2\sum_{k<k'}\sum_{i,j}|\theta_{i,j}^{(k)} - \theta_{i,j}^{(k')}| \qquad (\mathrm{cf.}\ (5.17))$$

をおく場合を考える（$\sum$ で添字は $k = 1,\ldots,K$, $i,j = 1,\ldots,p$ を動く）。JGL では (5.34) の解を得るために，第4章で導入された ADMM を適用する。拡張 Lagrange を

$$L_\rho(\Theta,Z,U) := -\sum_{k=1}^{K} N_k\{\log\det\Theta_k - \mathrm{trace}(S\Theta_k)\} + P(\Theta_1,\ldots,\Theta_K)$$
$$+\rho\sum_{k=1}^{K}\langle U_k, \Theta_k - Z_k\rangle + \frac{\rho}{2}\sum_{k=1}^{K}\|\Theta_k - Z_k\|_F^2 \qquad (\mathrm{cf.}\ (5.18))$$

とおいて，以下の3ステップを繰り返す。

i. $\Theta^{(t)} \leftarrow \mathrm{argmin}_{\Theta} L_\rho(\Theta, Z^{(t-1)}, U^{(t-1)})$
ii. $Z^{(t)} \leftarrow \mathrm{argmin}_{Z} L_\rho(\Theta^{(t)}, Z, U^{(t-1)})$
iii. $U^{(t)} \leftarrow U^{(t-1)} + \rho(\Theta^{(t)} - Z^{(t)})$

具体的には，各 $k = 1, \ldots, K$ で，Θ_k を単位行列，Z_k, U_k をゼロ行列にして，$\rho > 0$ を適当に設定してから上記の 3 ステップを繰り返す。

(a) ステップ i で (5.34) を Θ で微分すると

$$-N_k(\Theta_k^{-1} - S_k) + \rho(\Theta_k - Z_k + U_k) = 0$$

とできることを示せ。

(b) ステップ i で最適な Θ を求めたい。

$$\Theta_k^{-1} - \frac{\rho}{N_k}\Theta_k = S_k - \rho\frac{Z_k}{N_k} + \rho\frac{U_k}{N_k}$$

の両辺（対称行列）を VDV^T（D は対角行列）と分解して，VDV^T となったときに，行列 D を

$$\tilde{D}_{j,j} = \frac{N_k}{2\rho}(-D_{j,j} + \sqrt{D_{j,j}^2 + 4\rho/N_k})$$

なる $\tilde{D}$ に置き換える。この $V\tilde{D}V^T$ が最適な Θ となることを示せ。

(c) ステップ ii で，$K = 2$ のときには，データが 2 個の Fused Lasso の処理が必要となる。2 個のデータを y_1, y_2 とするとき，

$$\frac{1}{2}(y_1 - \theta_1)^2 + \frac{1}{2}(y_2 - \theta_2)^2 + |\theta_1 - \theta_2|$$

を最小にする θ_1, θ_2 を導出せよ。

□ **74** Fused Lasso の JGL の処理を構成する。空欄を埋めて，続く処理を実行せよ。

```
## 大きさが2の場合のFused Lasso
b.fused = function(y, lambda) {
  if (y[1] > y[2] + 2 * lambda) {a = y[1] - lambda; b = y[2] + lambda}
  else if (y[1] < y[2] - 2 * lambda) {a = y[1] + lambda; b = y[2] - lambda}
  else {a = (y[1] + y[2]) / 2; b = a}
  return(c(a, b))
}
## 隣接項だけではなく，離接するすべての値と比較するFused Lasso
fused = function(y, lambda.1, lambda.2) {
  K = length(y)
  if (K == 1) theta = y
  else if (K == 2) theta = b.fused(y, lambda.2)
  else {
    L = K * (K - 1) / 2; D = matrix(0, nrow = L, ncol = K)
    k = 0
    for (i in 1:(K - 1)) for (j in (i + 1):K) {
        k = k + 1; ## 空欄(1) ##
```

```
    }
    out = genlasso(y, D = D)
    theta = coef(out, lambda = lambda.2)
  }
  theta = soft.th(lambda.1, theta)
  return(theta)
}
## Joint Graphical Lasso
jgl = function(X, lambda.1, lambda.2) {  # Xはリストで与える
  K = length(X); p = ncol(X[[1]]); n = array(dim = K); S = list()
  for (k in 1:K) {n[k] = nrow(X[[k]]); S[[k]] = t(X[[k]]) %*% X[[k]] / n[k]}
  rho = 1; lambda.1 = lambda.1 / rho; lambda.2 = lambda.2 / rho
  Theta = list(); for (k in 1:K) Theta[[k]] = diag(p)
  Theta.old = list(); for (k in 1:K) Theta.old[[k]] = diag(rnorm(p))
  U = list(); for (k in 1:K) U[[k]] = matrix(0, nrow = p, ncol = p)
  Z = list(); for (k in 1:K) Z[[k]] = matrix(0, nrow = p, ncol = p)
  epsilon = 0; epsilon.old = 1
  while (abs((epsilon - epsilon.old) / epsilon.old) > 0.0001) {
    Theta.old = Theta; epsilon.old = epsilon
    ## (a)に関する更新
    for (k in 1:K) {
      mat = S[[k]] - rho * Z[[k]] / n[k] + rho * U[[k]] / n[k]
      svd.mat = svd(mat)
      V = svd.mat$v
      D = svd.mat$d
      DD = ## 空欄(2) ##
      Theta[[k]] = ## 空欄(3) ##
    }
    ## (b)に関する更新
    for (i in 1:p) for (j in 1:p) {
      A = NULL; for (k in 1:K) A = c(A, Theta[[k]][i, j] + U[[k]][i, j])
      if (i == j) B = fused(A, 0, lambda.2) else B = fused(A, lambda.1, lambda.2)
      for (k in 1:K) Z[[k]][i,j] = B[k]
    }
    ## (c)に関する更新
    for (k in 1:K) U[[k]] = U[[k]] + Theta[[k]] - Z[[k]]
    ## 収束したかどうかの検査
    epsilon = 0
    for (k in 1:K) {
      epsilon.new = max(abs(Theta[[k]] - Theta.old[[k]]))
      if (epsilon.new > epsilon) epsilon = epsilon.new
    }
  }
  return(Z)
}

## データ生成と実行
p = 10; K = 2; N = 100; n = array(dim = K); for (k in 1:K) n[k] = N / K
```

```
X = list(); X[[1]] = matrix(rnorm(n[k] * p), ncol = p)
for (k in 2:K) X[[k]] = X[[k - 1]] + matrix(rnorm(n[k] * p) * 0.1, ncol = p)
## lambda.1,lambda.2を変えて実行してみた
Theta = jgl(X, 3, 0.01)
par(mfrow = c(1, 2)); adj(Theta[[1]]); adj(Theta[[2]])
```

□ **75** グループLassoの場合, iiの更新部分のみを変更すればよい。$A_k[i,j]=\Theta_k[i,j]+U_k[i,j]$ とおくと, $i=j$ については変更なし, $i \neq j$ では

$$Z_k[i,j]=\mathcal{S}_{\lambda_1/\rho}(A_k[i,j])\left(1-\frac{\lambda_2}{\rho\sqrt{\sum_{k=1}^{K}\mathcal{S}_{\lambda_1/\rho}(A_k[i,j])^2}}\right)_+$$

となる。以下のようなコードを構成してみた。空欄を埋めて, 前問と同じ処理を実行せよ。

```
for (i in 1:p) for (j in 1:p) {
  A = NULL; for (k in 1:K) A = c(A, Theta[[k]][i, j] + U[[k]][i, j])
  if (i == j) B = A else B = ## 空欄 ##
  for (k in 1:K) Z[[k]][i, j] = B[k]
}
```

第6章 行列分解

これまで Lasso といえば，回帰でも分類でもグラフィカルモデルでも，係数を推定し，その絶対値の小さいものを 0 とみなすような処理をさしていた。本章では，画像処理のようにデータが行列で与えられていて，特異値分解を行って，階数の低い行列に近似する処理をする。しかしながら，行列からその階数を求める関数は凸ではない。本章では，nuclear ノルム，spectral ノルムといった行列の特異値に関するノルムを導入して，通常の Lasso と同様，凸最適化の定式化を行って，その解を求めていく。

特に，以下の行列演算の公式はよく用いる。また，大きさ n の単位行列を I_n と書くこととする。

i. 行列 $Z \in \mathbb{R}^{m\times n}$ の各成分の二乗和の平方根（Z の Frobenius ノルム）を $\|Z\|_F$ であらわす。このとき，一般に
$$\|Z\|_F^2 = \mathrm{trace}(Z^T Z) \tag{6.1}$$
が成立する。実際，$Z^T Z$ の (i,j) 成分 $w_{i,j}$ は $\sum_{k=1}^n z_{k,i}z_{k,j}$ であるため，
$$\mathrm{trace}(Z^T Z) = \sum_{i=1}^n w_{i,i} = \sum_{i=1}^n \sum_{k=1}^m z_{k,i}^2 = \|Z\|_F^2$$
となる。

ii. $l,m,n \geq 1$ として，行列 $A=(a_{i,j}) \in \mathbb{R}^{l\times m}$，$B=(b_{i,j}) \in \mathbb{R}^{m\times n}$，$C=(c_{i,j}) \in \mathbb{R}^{n\times l}$ について，ABC, BCA の (i,j) 成分はそれぞれ，$u_{i,j} := \sum_{k=1}^m \sum_{h=1}^n a_{i,k}b_{k,h}c_{h,j}$，$v_{i,j} := \sum_{k=1}^n \sum_{h=1}^l b_{i,k}c_{k,h}a_{h,j}$ となる。そして，それぞれでトレースをとると，
$$\mathrm{trace}(ABC) = \sum_{i=1}^l u_{i,i} = \sum_{i=1}^l \sum_{k=1}^m \sum_{h=1}^n a_{i,k}b_{k,h}c_{h,i} = \sum_{i=1}^m v_{i,i} = \mathrm{trace}(BCA) \tag{6.2}$$
となる。

iii. ベクトル空間の基底として，相互に直交するものを選ぶことができる。さらにそれらの大きさが 1 になるようにしたものを正規直交基底という。$U \in \mathbb{R}^{n\times n}$ の各列 $u_1,\ldots,u_n \in \mathbb{R}^n$ がベクトル空間 $\mathbb{R}^n$ の正規直交基底をなすことと，U^TU および UU^T が単位行列になることは同値である。また，$u_1,\ldots,u_n$ の一部からなるベクトル $u_{i(1)},\ldots,u_{i(r)}$ を列ベクトルにもつ行列

$U_r \in \mathbb{R}^{n\times r}$ $(r<n)$ については，$U_r^T U_r \in \mathbb{R}^{r\times r}$ は単位行列になるが，$U_r U_r^T \in \mathbb{R}^{n\times n}$ は単位行列にはならない。

6.1 特異値分解

まず，$m \ge n$ として，$Z \in \mathbb{R}^{m\times n}$ とする。非負定値行列 $Z^T Z \in \mathbb{R}^{n\times n}$ の固有値，固有ベクトルを $\lambda_1 \ge \cdots \ge \lambda_n \in \mathbb{R}$, $v_1,\ldots,v_n \in \mathbb{R}^n$ と書くと

$$Z^T Z v_i = \lambda_i v_i$$

とすることができる。ただし，$v_1,\ldots,v_n \in \mathbb{R}^n$ の大きさは1とし，等しい固有値があった場合，それらの固有ベクトルは直交するように選ぶものとする。すなわち，$v_1,\ldots,v_n \in \mathbb{R}^n$ が正規直交基底をなすように選ぶ。このとき，$V=[v_1,\ldots,v_n] \in \mathbb{R}^{n\times n}$ として，$d_1 := \sqrt{\lambda_1},\ldots,d_n := \sqrt{\lambda_n}$ を要素とする対角行列を D と書くと，

$$Z^T Z V = V D^2$$

となる。また，$VV^T = I_n$ より，

$$Z^T Z = V D^2 V^T \tag{6.3}$$

が成立する。

ここで，$d_n > 0$ のとき，すなわち D が逆行列をもつとき，$U \in \mathbb{R}^{m\times n}$ を

$$U := ZVD^{-1}$$

とおく。すると，Z は $Z = UDV^T$ と書ける。行列 Z のこのような分解を特異値分解という。そして，(6.3) および $V^T V = I_n$ より，

$$U^T U = (ZVD^{-1})^T ZVD^{-1} = D^{-1}V^T Z^T ZVD^{-1} = D^{-1}V^T(VD^2V^T)VD^{-1} = I_n$$

が成立する。

$Z^T Z$ と Z の階数は一致する。実際，任意の $x \in \mathbb{R}^n$ について，

$$Zx = 0 \implies Z^T Zx = 0$$

$$Z^T Zx = 0 \implies x^T Z^T Zx = 0 \implies \|Zx\|^2 = 0 \implies Zx = 0$$

となって，$Z \in \mathbb{R}^{m\times n}$, $Z^T Z \in \mathbb{R}^{n\times n}$ の核が一致し，列の大きさが等しいので，階数も等しい。すなわち，$d_r > 0$, $d_{r+1} = 0$ なる r は，Z の階数と一致する。

Z の階数 r が n 以下の一般の場合，$V_r := [v_1,\ldots,v_r] \in \mathbb{R}^{n\times r}$ とし，$D_r \in \mathbb{R}^{r\times r}$ を $d_1,\ldots,d_r$ を成分にもつ対角行列として，$D_r V_r^T \in \mathbb{R}^{r\times n}$（階数 r）の各行 $d_1 v_1^T,\ldots,d_r v_r^T \in \mathbb{R}^n$（行ベクトル）を Z の各行 $z_i \in \mathbb{R}^n$ $(i=1,\ldots,m)$ の基底とみると，$z_i = \sum_{j=1}^r u_{i,j} d_j v_j^T$ となる $u_{i,j} \in \mathbb{R}$ が一意に存在することがわかる。すなわち，$Z = U_r D_r V_r^T$ なる $U_r = (u_{i,j}) \in \mathbb{R}^{m\times r}$ が一意に決まる。

そして，(6.3) は $U_r^T U_r = I_r$ を意味する。実際，V のうち V_r を除いた部分行列を V_{n-r} とおくと，$V_r^T V_r = I_r$ および $V_r^T V_{n-r} = O \in \mathbb{R}^{r\times(n-r)}$ より，以下が成り立つ。

$$Z^T Z = VD^2V^T \iff V_r D_r U_r^T U_r D_r V_r^T = VD^2V^T$$

$$\begin{aligned}&\iff V^TV_rD_rU_r^TU_rD_rV_r^TV = D^2\\&\iff \begin{bmatrix}D_r\\O\end{bmatrix}U_r^TU_r\begin{bmatrix}D_r & O\end{bmatrix}=\begin{bmatrix}D_r^2 & O\\O & O\end{bmatrix}\\&\iff U_r^TU_r = I_r\end{aligned}$$

このように，固有空間の基底 V の選び方を除いて，上記の分解は一意に定まる。また，$Z = \sum_{i=1}^r d_iu_iv_i^T$ と書くことが多い。

次に，$Z \in \mathbb{R}^{m\times n}$ $(m < n)$ の場合には，$Z^T = \bar{U}D\bar{V}^T$ となる $\bar{U} \in \mathbb{R}^{n\times m}$, $D \in \mathbb{R}^{m\times m}$, $\bar{V} \in \mathbb{R}^{m\times m}$ を得てから，$Z = (\bar{U}D\bar{V}^T)^T = \bar{V}D\bar{U}^T$ とする。このとき，$Z = UDV^T$ とおきなおすと，$U = \bar{V} \in \mathbb{R}^{m\times m}$, $D \in \mathbb{R}^{m\times m}$, $V = \bar{U} \in \mathbb{R}^{n\times m}$ というように，V が非正方行列になる。

◆ **例 53**　$Z = \begin{bmatrix}0 & -2\\5 & -4\\-1 & 1\end{bmatrix}$ として，Z と Z^T の特異値分解を以下のコードで実行した。Z を転置にすると，U と V が逆になる。

```
Z = matrix(c(0, 5, -1, -2, -4, 1), nrow = 3); Z
```

```
      [,1] [,2]
[1,]    0   -2
[2,]    5   -4
[3,]   -1    1
```

```
svd(Z)
```

```
$d
[1] 6.681937 1.533530
$u
           [,1]        [,2]
[1,] -0.1987442  0.97518046
[2,] -0.9570074 -0.21457290
[3,]  0.2112759 -0.05460347
$v
           [,1]       [,2]
[1,] -0.7477342 -0.6639982
[2,]  0.6639982 -0.7477342
```

```
svd(t(Z))
```

```
$d
[1] 6.681937 1.533530
$u
```

```
            [,1]      [,2]
[1,] -0.7477342 0.6639982
[2,]  0.6639982 0.7477342
$v
            [,1]        [,2]
[1,] -0.1987442 -0.97518046
[2,] -0.9570074  0.21457290
[3,]  0.2112759  0.05460347
```

◆ **例 54** $Z \in \mathbb{R}^{n \times n}$ が対称行列のとき，$Z^T Z = Z^2$ の固有値は Z の固有値の二乗になる。実際，

$$\det(Z^2 - tI) = \det(Z - \sqrt{t}I)\det(Z + \sqrt{t}I)$$

より，$\det(Z - \sqrt{t}I) = 0$, $\det(Z + \sqrt{t}I) = 0$ の $\pm\sqrt{t}$ の解 $\lambda_1, \ldots, \lambda_n$ は Z の固有値であり，$\det(Z^2 - tI) = 0$ の $t \geq 0$ の解はそれらの二乗になる。$Z^2 - tI$ は $t < 0$ では正定値であり，$\det(Z^2 - tI) > 0$ となる。

また，Z を特異値分解した場合，D は Z の固有値の絶対値をとった成分 $|\lambda_1|, \ldots, |\lambda_n|$ からなる対角行列である。したがって，固有値分解 $Z = WDW^T$ と特異値分解 $Z = UDV^T$ を比べると，次のようになる。すなわち，u_i, v_i に対応する固有ベクトルを $w_i \in \mathbb{R}^n$ と書くと

$$\lambda_i \geq 0 \iff u_i = v_i = w_i$$
$$\lambda_i < 0 \iff u_i = w_i,\ v_i = -w_i \text{ または } u_i = -w_i,\ v_i = w_i$$

である。また，Z が非負定値であれば，固有値分解と特異値分解は一致する。以下では $Z = \begin{bmatrix} 0 & 5 \\ 5 & -1 \end{bmatrix}$ に対して特異値分解と固有値分解を実行した。

```
Z = matrix(c(0, 5, 5, -1), nrow = 2); Z
```

```
     [,1] [,2]
[1,]    0    5
[2,]    5   -1
```

```
svd(Z)
```

```
$d
[1] 5.524938 4.524938
$u
            [,1]       [,2]
[1,]  0.6710053 -0.7414525
[2,] -0.7414525 -0.6710053
$v
            [,1]       [,2]
```

```
[1,] -0.6710053 -0.7414525
[2,]  0.7414525 -0.6710053
```

```
eigen(Z)
```

```
$values
[1]  4.524938 -5.524938
$vectors
           [,1]       [,2]
[1,] -0.7414525 -0.6710053
[2,] -0.6710053  0.7414525
```

6.2 Eckart-Young の定理

本節では Eckart-Young の定理について述べる。この定理は，行列の階数を低く近似するために重要となる。

命題 18（Eckart-Young の定理） 階数が r 以下で，$\|Z-M\|_F$ を最小にする行列 $M \in \mathbb{R}^{m\times n}$ が UD_rV^T で与えられる。ただし，$m \leq n$ として，$Z \in \mathbb{R}^{m\times n}$ の階数が m であることを仮定し，$U \in \mathbb{R}^{m\times m}$, $V \in \mathbb{R}^{m\times n}$ であるとする。また，$D_r \in \mathbb{R}^{m\times m}$ は，$D \in \mathbb{R}^{m\times m}$ において $d_{r+1} = \cdots = d_n = 0$ とした対角行列である。

証明は章末の付録を参照のこと。

行列 z の階数 r での近似解を求める関数 svd.r は，たとえば下記のように構成できる。対角行列 D の最初の d 成分以外を 0 にする操作を行う。

```
svd.r = function(z, r) {
  n = min(nrow(z), ncol(z))
  ss = svd(z)
  tt = ss$u %*% diag(c(ss$d[1:r], rep(0, n - r))) %*% t(ss$v)
  return(tt)
}
```

◆ **例 55** 関数 svd.r を実行して，動作を確認してみた。出力結果を図 6.1 に示す。

```
m = 200; n = 150; z = matrix(rnorm(m * n), nrow = m)
F.norm = NULL; for (r in 1:n) {m = svd.r(z, r); F.norm = c(F.norm, norm(z - m, "F") ^ 2)}
plot(1:n, F.norm, type = "l", xlab = "階数", ylab = "Frobeniusノルムの二乗")
```

◆ **例 56** 以下のコードは，画像ファイル lion.jpg の階数を下げた別の画像ファイルを得る処理である。一般に，JPG の形式では，各画素が 256 通りの濃淡値の情報をもつ。通常はカラーで

Frobenius ノルムの二乗
0
5000
15000
25000
0
50
100
150
階数

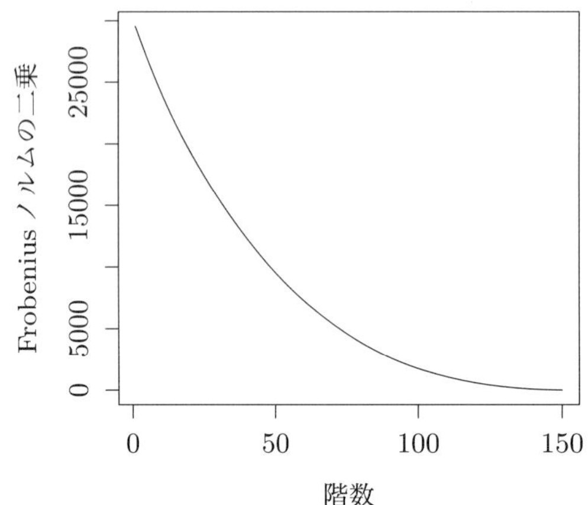

図 **6.1** 関数 `svd.r(z, r)` を実行して得られた行列をもとの行列 `z` と比較した。横軸が階数 r，縦軸が差の Frobenius ノルムの二乗。

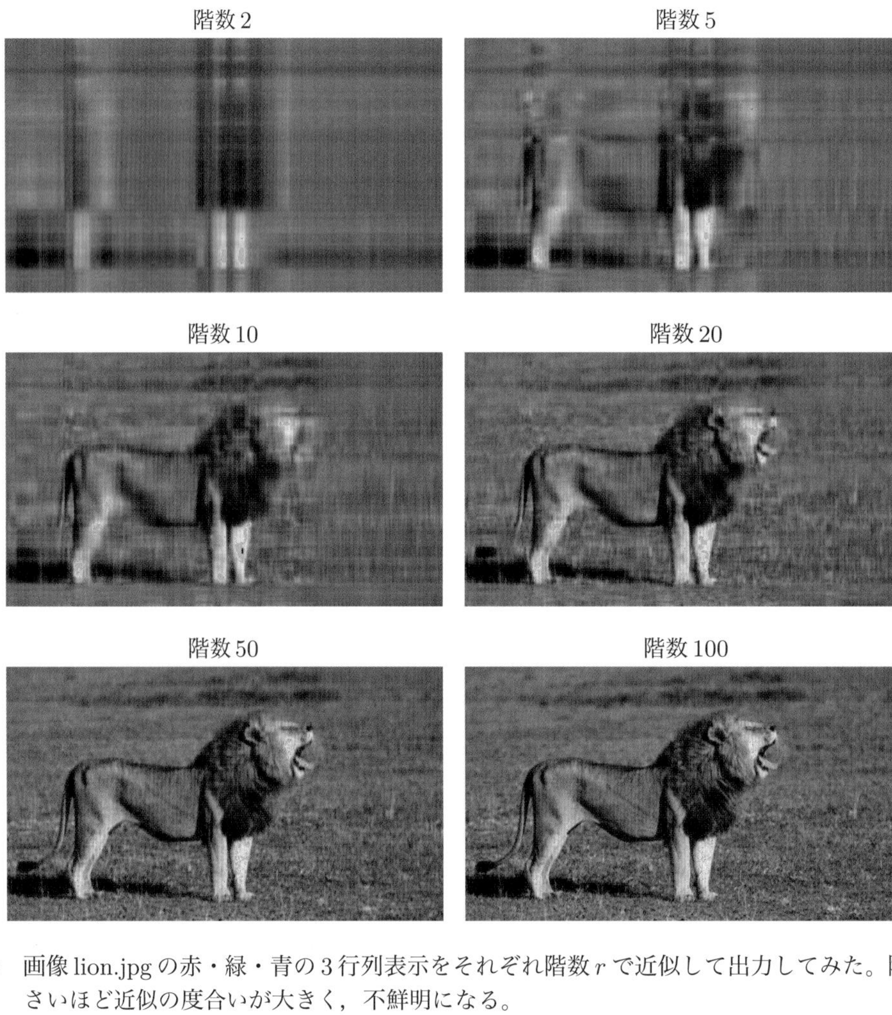

階数 2
階数 5
階数 10
階数 20
階数 50
階数 100

図 **6.2** 画像 lion.jpg の赤・緑・青の 3 行列表示をそれぞれ階数 r で近似して出力してみた。階数が小さいほど近似の度合いが大きく，不鮮明になる。

あるので，赤・緑・青の3色について，その情報をもつ。たとえば，縦横 480×360 の画素があれば，$480 \times 360 \times 3$ の各画素で256通りのいずれかの値を保持する。下記のコードでは階数を $r = 2, 5, 10, 20, 50, 100$ としている。今回は赤・緑・青のそれぞれで低階数近似を行ってみた（図6.2）。なお，カレントフォルダの下に`/compressed`というフォルダを事前に作成する必要がある。

```
library(jpeg)
image = readJPEG('lion.jpg')
rank.seq = c(2, 5, 10, 20, 50, 100)
mat = array(0, dim = c(nrow(image), ncol(image), 3))
for (j in rank.seq) {
  for (i in 1:3) mat[, , i] = svd.r(image[, , i], j)
  writeJPEG(mat, paste("compressed/lion_compressed", "_mat_rank_", j, ".jpg", sep = ""))
}
```

以下では，行列 $Z \in \mathbb{R}^{m \times n}$ の $\Omega \subseteq \{1, \ldots, m\} \times \{1, \ldots, n\}$ の位置だけ観測されているとする。このとき，$z_{i,j}$ $((i,j) \in \Omega)$ に対して，階数 r の行列 $M \in \mathbb{R}^{m \times n}$ の中で，M と Z との差のFrobeniusノルムが最小となる行列 M を求めたい。つまり，$\lambda > 0$ として，

$$\|Z - M\|_F^2 + \lambda r \tag{6.4}$$

を最小にする行列 M を求めたい。階数 r を固定する（λ を固定することと同値）場合には，階数 r の行列 M で，

$$\sum_{(i,j) \in \Omega} (z_{i,j} - m_{i,j})^2$$

を最小にするものを見出すことになる。そのために，行列 $A = (a_{i,j})$，$B = (b_{i,j}) \in \mathbb{R}^{m \times n}$ について，$[\Omega, A, B]$ の (i,j) 成分を

$$\begin{cases} a_{i,j}, & (i,j) \in \Omega \\ b_{i,j}, & (i,j) \notin \Omega \end{cases}$$

で定義する。また，行列 A を特異値分解で階数 r に近似した行列を $\mathrm{svd}(A, r)$ と書くものとする。たとえば，M を最初適当に決めてから，

$$M \leftarrow \mathrm{svd}([\Omega, Z, M], r) \tag{6.5}$$

の更新を繰り返すことによって，そのような M を得ることができる。具体的には，以下のような処理を組むことになる（この処理は，局所最適な点で止まってしまい，必ずしも $\|Z - M\|_F$ を最小にする M には収束しない）。`mask`は観測された位置に1，未観測の位置に0をおいた行列であり，`1 - mask`ではその1, 0の値が逆転している。

```
mat.r = function(z, mask, r) {
  z = as.matrix(z)
  min = Inf
  m = nrow(z); n = ncol(z)
  for (j in 1:5) {
    guess = matrix(rnorm(m * n), nrow = m)
```

```
    for (i in 1:10) guess = svd.r(mask * z + (1 - mask) * guess, r)
    value = norm(mask * (z - guess), "F")
    if (value < min) {min.mat = guess; min = value}
  }
  return(min.mat)
}
```

◆ **例 57** (6.4) を最小にする M を求めるために，(6.5) の更新を繰り返す処理を行った。内側のループでは，階数を r に近似して，未観測の値を予測することを 10 回繰り返している。外側のループでは，局所解に陥ることを防ぐために初期値を変えて 5 回実行し，差の Frobenius ノルムが最小になる解を求めている。

```
library(jpeg)
image = readJPEG('lion.jpg')
m = nrow(image); n = ncol(image)
mask = matrix(rbinom(m * n, 1, 0.5), nrow = m)
rank.seq = c(2, 5, 10, 20, 50, 100)
mat = array(0, dim = c(nrow(image), ncol(image), 3))
for (j in rank.seq) {
  for (i in 1:3) mat[, , i] = mat.r(image[, , i], mask, j)
  writeJPEG(mat, paste("compressed/lion_compressed", "_mat_rank_", j, ".jpg", sep = ""))
}
```

(6.4) のような最適化が困難であることの理由として，行列の階数を求める演算が凸ではないことがある。すなわち，命題

「任意の $A, B \in \mathbb{R}^{m\times n}$ と $0 < \alpha < 1$ に対して

$$\mathrm{rank}(\alpha A + (1-\alpha)B) \le \alpha \cdot \mathrm{rank}\, A + (1-\alpha)\,\mathrm{rank}\, B \tag{6.6}$$

である」

は偽であることがあげられる。したがって，(6.4) の最適化は凸ではない。

◆ **例 58** 以下は (6.6) の反例である。階数は (6.6) の左辺では 2，右辺では 1 となる。

$$\alpha = 0.5, \quad A = \begin{bmatrix} 1 & 0 \\ 0 & 0 \end{bmatrix}, \quad B = \begin{bmatrix} 0 & 0 \\ 0 & 1 \end{bmatrix}$$

6.3 ノルム

以下の条件を満足する $\|\cdot\| : \mathbb{R}^n \to \mathbb{R}$ を（ベクトルの）ノルムという：$\alpha \in \mathbb{R}$, $a, b \in \mathbb{R}^n$ について

$$\|\alpha a\| = |\alpha|\,\|a\|$$

$$\|a\| = 0 \iff a = 0$$
$$\|a+b\| \le \|a\| + \|b\|$$

たとえば，これまで扱ってきたL1ノルム，L2ノルムはこれらを満足する。また，ノルムは凸関数である。実際，最初と最後の条件から，$0 \le \alpha \le 1$のとき，

$$\|\alpha a + (1-\alpha)b\| \le \|\alpha a\| + \|(1-\alpha)b\| = \alpha\|a\| + (1-\alpha)\|b\|$$

が導かれる。そして，$\|b\|_* := \sup_{\|a\|\le 1}\langle a, b\rangle$ は上記の3条件を満足する。実際，bのある成分が非ゼロであれば，bの各成分に同じ符号のaをおくことで，$\langle a, b\rangle > 0$ となる。したがって，$\|b\|_* = 0 \iff b = 0$となる。また，

$$\sup_{\|a\|\le 1}\langle a, b+c\rangle \le \sup_{\|a\|\le 1}\langle a, b\rangle + \sup_{\|a\|\le 1}\langle a, c\rangle$$

が成立する。$\|\cdot\|_*$を$\|\cdot\|$の双対ノルムという。

行列に関しても，ノルムと双対ノルムについて同様の定義がなされる。以下では，$d_i(M)$で行列$M \in \mathbb{R}^{m\times n}$の$i$番目の特異値をあらわすものとする。

$m \ge n$として，

$$\|M\|^* := \sup_{\|x\|_2\le 1}\|Mx\|_2$$

で定まる値を行列Mのspectralノルムという。spectralノルムも

$$\sup_{\|x\|_2\le 1}\|(M_1+M_2)x\|_2 \le \sup_{\|x\|_2\le 1}\|M_1x\|_2 + \sup_{\|x\|_2\le 1}\|M_2x\|_2$$

となるので，ノルムである。

命題19　行列Mのspectralノルム$\|M\|^*$は，Mの最大の特異値$d_1(M)$と一致する。

証明

$$\sup_{\|x\|_2\le 1}\|Mx\|_2 = \sup_{\|x\|_2\le 1}\|UDV^Tx\|_2 = \sup_{\|x\|_2\le 1}\|DV^Tx\|_2 = \sup_{\|y\|_2\le 1}\|Dy\|_2 = d_1(M)$$

と変形できる。ただし，$\|UDV^Tx\|^2 = x^TVDU^TUDV^Tx = \|DV^Tx\|^2$ および，$y = V^Tx$ について$y^Ty = x^TVV^Tx = x^Tx$ を用い，最後は$y = [1, 0, \ldots, 0]^T$ とおいた。□

行列のノルム$\|\cdot\|$に対する行列$M \in \mathbb{R}^{m\times n}$の双対ノルムは，

$$\|M\|_* := \sup_{\|Q\|\le 1}\langle M, Q\rangle$$

で定義される。ただし，内積$\langle M, Q\rangle$はM^TQのトレースとして定義される。spectralノルムの双対ノルム$\|M\|_*$をnuclearノルムという。

次に，本節の結論を導くために本質的な不等式を述べておく。

命題20　行列$Q, M \in \mathbb{R}^{m\times n}$について$d_1(M), \ldots, d_n(M)$を$M$の特異値とすると

$$\langle Q, M\rangle \le \|Q\|^* \sum_{i=1}^{n} d_i(M)$$

が成り立つ。等号成立は，M, Q の特異値分解をそれぞれ $M = \sum_{i=1}^n d_i(M)u_i(M)v_i(M)$, $Q = \sum_{i=1}^n d_i(Q)u_i(Q)v_i(Q)$ と書くとき，$d_r(M) > d_{r+1}(M) = 0$ なる r について，

$$d_1(Q) = \cdots = d_r(Q) \geq d_{r+1}(Q) = \cdots = d_n(Q) = 0$$

かつ各 $i = 1, \ldots, r$ で

$$u_i(Q) = u_i(M), \quad v_i(Q) = v_i(M)$$

または

$$u_i(Q) = -u_i(M), \quad v_i(Q) = -v_i(M)$$

が成立するときである。

証明は章末の付録を参照されたい。

命題 21　行列 M の nuclear ノルム $\|M\|_*$ は，M の特異値の和 $\sum_{i=1}^n d_i(M)$ と一致する。

証明　M の特異値分解が $M = UDV^T$ であれば，(6.2) より，$Q = UV^T$ に対して

$$\begin{aligned}\langle Q, M\rangle &= \langle UV^T, UDV^T\rangle = \mathrm{trace}(VU^TUDV^T) = \mathrm{trace}(V^TVU^TUD)\\ &= \mathrm{trace}\, D = \sum_{i=1}^r d_i(M)\end{aligned}$$

が成り立つ。ただし，$d_i(M)$ で M の第 i 番目の特異値をあらわすものとする。また，Q の最大固有値は 1 である。したがって，$\sup_{d_1(Q)\leq 1}\langle Q, M\rangle \leq \sum_{i=1}^n d_i(M)$ を示せば十分である。しかし，命題 20 より，

$$\sup_{d_1(Q)\leq 1}\langle Q, M\rangle \leq \sup_{d_1(Q)\leq 1}\sum_{i=1}^n d_i(M)d_1(Q) = \sum_{i=1}^n d_i(M)$$

が得られる。よって命題が成立する。　□

特に nuclear ノルム $\|\cdot\|_*$ は凸である。また，命題 20 は $\|M\|_*\|Q\|^* \geq \langle M, Q\rangle$ と書ける。

次に，任意の $B \in \mathbb{R}^{m\times n}$ について，

$$\|B\|_* \geq \|A\|_* + \langle G, B - A\rangle \tag{6.7}$$

が成立する $G \in \mathbb{R}^{m\times n}$（の集合）を，$A \in \mathbb{R}^{m\times n}$ における $\|\cdot\|_*$ の劣微分という。

命題 22　A の階数を $r \geq 1$ とする。$G = \sum_{i=1}^n d_i(G)u_i(G)v_i(G)^T$ が nuclear ノルム $\|\cdot\|_*$ の行列 $A \in \mathbb{R}^{m\times n}$ における劣微分であるための必要十分条件は，以下が成り立つことである。

$$\begin{aligned}d_1(G) = \cdots = d_r(G) = 1\\ 1 \geq d_{r+1}(G) \geq \cdots \geq d_n(G) \geq 0\end{aligned}$$

および各 $i = 1, \ldots, r$ で

$$u_i(G) = u_i(A), \quad v_i(G) = v_i(A)$$

または

$$u_i(G) = -u_i(A), \quad v_i(G) = -v_i(A)$$

証明 まず，必要性を示す。B がゼロ行列でも (6.7) が成立する必要があるので，

$$\langle G, A\rangle \geq \|A\|_*$$

である。これと，命題20および命題21より，

$$\|A\|_*\|G\|^* \geq \|A\|_* \tag{6.8}$$

が成り立つ。したがって，$\|G\|^* \geq 1$ となる。他方，G の最大特異値の特異値ベクトルの一組を u_*, v_* として，$B = A + u_*v_*^T$ を (6.7) に代入してみると

$$\|A + u_*v_*^T\|_* \geq \|A\|_* + \langle G, u_*v_*^T\rangle$$

となる。また，$\|\cdot\|_*$ は凸（三角不等式）であるため，

$$\|A\|_* + \|u_*v_*^T\|_* \geq \|A\|_* + \|G\|^*$$

が成立し，これより $\|G\|^* \leq 1$ となる。そして，(6.8) の等号が成立することと，命題20および $d_1(G) = \|G\|^*$ から，必要性が証明された。

次に十分性を示す。命題20で $M = B$, $Q = G$ とおくと，$\|G\|^* = 1$ のとき，

$$\|B\|_* \geq \langle G, B\rangle \tag{6.9}$$

が成立する。また，導かれた必要条件のもとで

$$\langle G, A\rangle = \mathrm{trace}\left(\sum_{i=1}^{r} v_i(A)d_iu_i^T(A)\sum_{i=1}^{n} u_i(G)v_i(G)^T\right) = \sum_{i=1}^{r} d_i = \|A\|_* \tag{6.10}$$

が成り立つ。(6.9), (6.10) は，(6.7) が成立することを意味する。これで証明を終える。 □

6.4 低階数近似のスパースの適用

前節までで，行列 M の nuclear ノルム $\|M\|_* = \sum_{i=1}^{n} d_i(M)$ が凸であることを示し，その劣微分を求めた。以下では，$Z \in \mathbb{R}^{m\times n}$, $\Omega \subseteq \{(i,j) \mid i = 1,\ldots,m,\ j = 1,\ldots,n\}$, $\lambda > 0$ について

$$L := \frac{1}{2}\sum_{(i,j)\in\Omega}(z_{i,j} - m_{i,j})^2 + \lambda\|M\|_* \tag{6.11}$$

を最小にする行列 $M \in \mathbb{R}^{m\times n}$ を求めたい [20]。

命題22より，$M := \sum_{i=1}^{n} d_iu_iv_i^T$ による $\|\cdot\|_*$ の劣微分 G は，M の階数を r として，

$$G = \sum_{i=1}^{r} u_iv_i^T + \sum_{i=1}^{r} \tilde{d}_i\tilde{u}_i\tilde{v}_i^T$$

である。ただし，$\tilde{u}_{r+1},\ldots,\tilde{u}_n$, $\tilde{v}_{r+1},\ldots,\tilde{v}_n$ は，G の特異値 $1 \geq \tilde{d}_{r+1}\cdots\tilde{d}_n$ に対応する特異値ベクトルである。

したがって，(6.11) の両辺を行列 $M = (m_{i,j})$ で劣微分すると，

$$[\Omega, M - Z, 0] + \lambda G$$

となる。ただし，$m_{i,j}$ で微分した値が各 $\dfrac{\partial L}{\partial m_{i,j}}$ になるものとする。

次に，M の階数が $r < n, m$ のとき，$\|M\|_*$ を M で（劣微分ではなく）微分できないことを示しておきたい。$M = \sum_{i=1}^{r} u_i d_i v_i^T$ と書くとき，$\epsilon > 0$ として，$j = 1, \ldots, r$ に対しては，

$$\frac{\|M + \epsilon u_j v_j^T\|_* - \|M\|_*}{\epsilon} = \frac{\sum_{i=1}^{r} d_i + \epsilon\|u_j v_j^T\|_* - \sum_{i=1}^{r} d_i}{\epsilon} = 1$$

$$\frac{\|M - \epsilon u_j v_j^T\|_* - \|M\|_*}{-\epsilon} = \frac{\sum_{i=1}^{r} d_i - \epsilon\|u_j v_j^T\|_* - \sum_{i=1}^{r} d_i}{-\epsilon} = 1$$

となる。他方，$j = r+1, \ldots, n$ に対しては，$d_j = 0$ であって，M から $\epsilon u_j v_j^T$ を引くと，特異値は負にはなれないため，特異値ベクトルの一方が -1 倍され，$d_j = \epsilon$ になる。M に $\epsilon u_j v_j^T$ を加えた場合も $d_j = \epsilon$ となる。

$Z \in \mathbb{R}^{m \times n}$ の $\Omega \subseteq \{1, \ldots, m\} \times \{1, \ldots, n\}$ の位置だけ観測されているとして，(6.11) を $M = (m_{i,j})$ に関して劣微分をとって，以下の方程式が得られたとする。

$$[\Omega, M - Z, 0] + \lambda \left(\sum_{i=1}^{r} u_i v_i^T + \sum_{k=r+1}^{n} d_k \tilde{u}_k \tilde{v}_k^T \right) = 0 \tag{6.12}$$

Mazumder *et al.* (2010)[20] は，最初に任意に M の初期値 M_0 を与え，

$$M_{t+1} \leftarrow S_\lambda([\Omega, Z, M_t]) \tag{6.13}$$

によって更新していくと，収束して (6.13) の両辺の M が一致することを示した。そのような M については，(6.12) が成立する。ただし，$S_\lambda(W)$ で，W の特異値のうち，値が λ 以上のものは λ を引き，λ 以下のものは 0 で置き換えた行列をあらわすものとする。すなわち，$[\Omega, Z, M]$ を特異値分解し，λ 以上の特異値については λ を引き，λ 未満のものについては，特異値がマイナスにならないよう，引いた結果が 0 になるように $0 \le d_k \le \lambda$ を引くことになる。

(6.12) は，更新式 (6.13) で $M_{t+1} = M_t = M$ とおけば得られる。

$Z \in \mathbb{R}^{m \times n}$ と $\lambda \ge 0$ から，Z の特異値のうち，値が λ 以上のものは λ を引き，λ 以下のものは 0 で置き換えた行列を返す関数 `soft.svd` を，たとえば以下のように構成できる。

```
soft.svd = function(lambda, z) {
  n = ncol(z); ss = svd(z); dd = pmax(ss$d - lambda, 0)
  return(ss$u %*% diag(dd) %*% t(ss$v))
}
```

そして，更新式 (6.13) は以下のように構成できる。

```
mat.lasso = function(lambda, z, mask) {
  z = as.matrix(z); m = nrow(z); n = ncol(z)
  guess = matrix(rnorm(m * n), nrow = m)
  for (i in 1:20) guess = soft.svd(lambda, mask * z + (1 - mask) * guess)
```

```
  return(guess)
}
```

◆ **例 59** 例55と同じ画像について，一部の画素を隠して，他の画素から復元できるような処理を行った。具体的に，関数 `soft.svd`, `mat.lasso` を適用した。そして，$p = 0.5, 0.25, 0.75$, $\lambda = 0.5, 0.1$ について画像を生成してみた（図6.3）。λ が大きいということは階数が低いことを意味する。

```
library(jpeg)
image = readJPEG('lion.jpg')
m = nrow(image[, , 1]); n = ncol(image[, , 1])
p = 0.5
lambda = 0.5
mat = array(0, dim = c(m, n, 3))
mask = matrix(rbinom(m * n, 1, p), ncol = n)
for (i in 1:3) mat[, , i] = mat.lasso(lambda, image[, , i], mask)
writeJPEG(mat, paste("compressed/lion_compressed", "_mat_soft.jpg", sep = ""))
```

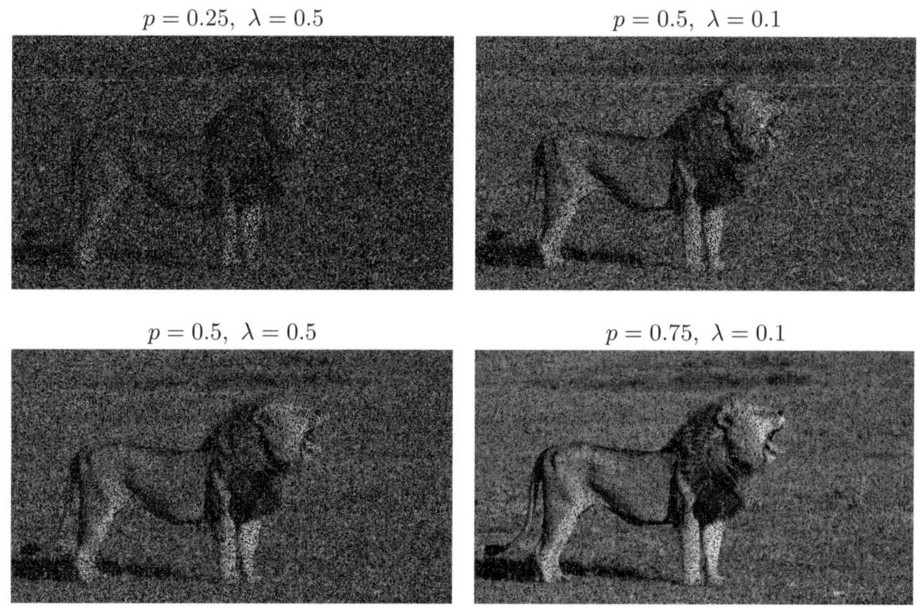

図6.3 画像 lion.jpg の行列 Ω の位置にある情報から，(6.11) を最小にする画像を得た。$p = 0.25, 0.5, 0.75$ は（隠されていない）観測データの比率。λ は (6.11) のパラメータ。λ が大きいということは階数が低いことを意味する。

付録　命題の証明

命題 18（Eckart-Young の定理） 階数が r 以下で，$\|Z-M\|_F$ を最小にする行列 $M \in \mathbb{R}^{m\times n}$ が UD_rV^T で与えられる。ただし，$m \le n$ として，$Z \in \mathbb{R}^{m\times n}$ の階数が m であることを仮定し，$U \in \mathbb{R}^{m\times m}$, $V \in \mathbb{R}^{m\times n}$ であるとする。また，$D_r \in \mathbb{R}^{m\times m}$ は，$D \in \mathbb{R}^{m\times m}$ において $d_{r+1} = \cdots = d_n = 0$ とした対角行列である。

証明　以下では，一般性を失うことなく，$Z \in \mathbb{R}^{m\times n}$ $(m \le n)$ の特異値分解が $Z = UDV^T$ $(U \in \mathbb{R}^{m\times m}, D \in \mathbb{R}^{m\times m}, V \in \mathbb{R}^{n\times m})$ と書けるものとする。

まず，$M \in \mathbb{R}^{m\times n}$ の階数が r であれば，$M = QA$, $Q^TQ = I$ なる $Q \in \mathbb{R}^{m\times r}$ および $A \in \mathbb{R}^{r\times n}$ が存在する。実際，階数が r なので，基底を Q の各列 Q_i $(i = 1, \ldots, r)$ ととることができ，M の j 列目 $(j = 1, \ldots, n)$ は $\sum_{i=1}^{r} Q_i a_{i,j}$ と書ける。

また，最適な $A = (a_{i,j})$ は，Q を用いて Q^TZ と書ける。実際，

$$\frac{1}{2}\|Z - QA\|_F^2 = \frac{1}{2}\sum_{i=1}^{m}\sum_{j=1}^{n}(z_{ij} - \sum_{k=1}^{r} q_{i,k}a_{k,j})^2$$

を A の成分 $a_{p,q}$ で微分すると，$-\sum_{i=1}^{m}(z_{i,q} - \sum_{k=1}^{r} q_{i,k}a_{k,q})q_{i,p}$ となる。これは $-Q^T(Z - QA) = -Q^TZ + A$ の (p,q) 成分にほかならない。

さらに，$\Sigma = ZZ^T$, $M := QQ^TZ$ とおくと，

$$\|Z - M\|_F^2 = \|Z^T(I - QQ^T)\|_F^2 = \operatorname{trace}\Sigma - \operatorname{trace}(Q^T\Sigma Q)$$

が成立すること，すなわち $\operatorname{trace}(Q^T\Sigma Q)$ を最大化する Q を見出す問題に帰着される。実際，(6.1) から

$$\|Z^T(I - QQ^T)\|_F^2 = \operatorname{trace}((I - QQ^T)\Sigma(I - QQ^T))$$

が導かれ，さらに上式の右辺は

$$\operatorname{trace}((I - QQ^T)^2\Sigma) = \operatorname{trace}((I - QQ^T)\Sigma) = \operatorname{trace}\Sigma - \operatorname{trace}(Q^T\Sigma Q)$$

と変形できる。ここで，最初と最後で (6.2) を適用した。したがって，$\operatorname{trace}(Q^T\Sigma Q)$ の最大化に帰着できる。そして，$U^TU = UU^T = I$, $Q^TQ = I$ および $R := U^TQ \in \mathbb{R}^{m\times r}$ を用いると，

$$Q^T\Sigma Q = Q^TZZ^TQ = Q^TUD^2U^TQ = R^TD^2R$$

より，$R^TR = Q^TUU^TQ = Q^TQ = I$ のもとでの $\operatorname{trace}(R^TD^2R)$ の最大化に帰着される。

さらに，$H := RR^T \in \mathbb{R}^{m\times m}$ とし，その (i,j) 成分を $h_{i,j}$ と書くと，以下に示すように，$h_{1,1} = \cdots = h_{r,r} = 1$, $h_{r+1,r+1} = \cdots = h_{m,m} = 0$ がその最適解になる。

まず，(6.2) を適用すると，

$$\operatorname{trace} H = \operatorname{trace}(RR^T) = \operatorname{trace}(R^TR) = r$$

となる。$h_{i,j}=\sum_{k=1}^{r} r_{i,k}r_{j,k}$ より，$h_{i,i}=\sum_{k=1}^{r} r_{i,k}^2 \geq 0$ であり，また $R\in\mathbb{R}^{m\times r}$ にさらに $m-r$ 列を加えた $S^TS=SS^T=I_m$ なる行列 $S\in\mathbb{R}^{m\times m}$ と比較すると，$h_{i,i}$ は R の i 行目の列方向の二乗和であって，1 を超えることはない。また，R^TD^2R の (i,j) 成分が $\sum_{k=1}^{m} r_{k,i}r_{k,j}d_k^2$ であるから，トレースは，(6.2) より

$$\mathrm{trace}(R^TD^2R)=\mathrm{trace}(RR^TD^2)=\sum_{i=1}^{m} h_{i,i}d_i^2$$

となる。また，$R^TR=I_r$ より，$\sum_{i=1}^{m} h_{i,i}=\sum_{i=1}^{m}\sum_{j=1}^{r} r_{i,j}^2=r$ が成立する。したがって，$h_{1,1}=\cdots=h_{r,r}=1$, $h_{r+1,r+1}=\cdots=h_{m,m}=0$ がその最適解になる。

このとき，$i=r+1,\ldots,m$ で $h_{i,i}=0$ となることは，それぞれで $\sum_{j=1}^{r} r_{i,j}^2=0$，すなわち $r_{i,j}=0$ $(j=1,\ldots,r)$ を意味する。したがって，そのような R は任意の直交行列 $R_r\in\mathbb{R}^{r\times r}$ を用いて，$R=\begin{bmatrix} R_r \\ O \end{bmatrix}\in\mathbb{R}^{m\times r}$ と書ける。ただし，$O\in\mathbb{R}^{r\times(m-r)}$ はゼロ行列である。

そして，U の最初の r 列以外を 0 とおいた行列 U_r が，解に対応する Q になっていることに注意する。実際，$U=[U_r,U_{m-r}]$, $U_r\in\mathbb{R}^{m\times r}$, $U_{m-r}\in\mathbb{R}^{m\times(m-r)}$, $Q\in\mathbb{R}^{m\times r}$ として，$\begin{bmatrix} R_r \\ O \end{bmatrix}=\begin{bmatrix} U_r^T \\ U_{m-r}^T \end{bmatrix}Q$, $Q=[U_r,U_{m-r}]\begin{bmatrix} R_r \\ O \end{bmatrix}=U_rR_r$ が成立する。

最後に，

$$\begin{aligned} M&=QQ^TZ=U_rU_r^TZ=U_rU_r^T[U_r,U_{m-r}]DV^T \\ &=U_r[I,O]DV^T=[U_r,U_{m-r}]\begin{bmatrix} D_r & O \\ O & O \end{bmatrix}V^T=UD_rV^T \end{aligned}$$

となる。これで証明を終わる。□

命題 20　行列 $Q,M\in\mathbb{R}^{m\times n}$ について $d_1(M),\ldots,d_n(M)$ を M の特異値とすると

$$\langle Q,M\rangle \leq \|Q\|^*\sum_{i=1}^{n} d_i(M)$$

が成り立つ。等号成立は，M,Q の特異値分解をそれぞれ $M=\sum_{i=1}^{n} d_i(M)u_i(M)v_i(M)$, $Q=\sum_{i=1}^{n} d_i(Q)u_i(Q)v_i(Q)$ と書くとき，$d_r(M)>d_{r+1}(M)=0$ なる r について，

$$d_1(Q)=\cdots=d_r(Q)\geq d_{r+1}(Q)=\cdots=d_n(Q)=0$$

かつ各 $i=1,\ldots,r$ で

$$u_i(Q)=u_i(M),\quad v_i(Q)=v_i(M)$$

または

$$u_i(Q)=-u_i(M),\quad v_i(Q)=-v_i(M)$$

が成立するときである。

証明　(6.2) を用いて，以下の変形を行う。

$$\begin{aligned}\langle Q, M\rangle &= \mathrm{trace}(Q^T UDV^T) = \mathrm{trace}(V^T Q^T UD) = \langle U^T QV, D\rangle \\ &= \sum_{i=1}^n d_i(M)\cdot(U^T QV)_{i,i} = \sum_{i=1}^n d_i(M)u_i(M)^T Qv_i(M) \\ &= \sum_{i=1}^n d_i(M)u_i(M)^T u_i(Q)d_i(Q)v_i^T(Q)v_i(M) \\ &\le \sum_{i=1}^n d_i(M)d_1(Q) = \|M\|_*\|Q\|^*\end{aligned}$$

等号成立は，$d_i \neq 0$ なる各 i について

$$u_i(M)^T u_i(Q)d_i(Q)v_i^T(Q)v_i(M) = d_1(Q)$$

そして，$u_i(M), u_i(Q), v_i(M), v_i(Q)$ の大きさが 1 であるから，$i = 1, \ldots, r$ に対し $d_i(Q) = d_1(q)$ であって

$$u_i(M)^T u_i(Q)\cdot v_i(Q)^T v_i(M) = 1 \tag{6.14}$$

であるときとなる。また, (6.14) は $u_i(M) = u_i(Q)$, $v_i(Q) = v_i(M)$ または $u_i(M) = -u_i(Q)$, $v_i(Q) = -v_i(M)$ を意味する。これで証明を終わる。 □

問題 76〜87

□ **76** 特異値分解について，以下の問いに答えよ。

(a) 対称行列の場合，特異値分解と固有値分解でどのような関係があるか。また，非負定値の場合はどうか。

(b) $Z \in \mathbb{R}^{m\times n}$ の特異値分解で，$m \le n$ のとき，$Z^T \in \mathbb{R}^{n\times m}$ を特異値分解した $Z^T = \bar{U}D\bar{V}^T$ の転置をその特異値分解と定める。このとき，最終的に得られた $Z = UDV^T$ の行列 U, D, V の大きさを求めよ。

□ **77** 以下を示せ。

(a) $\|Z\|_F^2 = \mathrm{trace}(Z^TZ)$. ただし，$Z \in \mathbb{R}^{m\times n}$ の mn 個の各成分の二乗和の平方根（Z の Frobenius ノルム）を，$\|Z\|_F$ とおいた。

ヒント　$Z = (z_{i,j})$ であれば，Z^TZ の i 番目の対角成分は $\sum_{j=1}^n z_{i,j}^2$ となる。

(b) $l, m, n \ge 1$ として，行列 $A \in \mathbb{R}^{l\times m}$，$B \in \mathbb{R}^{m\times n}$，$C \in \mathbb{R}^{n\times l}$ について，$\mathrm{trace}(ABC) = \mathrm{trace}(BCA)$.

□ **78** 「行列の階数は凸関数である」，すなわち

「任意の $A, B \in \mathbb{R}^{m\times n}$ と $0 < \alpha < 1$ に対して

$$\mathrm{rank}(\alpha A + (1-\alpha)B) \le \alpha \cdot \mathrm{rank}\, A + (1-\alpha)\,\mathrm{rank}\, B$$

である」

という命題が偽であることを示す反例をあげよ。

ヒント　$m = n = 2$, $\mathrm{rank}\, A = \mathrm{rank}\, B = 1$ なる A, B を探してみよ。

□ **79** $Z \in \mathbb{R}^{m\times n}$ の特異値分解が $Z = UDV^T$ と書けるとき[1)]，階数が r 以下の行列 M で，$\|Z - M\|_F$ を最小にするものが UD_rV^T で与えられること（Eckart-Young の定理）を示したい。ただし，D_r は D において $d_{r+1} = \cdots = d_n = 0$ とした対角行列である。なお，この問題では，Z の階数が m であることを仮定する。

(a) M の階数が r であれば，直交行列 $Q \in \mathbb{R}^{m\times r}$ $(Q^TQ = I_r,\ m \ge r)$ を用いて，$M = QA$ と書くことができる。実際，階数が r なので，基底を Q の各列 Q_j $(j = 1, \ldots, r)$ ととることができ，M の j 列目は $\sum_{i=1}^r Q_i a_{i,j}$ と書ける。最適な $A = (a_{i,j})$ は，直交行列 Q を用いて Q^TZ と書けることを示せ。

1) $m \ge n$ であれば $U \in \mathbb{R}^{m\times n}$，$D \in \mathbb{R}^{n\times n}$，$V \in \mathbb{R}^{n\times n}$ となり，$m \le n$ であれば $U \in \mathbb{R}^{m\times m}$，$D \in \mathbb{R}^{m\times m}$，$V \in \mathbb{R}^{n\times m}$ となる。

ヒント $\frac{1}{2}\|Z - QA\|_F^2 = \frac{1}{2}\sum_{i=1}^{m}\sum_{j=1}^{n}(z_{i,j} - \sum_{k=1}^{r} q_{i,k}a_{k,j})^2$ を A の成分 $a_{p,q}$ で微分すると，$-\sum_{i=1}^{m}(z_{i,q} - \sum_{k=1}^{r} q_{i,k}a_{k,q})q_{i,p}$ となる。これは $-Q^T(Z - QA)$ の (p,q) 成分にほかならない。

(b) $\Sigma = ZZ^T$ として，

$$\|Z - M\|_F^2 = \|Z^T(I - QQ^T)\|_F^2 = \text{trace}\,\Sigma - \text{trace}(Q^T\Sigma Q)$$

が成立すること，すなわち $\|Z - M\|_F^2$ の最小化が $\text{trace}(Q^T\Sigma Q)$ を最大化する直交行列 Q を見出す問題に帰着されることを示せ。

ヒント 問題77 (a) から $\|Z^T(I - QQ^T)\|_F^2 = \text{trace}((I - QQ^T)\Sigma(I - QQ^T))$ が導かれ，これは問題77 (b) からさらに $\text{trace}((I - QQ^T)^2\Sigma)$ とできる。

(c) (b) がさらに $\text{trace}(R^TD^2R)$ を最大化する直交行列 $R \in \mathbb{R}^{m\times r}$ を見出す問題に帰着されることを示せ。

ヒント $Q^T\Sigma Q = Q^TUD^2U^TQ$ と書けることと，

$$Q \text{ が直交行列} \iff R := U^TQ \text{ が直交行列}$$

をいえばよい。

(d) $H = RR^T$ とし，その対角成分を $h_{i,i}$ $(i = 1, \ldots, m)$ と書くものとする。以下を順次示すことによって，$h_{1,1} = \cdots = h_{r,r} = 1$, $h_{r+1,r+1} = \cdots = h_{m,m} = 0$ がその最適解になることを示せ。

i. $\sum_{i=1}^{m} h_{i,i} = r$

ii. $\text{trace}\,H = r$

iii. $0 \le h_{i,i} \le 1$

iv. $\text{trace}(R^TD^2R) = \sum_{i=1}^{m} h_{i,i}d_i^2$

ヒント R に列を加えて正方の直交行列を構成できるので，その正方行列では各行，各列で二乗和が1となる必要がある。

(e) (d) の解は，任意の直交行列 $R_r \in \mathbb{R}^{r\times r}$ を用いて $R = \begin{bmatrix} R_r \\ O \end{bmatrix} \in \mathbb{R}^{m\times r}$ と書けることを示せ。ただし，$O \in \mathbb{R}^{r\times(m-r)}$ はゼロ行列である。

(f) 行列 U の最初の r 列以外を0とおいた行列 U_+ が，(e) の解に対応する Q になっていること，および $M = QQ^TZ = U_+U_+^TZ = UD_rV^T$ となることを示せ。

ヒント $U = [U_+, U_-]$, $U_+ \in \mathbb{R}^{m\times r}$, $U_- \in \mathbb{R}^{m\times(m-r)}$, $Q \in \mathbb{R}^{m\times r}$ として，$\begin{bmatrix} R_r \\ O \end{bmatrix} = \begin{bmatrix} U_+^T \\ U_-^T \end{bmatrix} Q$ となる。このことから $Q = U_+R_r$ を導く。

□ **80** 問題79に基づいて，行列 `z` の階数 `r` での近似解を求める関数`svd.r`を構成したい。下記の空欄を埋めよ。

```
svd.r = function(z, r) {
  n = min(nrow(z), ncol(z)); ss = svd(z)
  return(ss$u %*% diag(c(ss$d[1:r], rep(0, n - r))) %*% ## 空欄(1) ##)
}
## rを2以上に限定するなら以下でもよい。
## R言語の仕様で, 行列とベクトルは違う扱いになる。
svd.r = function(z, r) {
  ss = svd(z); return(ss$u[, 1:r] %*% diag(ss$d[1:r]) %*% ## 空欄(2) ##)
}
```

さらに，以下を実行して動作を確認せよ。

```
m = 100; n = 80; z = matrix(rnorm(m * n), nrow = m)
F.norm = NULL
for (r in 1:n) {m = svd.r(z, r); F.norm = c(F.norm, norm(z - m, "F"))}
plot(1:n, F.norm, type = "l", xlab = "階数", ylab = "Frobenius ノルム")
```

ヒント $Z = UDV^T$ の V である `ss$v` は転置してから掛ける。

□ 81 以下のコードは，画像ファイル lion.jpg の階数を下げた別の画像ファイルを得る処理である。一般に，JPG の形式では，各画素が 256 通りの濃淡値の情報をもつ。通常はカラーであるので，赤・緑・青の 3 色について，その情報をもつ。たとえば，縦横 480×360 の画素があれば，$480 \times 360 \times 3$ の各画素で 256 通りのいずれかの値を保持する。下記のコードでは階数を $r = 2, 5, 10, 20, 50, 100$ としている。今回は赤・緑・青のそれぞれで低階数近似を行ってみた（図 6.2）。なお，カレントフォルダの下に `/compressed` というフォルダを事前に作成する必要がある。別の画像を用意して同様の処理を実行せよ。なお，階数は適宜変更して問題ない。

```
library(jpeg)
image = readJPEG('lion.jpg')
rank.seq = c(2, 5, 10, 20, 50, 100)
mat = array(0, dim = c(nrow(image), ncol(image), 3))
for (j in rank.seq) {
  for (i in 1:3) mat[, , i] = svd.r(image[, , i], j)
  writeJPEG(mat, paste("compressed/lion_compressed", "_svd_rank_", j, ".jpg",
                       sep = ""))
}
```

□ 82 行列 $Z \in \mathbb{R}^{m \times n}$ の $\Omega \subseteq \{1, \ldots, m\} \times \{1, \ldots, n\}$ の位置だけ観測されているとする。このとき，$z_{i,j}$ $((i, j) \in \Omega)$ から，行列 M と Z との差の Frobenius ノルムが最小となる階数 r の行列 M を求めたい。下記の処理において，`mask` は観測された位置に 1，未観測の

位置に0をおいた行列である（`1 - mask`ではその値1, 0が逆転している）。内側のループでは，階数をrに近似して，未観測の値を予測することを10回繰り返している。外側のループでは，局所解に陥ることを防ぐために初期値を変えて5回実行し，差のFrobeniusノルムが最小になる解を求めている。空欄を埋めて，処理を実行せよ。

```
mat.r = function(z, mask, r) {
  z = as.matrix(z)
  min = Inf
  m = nrow(z); n = ncol(z)
  for (j in 1:5) {
    guess = matrix(rnorm(m * n), nrow = m)
    for (i in 1:10) guess = svd.r(mask * z + (1 - mask) * guess, r)
    value = norm(mask * (z - guess), "F")
    if (value < min) {min.mat = ## 空欄(1) ##; min = ## 空欄(2) ##}
  }
  return(min.mat)
}

library(jpeg)
image = readJPEG('lion.jpg')
m = nrow(image); n = ncol(image)
mask = matrix(rbinom(m * n, 1, 0.5), nrow = m)
rank.seq = c(2, 5, 10, 20, 50, 100)
mat = array(0, dim = c(nrow(image), ncol(image), 3))
for (j in rank.seq) {
  for (i in 1:3) mat[, , i] = mat.r(image[, , i], mask, j)
  writeJPEG(mat, paste("compressed/lion_compressed", "_mat_rank_", j, ".jpg",
                       sep = ""))
}
```

以下では，行列Zの特異値が$d_1, \ldots, d_n$であるとき，その和$\sum_{i=1}^n d_i(Z)$をnuclearノルムといい，$\|Z\|_*$と書く。また，その最大値$\max\{d_1, \ldots, d_n\}$をspectralノルムといい，$\|Z\|^*$と書くものとする。

□ **83** ノルムについて，以下を示せ。

(a) 行列のノルムは凸である。

(b) 双対ノルムはノルムの定義を満たす。

(c) nuclearノルムはspectralノルムの双対ノルムである。

□ **84** 同じサイズの行列A, Bについて，$\|A\|_*\|B\|^* \geq \langle A, B\rangle$を示し，等号が成立する条件を求めよ。

□ **85** 一般に，nuclearノルム$\|\cdot\|_*$の行列Mにおける劣微分を求めよ。

□ **86** $Z \in \mathbb{R}^{m\times n}$, $\Omega \subseteq \{(i,j) \mid i=1,\ldots,m,\ j=1,\ldots,n\}$, $\lambda > 0$ について

$$L := \frac{1}{2}\sum_{(i,j)\in\Omega}(z_{i,j} - m_{i,j})^2 + \lambda\|M\|_* \qquad \text{(cf. (6.11))} \tag{6.15}$$

を最小にする $M \in \mathbb{R}^{m\times n}$ を求めたい。行列 $Z \in \mathbb{R}^{m\times n}$ の $\Omega \subseteq \{1,\ldots,m\}\times\{1,\ldots,n\}$ の位置だけ観測されているとして，(6.15) の $M = (m_{i,j})$ に関する劣微分をとって，以下の方程式が得られたとする。

$$[\Omega, M - Z, 0] + \lambda\left(\sum_{i=1}^{r} u_i v_i^T + \sum_{k=r+1}^{n} d_k \tilde{u}_k \tilde{v}_k^T\right) = 0 \qquad \text{(cf. (6.12))} \tag{6.16}$$

Mazumder *et al.* (2010) は，最初に任意に M の初期値 M_0 を与え，

$$M_{t+1} \leftarrow S_\lambda([\Omega, Z, M_t]) \qquad \text{(cf. (6.13))} \tag{6.17}$$

によって更新していくと，収束して (6.17) の両辺の M が一致することを示した。そのような M に対して，(6.16) が成立することを示せ。ただし $S_\lambda(W)$ は，W の特異値のうち，値が λ 以上のものは λ を引き，それ以下のものは 0 で置き換えた行列をあらわすものとする。

ヒント $[\Omega, Z, M]$ を特異値分解して，λ 以上の特異値については λ を引く。しかし，λ 未満のものについては，同じ特異ベクトルを維持するためには特異値がマイナスにならないよう，λ を引くのではなく，引いた結果が 0 になるように $0 \le d_k \le \lambda$ を引くことになる。そして，$M_{t+1} = M_t = M$ とおけば，(6.16) が得られる。

□ **87** $Z \in \mathbb{R}^{m\times n}$ と $\lambda \ge 0$ から，Z の特異値のうち，値が λ 以上のものは λ を引き，λ 以下のものは 0 で置き換えた行列を返す関数`soft.svd`を構成した。空欄を埋めよ。

```
soft.svd = function(lambda, z) {
  n = ncol(z); ss = svd(z); dd = pmax(ss$d - lambda, 0)
  return(## 空欄 ##)
}
```

また，下記のプログラムで，p および λ の値を適当に変えて得られた画像を 3 枚作成せよ。

```
mat.lasso = function(lambda, z, mask) {
  z = as.matrix(z); m = nrow(z); n = ncol(z)
  guess = matrix(rnorm(m * n), nrow = m)
  for (i in 1:20) guess = soft.svd(lambda, mask * z + (1 - mask) * guess)
  return(guess)
}

library(jpeg)
image = readJPEG('lion.jpg')
m = nrow(image[, , 1]); n = ncol(image[, , 1])
p = 0.5
```

```
lambda = 0.5
mat = array(0, dim = c(m, n, 3))
mask = matrix(rbinom(m * n, 1, p), ncol = n)
for (i in 1:3) mat[, , i] = mat.lasso(lambda, image[, , i], mask)
writeJPEG(mat, paste("compressed/lion_compressed", "_mat_soft.jpg", sep = ""))
```

第7章　多変量解析

本章では，主成分分析，クラスタリングといった多変量解析の問題について，スパース推定のアプローチを試みる。主成分分析には，分散を最大にする直交するベクトルを求める問題と，次元を縮約した場合の再構成誤差を最小にするベクトルを求める問題という**2**通りの同値な定式化ができる。本章では，最初に，**SCoTLASS**および**SPCA**という二つの代表的な主成分分析のスパース推定法を紹介する。いずれも，非ゼロ成分が少ない主成分ベクトルを見出すということが目的となる。他方，クラスタリングにスパース推定を導入するということは，クラスタリングにとって重要な変数を選択することを意味する。本書では，K**-means**にスパース性を導入する場合と，凸クラスタリングにスパース性を導入する場合を検討する。前者と異なり，後者では凸最適化の問題になるので，局所最適解に陥らないという利点がある。

7.1　主成分分析 (1)：SCoTLASS

以下では，行列 $X = (x_{i,j}) \in \mathbb{R}^{N\times p}$ について，中心化されていること，すなわち，各列からその算術平均を引いて，各列での平均が0になっていること，もしくは $\sum_{i=1}^N x_{i,j} = 0$ $(j = 1,\ldots,p)$ を仮定する。

$$\|Xv\|^2 \tag{7.1}$$

を最大にする $\|v\|^2 = 1$ なる v を v_1，(7.1) を最大にして v_1 と直交する v を v_2，というようにして，正規直交系 $V = [v_1,\ldots,v_p]$ を求める操作を主成分分析 (principle component analysis) という。$v_1,\ldots,v_p$ が直交するという制約は後で吟味するとして，$\|v\| = 1$ のもとで $\|Xv\|^2$ を最大にする v を求めてみる。各 $j = 1,\ldots,p$ について，そのような v_j は

$$\|Xv_j\|^2 - \mu(\|v_j\|^2 - 1)$$

を最大にするので，これを v_j で微分して0とおいた

$$X^TXv_j - \mu_j v_j = 0$$

を満足する。もしくは，X のサンプルを用いて計算された共分散 $\Sigma := \dfrac{1}{N}X^TX$ および，$\lambda_j := \dfrac{\mu_j}{N}$ を用いると，

$$\Sigma v_j = \lambda_j v_j \tag{7.2}$$

と書ける。すなわち，V の各列は行列 Σ の固有空間の基底となる。ただ，各固有値 $\lambda_1 \geq \cdots \geq \lambda_p$ で同じ値があった場合，それらの固有ベクトルは直交するように選ぶ。もっとも，Σ は非負定値であるから，固有値が異なる固有ベクトルどうしは直交する，すなわち，すべての固有値が異なれば ($\lambda_1 > \cdots > \lambda_p$ であれば)，$v_1, \ldots, v_p$ は（自動的に）直交する。

実際には，$v_1, \ldots, v_p$ をすべて用いることはなく，最初の m 個 $(1 \leq m \leq p)$ のみを用いることになる。そして，X の各行を $V_m := [v_1, \ldots, v_m] \in \mathbb{R}^{p \times m}$ に射影して，$Z := XV_m \in \mathbb{R}^{N \times m}$ を得る。すなわち，p 次元の情報を m 個の主成分 $v_1, \ldots, v_m$ の空間に射影して，m 次元の Z で p 次元の X をみることになる。そのような次元の圧縮のための線形写像が，主成分分析である。

主成分分析のスパースのアプローチにはいくつかあるが，最初に主成分分析の非ゼロ要素の個数を制限する方法についてみてみよう。

$\|Xv\|_2$ を最大にする $\|v\|_2 = 1$ なる $v \in \mathbb{R}^p$ を求めるとき，v の非ゼロの要素の個数 $\|v\|_0$ を制限する場合，t を整数として，$\|v\|_0 \leq t, \|v\|_2 = 1$ のもとで

$$v^T X^T X v - \lambda \|v\|_0$$

を最大化するような定式化になる。しかしこの場合，目的式が凸にはならない。

また，$\|v\|_1 \leq t \ (t > 0)$ の制約をもたせて，$\|v\|_2 = 1$ のもとで

$$v^T X^T X v - \lambda \|v\|_1 \tag{7.3}$$

の最大化をはかるとしても，凸にはならない。そこで，$u \in \mathbb{R}^N$ として，$\|u\|_2 = \|v\|_2 = 1$ のもとで

$$u^T X v - \lambda \|v\|_1 \tag{7.4}$$

の最大化をはかる定式化，SCoTLASS (Simplified Component Technique - LASSO)[15] が提案された。(7.4) で得られる最適な v は，(7.3) の最適解になっている。実際，

$$L := -u^T X v + \lambda \|v\|_1 + \frac{\mu}{2}(u^T u - 1) + \frac{\delta}{2}(v^T v - 1) \tag{7.5}$$

を u で偏微分すると，$Xv - \mu u = 0, \|u\| = 1$ より，$u = \dfrac{Xv}{\|Xv\|_2}$ となる。これを (7.5) に代入すると，

$$-\|Xv\|_2 + \lambda \|v\|_1 + \frac{\delta}{2}(v^T v - 1)$$

が得られる。

(7.5) は u, v のそれぞれで2回微分すると正の値をとるが，(u, v) に関しては凸になっていない。

◆ **例 60** $N = p = 1, X > \sqrt{\mu\delta}$ のとき， 凸にはならない。実際，L は u, v の2変数関数になるので，

$$\nabla^2 L = \begin{bmatrix} \dfrac{\partial^2 L}{\partial u^2} & \dfrac{\partial^2 L}{\partial u \partial v} \\ \dfrac{\partial^2 L}{\partial u \partial v} & \dfrac{\partial^2 L}{\partial v^2} \end{bmatrix} = \begin{bmatrix} \mu & X \\ X & \delta \end{bmatrix}$$

となる。この行列式 $\mu\delta - X^2$ が負であれば，負の固有値を含むことになる。

このように，$\beta \mapsto f(\alpha,\beta)$ $(\alpha \in \mathbb{R}^m)$ および $\alpha \mapsto f(\alpha,\beta)$ $(\beta \in \mathbb{R}^n)$ がともに凸であるとき，関数 $f : \mathbb{R}^m \times \mathbb{R}^n \to \mathbb{R}$ は双凸 (biconvex) であるという。一般に，双凸であることは凸であることを意味しない。

(7.4) のように変形したのは，以下の手順によって効率よく (7.3) の解が得られるからである：まず，$\|v\|_2 = 1$ なる $v \in \mathbb{R}^p$ を任意に選ぶ。次に，u, v の変化が少なくなるまで，$u \in \mathbb{R}^N$, $v \in \mathbb{R}^p$ の更新

1. $u \leftarrow \dfrac{Xv}{\|Xv\|_2}$
2. $v \leftarrow \dfrac{\mathcal{S}_\lambda(X^T u)}{\|\mathcal{S}_\lambda(X^T u)\|_2}$

を繰り返す。ただし $\mathcal{S}_\lambda(z)$ は，$z = [z_1, \ldots, z_p] \in \mathbb{R}^p$ の各成分に，(1.11) で定義した関数 $\mathcal{S}_\lambda(\cdot)$ を適用する関数とする。ここで，$\dfrac{\partial L}{\partial u} = \dfrac{\partial L}{\partial v} = 0$ から，$v = \dfrac{\mathcal{S}_\lambda(X^T u)}{\|\mathcal{S}_\lambda(X^T u)\|_2}$ および $u = \dfrac{Xv}{\|Xv\|_2}$ が導かれる。実際，$\|v\|_1$ の劣微分をとると，各 $j = 1, \ldots, p$ で $v_j > 0$, $v_j < 0$, $v_j = 0$ の場合に $1, -1, [-1, 1]$ となる。これは

$$\begin{cases} (X^T u \text{ の } j \text{ 列目}) - \lambda + \delta v_j = 0, & (X^T u \text{ の } j \text{ 列目}) > \lambda \\ (X^T u \text{ の } j \text{ 列目}) + \lambda + \delta v_j = 0, & (X^T u \text{ の } j \text{ 列目}) < -\lambda \\ (X^T u \text{ の } j \text{ 列目}) + \lambda[-1, 1] \ni 0, & -\lambda \le (X^T u \text{ の } j \text{ 列目}) \le \lambda \end{cases}$$

となることを，さらには $\delta v = \mathcal{S}_\lambda(X^T u)$ を意味する。

一般に，$\Psi : \mathbb{R}^p \times \mathbb{R}^p \to \mathbb{R}$ が $f : \mathbb{R}^p \to \mathbb{R}$ に対して

$$\begin{cases} f(\beta) \le \Psi(\beta, \theta), & \theta \in \mathbb{R}^p \\ f(\beta) = \Psi(\beta, \beta) \end{cases} \tag{7.6}$$

を満足するとき，$\beta \in \mathbb{R}^p$ において Ψ は f より優勢であるという。Ψ が f より優勢であるとき，$\beta^0 \in \mathbb{R}^p$ を任意に選び，漸化式

$$\beta^{t+1} = \arg\min_{\beta \in \mathbb{R}^p} \Psi(\beta, \beta^t)$$

によって $\beta^1, \beta^2, \ldots$ を生成すると，

$$f(\beta^t) = \Psi(\beta^t, \beta^t) \ge \Psi(\beta^{t+1}, \beta^t) \ge f(\beta^{t+1})$$

が成立する。SCoTLASS でも，

$$f(v) := -\|Xv\|_2 + \lambda\|v\|_1$$

$$\Psi(v, v') := -\frac{(Xv)^T (Xv')}{\|Xv'\|_2} + \lambda\|v\|_1$$

とおくとき，Ψ が v において f より優勢である。実際，Schwartz の不等式より，(7.6) を満足していることがわかる。

そして，v^0 を任意に決めてから，系列 $v^0, v^1, \ldots$ を

$$v^{t+1} := \arg\max_{\|v\|_2 = 1} \Psi(v, v^t)$$

によって生成すると，各値はその時点での $\dfrac{\mathcal{S}_\lambda(X^T u)}{\|\mathcal{S}_\lambda(X^T u)\|_2}$ をあらわしている。さらに，単調に減少していることがわかる。

たとえば，以下のように関数 SCoTLASS を構成できる。

```
soft.th = function(lambda, z) return(sign(z) * pmax(abs(z) - lambda, 0))
## zがベクトルでも, soft.thは動作する
SCoTLASS = function(lambda, X) {
  n = nrow(X); p = ncol(X); v = rnorm(p); v = v / norm(v, "2")
  for (k in 1:200) {
    u = X %*% v; u = u / norm(u, "2"); v = t(X) %*% u
    v = soft.th(lambda, v); size = norm(v, "2")
    if (size > 0) v = v / size else break
  }
  if (norm(v, "2") == 0) print("vの全要素が0になった"); return(v)
}
```

◆ **例 61** 関数 λ が増えているのに $\|Xv\|_2$ が単調に減らない場合がある（凸ではないことによる）。また，v の非ゼロ要素は λ の値とともに減っていく。以下のコードを実行すると図 7.1 のようになる。

```
## データ生成
n = 100; p = 50; X = matrix(rnorm(n * p), nrow = n); lambda.seq = 0:10 / 10

m = 5; SS = array(dim = c(m, 11)); TT = array(dim = c(m, 11))
for (j in 1:m) {
  S = NULL; T = NULL
  for (lambda in lambda.seq) {
    v = SCoTLASS(lambda, X); S = c(S, sum(sign(v ^ 2))); T = c(T, norm(X %*% v, "2"))
  }
  SS[j, ] = S; TT[j, ] = T
}
## 作図
par(mfrow = c(1, 2))
SS.min = min(SS); SS.max = max(SS)
plot(lambda.seq, xlim = c(0, 1), ylim = c(SS.min, SS.max),
     xlab = "lambda", ylab = "非ゼロベクトルの個数")
for (j in 1:m) lines(lambda.seq, SS[j, ], col = j + 1)
legend("bottomleft", paste0(1:5, "回目"), lwd = 1, col = 2:(m + 1))
TT.min = min(TT); TT.max = max(TT)
plot(lambda.seq, xlim = c(0, 1), ylim = c(TT.min, TT.max),
     xlab = "lambda", ylab = "分散の和")
for (j in 1:m) lines(lambda.seq, TT[j, ], col = j + 1)
legend("bottomleft", paste0(1:5, "回目"), lwd = 1, col = 2:(m + 1))
par(mfrow = c(1, 1))
```

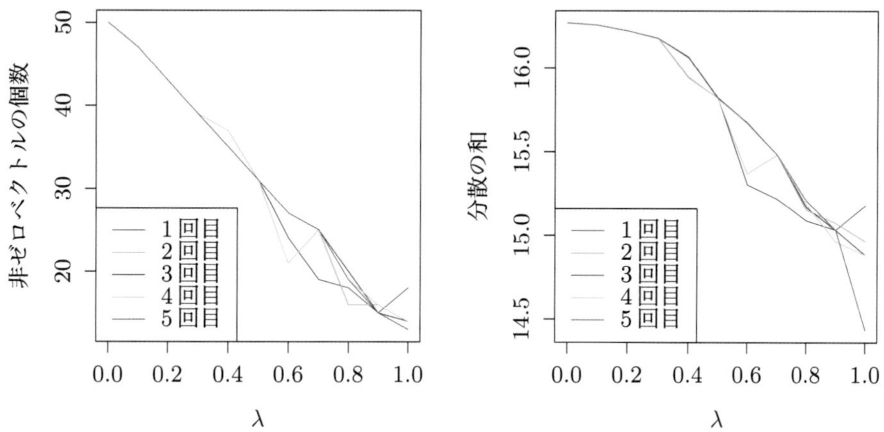

図 7.1　例 61 の実行例。λ とともに非ゼロベクトルの個数も分散の和も単調に減少するが，初期値を変えて実行すると，それらの値は毎回値が異なる。この傾向は λ の値が大きいほど顕著である。

第 1 主成分だけではなく一般の複数成分を扱うために，SCoTLASS では以下の定式化がなされている。すなわち，各 $k = 1, \ldots, m$ で $c > 0$ を所与として，

$$\|v_k\|_2 \le 1\ ,\ \|v_k\|_1 \le c\ ,\ \|u_k\|_2 \le 1\ ,\ u_k^T u_j = 0 \quad (j = 1, \ldots, k-1)$$

のもとで

$$u_k^T X v_k$$

を最大化するという定式化である。実際，上流の固有ベクトルの設定でスパース性を入れると，その下流での固有ベクトルと直交する保証がない。そして，v_k を固定したときの u_k が，$P_{k-1}^{\perp} := I - \sum_{i=1}^{k-1} u_i u_i^T$ として，

$$u_k := \frac{P_{k-1}^{\perp} X v_k}{\|P_{k-1}^{\perp} X v_k\|_2} \tag{7.7}$$

で与えられる。実際，$u_1, \ldots, u_{k-1}$ が与えられたときに

$$u_j^T P_{k-1}^{\perp} X v_k = u_j^T (I - \sum_{i=1}^{k-1} u_i u_i^T) X v_k = 0 \quad (j = 1, \ldots, k-1)$$

がいえる。また，$L = u_k^T X v_k - \mu(u_k^T u_k - 1)$ を最大にする u_k が (7.7) になる。

すなわち，$m = 1$ の場合と比較して，(7.7) のように，$P_{k-1}^{\perp}$ を掛けるところのみが異なる ($k = 1$ のときは $P_{k-1}^{\perp}$ が単位行列になる)。

7.2　主成分分析 (2)：SPCA

$m = p$ であれば V が正則になるので，$Z = XV$ から $ZV^{-1} = ZV^T = X$ というように X を復元できるが，一般には $XV_m V_m^T \neq X$ となり，$XV_m V_m^T$ と X は一致しない。個々のサンプル $x_i \in \mathbb{R}^p$（X の i 行目の行ベクトル）は主成分 $x_i V_m$ に変換され，戻すと $x_i V_m V_m^T$ となるため，差

は $x_i(I - V_m V_m^T) \in \mathbb{R}^p$ となる。再構成誤差を

$$\sum_{i=1}^N \|x_i(I - V_m V_m^T)\|^2 = \sum_{i=1}^N x_i(I - V_m V_m^T)^2 x_i^T = \sum_{i=1}^N x_i(I - V_m V_m^T) x_i^T \tag{7.8}$$

で定義すると，X が与えられたとき，(7.8) は

$$\begin{aligned}\sum_{i=1}^N x_i V_m V_m^T x_i^T &= \mathrm{trace}(X V_m V_m^T X^T) = \mathrm{trace}(V_m^T X^T X V_m) \\ &= \sum_{j=1}^m v_j^T X^T X v_j = \sum_{j=1}^m \|X v_j\|^2\end{aligned} \tag{7.9}$$

が最大化されるときに最小化される。したがって，主成分分析は再構成誤差を最小にする $v_1, \ldots, v_m$ を求めているという解釈もできる。実際，$\|v_1\|^2 = \cdots = \|v_m\|^2 = 1$ のもとでの (7.9) の最大化は

$$\sum_{j=1}^m \|X v_j\|^2 - \sum_{j=1}^m \lambda_j(\|v_j\|^2 - 1)$$

の最大化であり，これを v_j で微分すると (7.2) が得られる。

スパース主成分分析の SCoTLASS とは別の定式化として，以下に述べる SPCA (Sparse Principal Component Analysis)[33] がある。x_i を X の i 行目（行ベクトル）として，

$$\min_{u,v \in \mathbb{R}^p,\ \|u\|_2 = 1} \left\{ \frac{1}{N} \sum_{i=1}^N \|x_i - x_i v u^T\|_2^2 + \lambda_1 \|v\|_1 + \lambda_2 \|v\|_2^2 \right\} \tag{7.10}$$

の最小化の問題は，u, v に関して双凸になる。実際，$\|u\|_2 = 1$ の制約も入れると，(7.10) は以下のように書ける。

$$L := \frac{1}{N} \sum_{i=1}^N x_i x_i^T - \frac{2}{N} \sum_{i=1}^N x_i v u^T x_i^T + \frac{1}{N} \sum_{i=1}^N x_i v v^T x_i^T + \lambda_1 \|v\|_1 + \lambda_2 \|v\|_2^2 + \mu(u^T u - 1)$$

そして，u_j で2回偏微分して非負になることおよび，（$\|v\|_1$ の部分を除いて）v_k で2回偏微分して非負になることがわかる。

また，v を固定して u で最適化をはかるとき，$z = (z_i)$ $(i = 1, \ldots, N)$, $z_1 = x_1 v, \ldots, z_N = x_N v$ として，

$$u = \frac{X^T z}{\|X^T z\|_2}$$

で解が与えられる。実際，L を u_j で偏微分すると，その偏微分した値の $j = 1, \ldots, p$ に関するベクトルが $-\dfrac{2}{N} \displaystyle\sum_{i=1}^N x_i v^T x_i^T + 2\mu u = 0$ を満足する。

u を固定して v で最適化をはかるとき，elastic ネットのアルゴリズムが適用できるメリットはあるが，凸ではない（双凸にすぎない）ので，v の初期値を変えて何度か実行しないと最適解に近い値は得られない。

(7.10) の u を固定して v_k で劣微分をとると，$\|v_k\|^2=1$ の制約がない場合，

$$\begin{cases} -\dfrac{1}{N}\displaystyle\sum_{i=1}^{N}\sum_{j=1}^{k-1}u_jx_{i,k}(r_{i,j,k}-u_jx_{i,k}v_k)+\lambda_1, & \dfrac{1}{N}\displaystyle\sum_{i=1}^{N}\sum_{j=1}^{k-1}r_{i,j}x_{i,k}u_j<-\lambda_1 \\ -\dfrac{1}{N}\displaystyle\sum_{i=1}^{N}\sum_{j=1}^{k-1}u_jx_{i,k}(r_{i,j,k}-u_jx_{i,k}v_k)-\lambda_1, & \dfrac{1}{N}\displaystyle\sum_{i=1}^{N}\sum_{j=1}^{k-1}r_{i,j}x_{i,k}u_j>\lambda_1 \\ 0, & -\lambda_1\le\dfrac{1}{N}\displaystyle\sum_{i=1}^{N}\sum_{j=1}^{k-1}r_{i,j}x_{i,k}u_j\le\lambda_1 \end{cases}$$

となる。ただし，$r_{i,j,k}=x_{i,j}-u_j\sum_{h\neq k}x_{i,h}v_h$ とした。したがって，v_k はそれを，$\|v\|_2=1$ となるように正規化したもの，すなわち

$$v_k=\frac{\mathcal{S}_\lambda\left(\dfrac{1}{N}\displaystyle\sum_{i=1}^{N}x_{i,k}\sum_{j=1}^{k-1}r_{i,j,k}u_j\right)}{\sqrt{\displaystyle\sum_{h=1}^{p}\mathcal{S}_\lambda\left(\dfrac{1}{N}\displaystyle\sum_{i=1}^{N}x_{i,h}\sum_{j=1}^{k-1}r_{i,j,h}u_j\right)^2}}\quad(k=1,\ldots,p)$$

となる。

◆ **例 62** SPCA の処理を R 言語で構成してみた。何度か初期値を変えて実行する必要がある。また，λ の値を変えたときに，非ゼロの変数の集合の一方が他方の部分集合にはならない，という現象がみられる。この処理を繰り返して，ベクトル v の各要素の値が回数ごとにどのように変化するかを観測してみた (図 7.2)。

```
## データ生成
n = 100; p = 5; x = matrix(rnorm(n * p), ncol = p)
## u,vの計算
lambda = 0.001; m = 100
g = array(dim = c(m, p))
for (j in 1:p) x[, j] = x[, j] - mean(x[, j])
for (j in 1:p) x[, j] = x[, j] / sqrt(sum(x[, j] ^ 2))
r = rep(0, n)
v = rnorm(p)
for (h in 1:m) {
  z = x %*% v
  u = as.vector(t(x) %*% z)
  if (sum(u ^ 2) > 0.00001) u = u / sqrt(sum(u ^ 2))
  for (k in 1:p) {
    for (i in 1:n) r[i] = sum(u * x[i, ]) - sum(u ^ 2) * sum(x[i, -k] * v[-k])
    S = sum(x[, k] * r) / n
    v[k] = soft.th(lambda, S)
  }
  if (sum(v ^ 2) > 0.00001) v = v / sqrt(sum(v ^ 2))
  g[h, ] = v
}
```

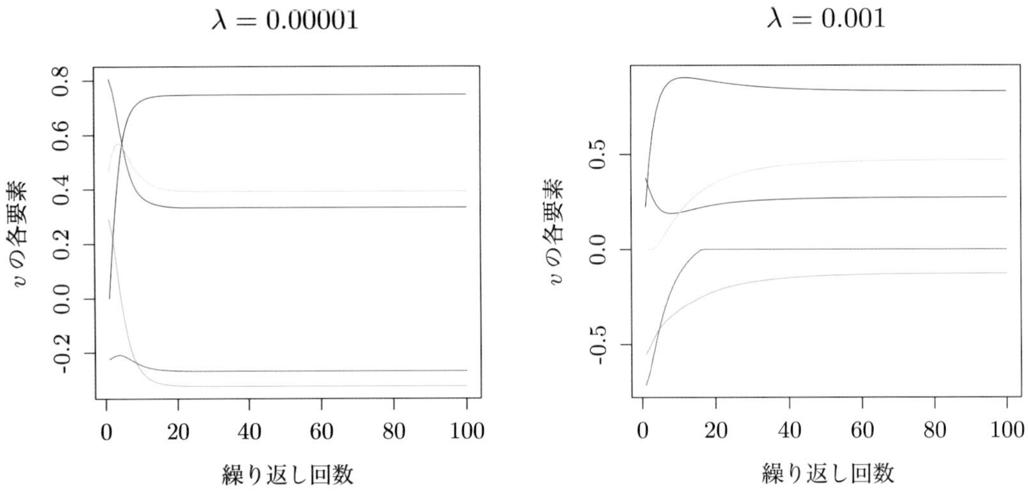

図 7.2 例 62 の実行例。$\lambda = 0.00001$（左）と $\lambda = 0.001$（右）について，繰り返し回数に対する v の各要素の変化をみた。

```
## グラフ表示
g.max = max(g); g.min = min(g)
plot(1:m, ylim = c(g.min, g.max), type = "n",
     xlab = "繰り返し回数", ylab = "v の各要素", main = "lambda = 0.001")
for (j in 1:p) lines(1:m, g[, j], col = j + 1)
```

第 1 主成分だけでなく第 m 成分までの最適化をはかる場合，

$$L := \frac{1}{N}\sum_{i=1}^{N}\|x_i - x_i V_m U_m^T\|_2^2 + \lambda_1 \sum_{j=1}^{m}\|v_j\|_1 + \lambda_2 \sum_{j=1}^{m}\|v_j\|_2 + \mu \sum_{j=1}^{m}(u_j^T u_j - 1)$$

の最小化になる。SCoTLASS と比べると，直交条件 $u_j^T u_k = 0$ $(j = 1, \ldots, k-1)$ が含まれておらず，また，再構成誤差 (7.8) が最小であることに加えてスパース性を考慮した，自然な拡張になっている。

しかし，SCoTLASS と SPCA はともに目的関数が凸ではない。ただ，それらはともに双凸であって，SCoTLASS では処理を繰り返すにつれて目的関数が単調に減少するといったメリットが，SPCA については，elastic ネットの探索方法が適用できるといったメリットが主張されている。

7.3 K-means クラスタリング

データ $x_1, \ldots, x_N \in \mathbb{R}^p$ および正の整数 K から，

$$\sum_{k=1}^{K}\sum_{i \in C_k}\|x_i - \bar{x}_k\|_2^2$$

の値を最小にする，データの排他的な部分集合 $C_1, \ldots, C_K$ を求める処理を K-means クラスタリングという。ただし，$\bar{x}_k$ は C_k に含まれるデータの算術平均である。Witten-Tibshirani (2010)[32] は，$s > 0$ として，$\|w\|_2 \leq 1$, $\|w\|_1 \leq s$, $w \geq 0$（すべての成分が非負）という制約のもとで，

$$a_j(C_1, \ldots, C_K) := \frac{1}{N}\sum_{i=1}^{N}\sum_{i'=1}^{N}(x_{i,j} - x_{i',j})^2 - \sum_{k=1}^{K}\frac{1}{N_k}\sum_{i \in C_k}\sum_{i' \in C_k}(x_{i,j} - x_{i',j})^2 \qquad (7.11)$$

として，p 変数の重みづけ和 $\sum_{j=1}^{p} w_j a_j$ を最大化するという定式化を行った。変数 $j = 1, \ldots, p$ に重みをつけて，不要な変数を除外し，クラスタリングを解釈しやすいものにする目的である。そして，その問題を解くために，以下を繰り返す方法が提案された [32]。

1. $w_1, \ldots, w_p$ を固定して，$\sum_{j=1}^{p} w_j a_j(C_1, \ldots, C_K)$ を最大にする $C_1, \ldots, C_K$ を見出す。
2. $C_1, \ldots, C_K$ を固定して，$\sum_{j=1}^{p} w_j a_j(C_1, \ldots, C_K)$ を最大にする $w_1, \ldots, w_p$ を見出す。

(7.11) の前半の項は一定の値になり，後半の項は

$$\frac{1}{N_k}\sum_{i \in C_k}\sum_{i' \in C_k}(x_{i,j} - x_{i',j})^2 = 2\sum_{i \in C_k}(x_i - \bar{x}_k)^2$$

とできるので[1]，重み $w_1, \ldots, w_p$ 固定のもとで最適な $C_1, \ldots, C_N$ を求めるには，以下のような処理を実行すればよい。

```
k.means = function(X, K, weights = w) {
  n = nrow(X); p = ncol(X)
  y = sample(1:K, n, replace = TRUE); center = array(dim = c(K, p))
  for (h in 1:10) {
    for (k in 1:K) {
      if (sum(y[] == k) == 0) center[k, ] = Inf else
        for (j in 1:p) center[k, j] = mean(X[y[] == k, j])
    }
    for (i in 1:n) {
      S.min = Inf
      for (k in 1:K) {
        if (center[k, 1] == Inf) break
        S = sum((X[i, ] - center[k, ]) ^ 2 * w)
        if (S < S.min) {S.min = S; y[i] = k}
      }
    }
  }
  return(y)
}
```

1) 本シリーズ『統計的機械学習の数理 100 問 with R』あるいは『統計的機械学習の数理 100 問 with Python』の第 9 章を参照されたい。

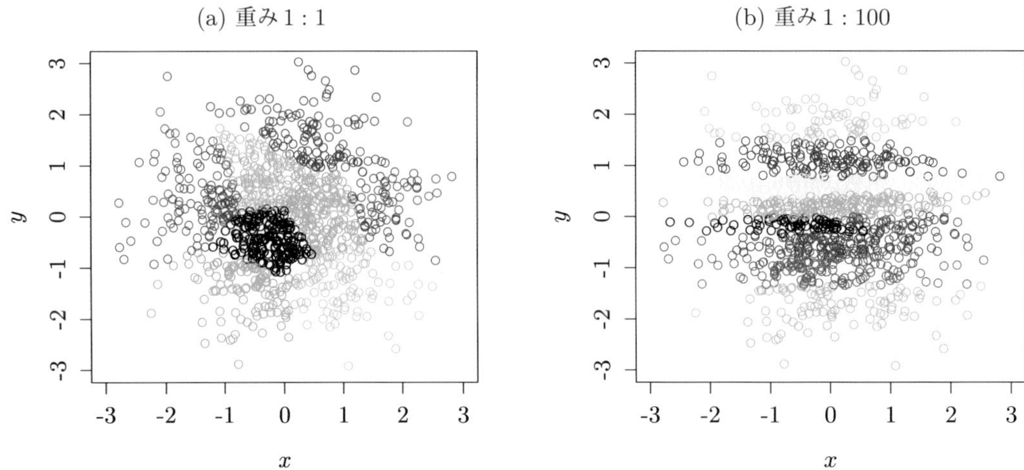

図 7.3　重み 1 : 1（左）と重み 1 : 100（右）で `k.means` を実行した。第 2 成分の重みを大きくした右図では，第 2 成分（縦方向）の罰則が大きいことに起因して，生成されたクラスタが横長になった。

◆ **例 63**　データを人工的に発生させ ($N = 1000,\ p = 2$)，重みが 1 : 1 の場合と 1 : 100 の場合で，関数 `k.means` を実行してみた（図 7.3）。

```
## データの生成
K = 10; p = 2; n = 1000; X = matrix(rnorm(p * n), nrow = n, ncol = p)
w = c(1, 1); y = k.means(X, K, w)
## 結果の出力
plot(-3:3, -3:3, xlab = "x", ylab = "y", type = "n")
points(X[, 1], X[, 2], col = y + 1)
```

比較してみて，第 2 成分の重みを大きくすると，縦方向の短いクラスタが得られる傾向があることがわかった。

$C_1, \ldots, C_K$ が与えられたとき，(7.11) を最小にする $w_1, \ldots, w_p$ を得るには，非負成分からなる $a \in \mathbb{R}^p$ について，$\|w\|_2 = 1$, $\|w\|_1 \le s$, $w \ge 0$ のもとで，内積 $\sum_{h=1}^{p} w_h a_h$ を最大にする w を求める問題を解けばよい。

命題 23　$s > 0$ および非負の成分をもつ $a \in \mathbb{R}^p$ を所与とする。$\|w\|_1 = s$ であって，$w^T a$ を最大にする w は，ある $\lambda \ge 0$ を用いて，

$$w = \frac{\mathcal{S}_\lambda(a)}{\|\mathcal{S}_\lambda(a)\|_2} \tag{7.12}$$

と書ける。

証明は章末の付録を参照のこと。

具体的には，下記のような処理を構成できる [32]。関数 `w.a` では，そのような λ の値を二分探索

によって求めている。最初 $\lambda = \max_i a_i/2$, $\delta = \lambda/2$ とする。そして，毎回 δ の値を半分にしながら，以下を繰り返す：$\|w\|_1 > s$ であれば，λ に δ を加えて，$\|w\|$ の値を小さくし，$\|w\|_1 < s$ であれば，λ から δ を引いて，$\|w\|$ の値を大きくする。

```
sparse.k.means = function(X, K, s) {
  p = ncol(X); w = rep(1, p)
  for (h in 1:10) {
    y = k.means(X, K, w)
    a = comp.a(X, y)
    w = w.a(a, s)
  }
  return(list(w = w, y = y))
}

w.a = function(a, s) {
  w = rep(1, p)
  a = a / sqrt(sum(a ^ 2))
  if (sum(a) < s) return(a)
  p = length(a)
  lambda = max(a) / 2
  delta = lambda / 2
  for (h in 1:10) {
    for (j in 1:p) w[j] = soft.th(lambda, a[j])
    ww = sqrt(sum(w ^ 2))
    if (ww == 0) w = 0 else w = w / ww
    if (sum(w) > s) lambda = lambda + delta else lambda = lambda - delta
    delta = delta / 2
  }
  return(w)
}

comp.a = function(X, y) {
  n = nrow(X); p = ncol(X); a = array(dim = p)
  for (j in 1:p) {
    a[j] = 0
    for (i in 1:n) for (h in 1:n) a[j] = a[j] + (X[i, j] - X[h, j]) ^ 2 / n
    for (k in 1:K) {
      S = 0
      index = which(y == k)
      if (length(index) == 0) break
      for (i in index) for (h in index) S = S + (X[i, j] - X[h, j]) ^ 2
      a[j] = a[j] - S / length(index)
    }
  }
  return(a)
}
```

◆ **例 64**　データを発生させて関数 sparse.k.means を実行し，どの変数がクラスタリングで重要な役割を果たしているかをみてみた。

```
p = 10; n = 100; X = matrix(rnorm(p * n), nrow = n, ncol = p)
sparse.k.means(X, 5, 1.5)
```

```
$w
 [1] 0.00659343 0.00000000 0.74827158 0.00000000
 [5] 0.00000000 0.00000000 0.00000000 0.65736124
 [9] 0.00000000 0.08900768
$y
  [1] 2 2 3 2 2 5 2 5 2 3 1 3 2 4 3 2 1 5 5 4 1 1 2 2
 [25] 2 3 3 4 2 4 2 2 3 1 1 4 2 3 2 5 2 2 1 1 4 1 4 2
 [49] 3 1 5 4 5 3 5 4 4 1 3 3 2 3 3 3 3 5 2 1 3 4 3 3
 [73] 5 4 4 3 5 2 2 5 3 4 3 3 4 1 2 1 3 3 5 5 1 2 4 4
 [97] 5 4 2 2
```

K-means クラスタリング自体は凸でないため，関数 k.means，a.comp，w.a の三つを繰り返しても最適解に至らないが，クラスタリングに必要な変数を見出せるという点が興味深い。

7.4 凸クラスタリング

データ $x_1,\ldots,x_N \in \mathbb{R}^p$ から，$\gamma > 0$ として

$$\frac{1}{2}\sum_{i=1}^N \|x_i - u_i\|^2 + \gamma \sum_{i<j} w_{i,j}\|u_i - u_j\|_2$$

の値を最小にする $u_1,\ldots,u_N \in \mathbb{R}^p$ を求めたい。ただし，$w_{i,j}$ は x_i, x_j から決める定数で，たとえば $\exp(-\|x_i - x_j\|_2^2)$ などが用いられる。この方法を凸クラスタリング (convex clustering) という。$u_i = u_j$ であれば，同じクラスタに属すとみなしてクラスタリングを行うことになる [7]。

ADMM で解くために，$U \in \mathbb{R}^{N\times p}$, $V \in \mathbb{R}^{N\times N\times p}$, $\Lambda \in \mathbb{R}^{N\times N\times p}$, $\nu > 0$ として，拡張 Lagrange を

$$\begin{aligned} L_\nu(U,V,\Lambda) := \frac{1}{2}\sum_{i\in V}\|x_i - u_i\|_2^2 + \gamma \sum_{(i,j)\in E} w_{i,j}\|v_{i,j}\| + \sum_{(i,j)\in E}\langle \lambda_{i,j}, v_{i,j} - u_i + u_j\rangle \\ + \frac{\nu}{2}\sum_{(i,j)\in E}\|v_{i,j} - u_i + u_j\|_2^2 \end{aligned} \tag{7.13}$$

のようにおく。ただし，$u_i \in \mathbb{R}^p$ $(i \in V)$, $v_{i,j}, \lambda_{i,j} \in \mathbb{R}^p$ $((i,j)\in E)$ である。また，頂点 $j < k$ を結合する辺を (j,k) のように書き，$\{(i,j) \mid i,j \in V,\ i<j\}$ の部分集合を E, 頂点の集合 $\{1,\ldots,N\}$ を V とした。説明の便宜上，$w_{j,i} = w_{i,j}$, $v_{j,i} = v_{i,j}$, $\lambda_{j,i} = \lambda_{i,j}$ とする。

命題 24 辺集合 E が $\{(i,j) \mid i<j,\ i,j \in V\}$ であること，すなわちすべての頂点が結合されていることを仮定する。V, Λ を固定したとき，

$$y_i := x_i + \sum_{j:(i,j)\in E} (\lambda_{i,j} + \nu v_{i,j}) - \sum_{j:(j,i)\in E} (\lambda_{j,i} + \nu v_{j,i}) \tag{7.14}$$

とおくと，

$$u_i = \frac{y_i + \nu \sum_{j\in V} x_j}{1 + N\nu} \tag{7.15}$$

のとき，(7.13) は最小になる。

証明は章末の付録を参照されたい。

U, Λ を固定したとき，(7.13) の V での最小化は，$v_{i,j} \in \mathbb{R}^p$ での

$$\frac{1}{2}\left\| \frac{1}{\nu}(\lambda_{i,j} + \nu v_{i,j}) - (u_i - u_j) \right\|_2^2 + \frac{\gamma}{\nu} w_{i,j} \|v_{i,j}\|$$

の最小化になる。したがって，

$$\sigma\Omega(v) + \frac{1}{2}\|u - v\|_2^2$$

を最小にする $v \in \mathbb{R}^p$ を $\mathrm{prox}_{\sigma\Omega}(u)$ と書くと，$\sigma := \dfrac{\gamma w_{i,j}}{\nu}$ として，

$$v_{i,j} = \mathrm{prox}_{\sigma\|\cdot\|}(u_i - u_j - \frac{1}{\nu}\lambda_{i,j}) \tag{7.16}$$

のときに (7.13) は V で最小化される。

最後に，Lagrange 係数の更新は以下のようになる。

$$\lambda_{i,j} = \lambda_{i,j} + \nu(v_{i,j} - u_i + u_j) \tag{7.17}$$

(7.15)–(7.17) に基づいて，拡張 Lagrange (7.13) についての ADMM を構成してみた。重みを設定する段階で，距離が `dd` 以上離れたサンプル間の重みを 0 とした。

```
## 重みを計算
ww = function(x, mu = 1, dd = 0) {
  n = nrow(x)
  w = array(dim = c(n, n))
  for (i in 1:n) for (j in 1:n) w[i, j] = exp(-mu * sum((x[i, ] - x[j, ]) ^ 2))
  if (dd > 0) for (i in 1:n) {
    dis = NULL
    for (j in 1:n) dis = c(dis, sqrt(sum((x[i, ] - x[j, ]) ^ 2)))
    index = which(dis > dd)
    w[i, index] = 0
  }
  return(w)
}
## L2の場合のprox(グループLasso)
prox = function(x, tau) {
  if (sum(x ^ 2) == 0) return(x) else return(max(0, 1 - tau / sqrt(sum(x ^ 2))) * x)
```

```
}
## uの更新
update.u = function(v, lambda) {
  u = array(dim = c(n, d))
  z = 0; for (i in 1:n) z = z + x[i, ]
  y = x
  for (i in 1:n) {
    if (i < n) for (j in (i + 1):n) y[i, ] = y[i, ] + lambda[i, j, ] + nu * v[i, j, ]
    if (1 < i) for (j in 1:(i - 1)) y[i, ] = y[i, ] - lambda[j, i, ] - nu * v[j, i, ]
    u[i, ] = (y[i, ] + nu * z) / (n * nu + 1)
  }
  return(u)
}
## vの更新
update.v = function(u, lambda) {
  v = array(dim = c(n, n, d))
  for (i in 1:(n - 1)) for (j in (i + 1):n) {
    v[i, j, ] = prox(u[i, ] - u[j, ] - lambda[i, j, ] / nu, gamma * w[i, j] / nu)
  }
  return(v)
}
## lambdaの更新
update.lambda = function(u, v, lambda) {
  for (i in 1:(n - 1)) for (j in (i + 1):n) {
    lambda[i, j, ] = lambda[i, j, ] + nu * (v[i, j, ] - u[i, ] + u[j, ])
  }
  return(lambda)
}
## u,v,lambdaの更新のサイクルをmax_iterだけ繰り返す
convex.cluster = function() {
  v = array(rnorm(n * n * d), dim = c(n, n, d))
  lambda = array(rnorm(n * n * d), dim = c(n, n, d))
  for (iter in 1:max_iter) {
    u = update.u(v, lambda); v = update.v(u, lambda); lambda = update.lambda(u, v, lambda)
  }
  return(list(u = u, v = v))
}
```

◆ **例 65** データを生成して，クラスタリングを行った。その出力を図 7.4 に示す。$\nu = 1$ は固定し，γ と dd の値を $(1, 0.5), (10, 0.5)$ として実行した。頂点のペアで結合するか否かを決めるので，K-means クラスタリングと比較して，クラスタに含まれるサンプルのクラスタ内分散最小，クラスタ間分散最大ということには必ずしもなっていない。

```
## データ生成
n = 50; d = 2; x = matrix(rnorm(n * d), n, d)
## 凸クラスタリングの実行
```

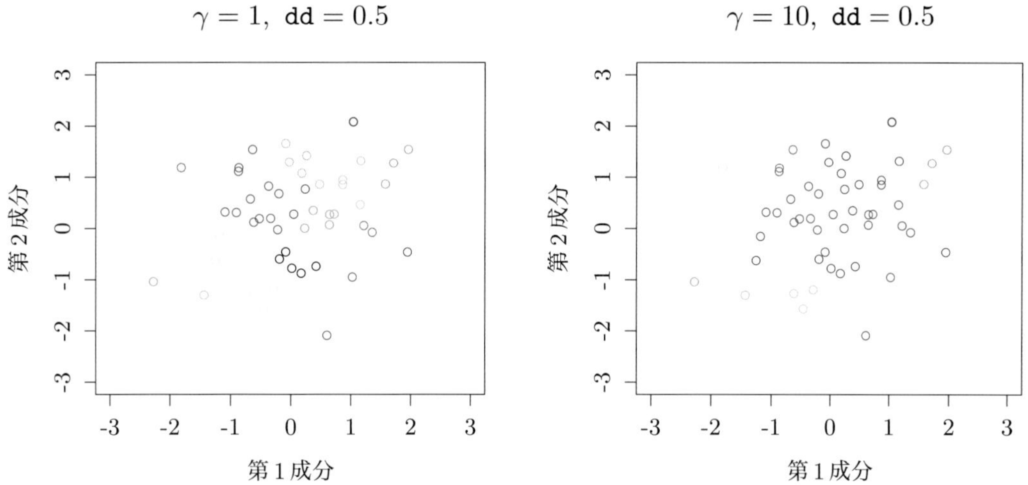

図 7.4 例 65 の実行例。γ と dd の値を，左は $(1, 0.5)$，右は $(10, 0.5)$ で凸クラスタリングを実行した。K-means クラスタリングと比較すると，距離の大きなサンプルでクラスタを構成することがある（左）。

```
w = ww(x, 1, dd = 0.5)
gamma = 1  # gamma = 10
nu = 1; max_iter = 1000; v = convex.cluster()$v
## 隣接行列の計算
a = array(0, dim = c(n, n))
for (i in 1:(n - 1)) for (j in (i + 1):n) {
  if (sqrt(sum(v[i, j, ] ^ 2)) < 1 / 10 ^ 4) {a[i, j] = 1; a[j, i] = 1}
}
## 作図
k = 0
y = rep(0, n)
for (i in 1:n) {
  if (y[i] == 0) {
    k = k + 1
    y[i] = k
    if (i < n) for (j in (i + 1):n) if (a[i, j] == 1) y[j] = k
  }
}
plot(0, xlim = c(-3, 3), ylim = c(-3, 3), type = "n", main = "gamma = 1, dd = 0.5")
points(x[, 1], x[, 2], col = y + 1)
```

クラスタ数を与えれば，クラスタリングが一意に決まるのではなく，クラスタサイズの偏りが生じてくるので，パラメータ dd を用いて特定のクラスタのサイズを抑制する必要がある。したがって，この方法では計算の凸性と効率性は保証されるが，チューニングの手間とクラスタリングの基準を考慮すると，これは必ずしも最適な方法とはいえない。

ところで，7.3節のスパース K-meansクラスタリングと同様に，本節の凸クラスタリングに対しても，(7.13) に変数の個数が多くなることの考慮も加えた凸クラスタリングが考案された。以下に述べる方法を，スパース凸クラスタリング (Wang *et al.*, 2018)[31] という。その目的には，クラスタリングに必要な変数を見出す（解釈しやすくする），計算時間を低減するといったことがある。

まず，$X, U \in \mathbb{R}^{N\times p}$ の列ベクトルをそれぞれ $x^{(j)}, u^{(j)} \in \mathbb{R}^N$ $(j = 1, \ldots, p)$ として，(7.13) の第1項を列ベクトルを用いて書き直す。そして，変数が多くなることへの罰則項 $\sum_{j=1}^p r_j \|u^{(j)}\|_2$ を加える。$U \in \mathbb{R}^{N\times p}$, $V \in \mathbb{R}^{N\times N\times p}$, $\Lambda \in \mathbb{R}^{N\times N\times p}$ として，ADMMに適用する際の拡張Lagrangeを

$$L_\nu(U, V, \Lambda) := \frac{1}{2}\sum_{j=1}^p \|x^{(j)} - u^{(j)}\|_2^2 + \gamma_1 \sum_{(i,k)\in E} w_{i,k}\|v_{i,k}\| + \gamma_2 \sum_{j=1}^p r_j \|u^{(j)}\|_2 + \sum_{(i,k)\in E} \langle \lambda_{i,k}, v_{i,k} - u_i + u_k\rangle + \frac{\nu}{2}\sum_{(i,k)\in E} \|v_{i,k} - u_i + u_k\|_2^2 \quad (7.18)$$

とする。ただし，r_j はその変数の罰則についての重みである。また，$u_1, \ldots, u_N$ および $u^{(1)}, \ldots, u^{(p)}$ は，それぞれ行列 $U \in \mathbb{R}^{N\times p}$ の行ベクトル，列ベクトルになる。

V, Λ を固定したときの U による最適化は，以下で与えられる。

命題25 V, Λ の各値を所与としたとき，(7.18) を最小にする $u^{(j)}$ $(j = 1, \ldots, p)$ は，

$$\frac{1}{2}\|G^{-1}y^{(j)} - Gu^{(j)}\|_2^2 + \gamma_2 r_j \|u^{(j)}\|_2$$

を最小にする $u^{(j)}$ として与えられる。ただし，$y^{(1)}, \ldots, y^{(p)} \in \mathbb{R}^N$ は (7.14) の $y_1, \ldots, y_N \in \mathbb{R}^p$ を列ベクトルで書いたものとし，また

$$G := \sqrt{1 + N\nu}\, I_N - \frac{\sqrt{1+N\nu} - 1}{N} E_N$$

とおいた。ただし，$E_N \in \mathbb{R}^{N\times N}$ はすべての成分が1の行列である。

証明は章末の付録を参照されたい。

また，G の逆行列は以下で与えられる。

$$G^{-1} = \frac{1}{\sqrt{1+N\nu}}\left\{ I_N + \frac{\sqrt{1+N\nu} - 1}{N} E_N \right\}$$

命題25は，$G, G^{-1}y^{(j)}, \gamma_2 r_j$ をグループLassoの処理に入れて解くことを示唆している。オリジナル論文では，ADMMの各サイクルで，各 $u^{(j)}$ を中心化している。

U, Λ を固定したときの V による最適化，および U, V を固定したときの Λ による最適化は，オリジナルの凸クラスタリングと共通である。

スパース凸クラスタリングの処理を，下記のように構成した。$\gamma_2, r_1, \ldots, r_p$ の値の設定と G, G^{-1} の定義以外では，関数 `s.update_u` の `##` の行だけが異なる。特に，第3章で定義したグループLassoの関数 `gr` を適用している。

```
s.update.u = function(G, G.inv, v, lambda) {
  u = array(dim = c(n, d))
```

```
  y = x
  for (i in 1:n) {
    if (i < n) for (j in (i + 1):n) y[i, ] = y[i, ] + lambda[i, j, ] + nu * v[i, j, ]
    if (1 < i) for (j in 1:(i - 1)) y[i, ] = y[i, ] - lambda[j, i, ] - nu * v[j, i, ]
  }
  for (j in 1:d) u[, j] = gr(G, G.inv %*% y[, j], gamma.2 * r[j])              ##
  for (j in 1:d) u[, j] = u[, j] - mean(u[, j])
  return(u)
}
s.convex.cluster = function() {
  ## gamma.2,r[1],...,r[p]を設定しておく
  G = sqrt(1 + n * nu) * diag(n) - (sqrt(1 + n * nu) - 1) / n * matrix(1, n, n)
  G.inv = (1 + n * nu) ^ (-0.5) * (diag(n) + (sqrt(1 + n * nu) - 1) / n * matrix(1, n, n))
  v = array(rnorm(n * n * d), dim = c(n, n, d))
  lambda = array(rnorm(n * n * d), dim = c(n, n, d))
  for (iter in 1:max_iter) {
    u = s.update.u(G, G.inv, v, lambda); v = update.v(u, lambda)
    lambda = update.lambda(u, v, lambda)
  }
  return(list(u = u, v = v))
}
```

◆ **例 66** 例 65 の関数と，今回構成した`s.update.u`，`s.convex.cluster`を用い，スパース凸クラスタリングによって変数選択の問題を検討した。グループ Lasso を適用しているので，各 $u^{(j)}$ に含まれる N 個の値は同時に 0 になった。図 7.5 では，γ_2 の値によって，ある特定のサンプルの値がどのように低減しているか示されている。$\gamma = 1$ と $\gamma = 10$ で，各 $u^{(i)}$ の γ_2 による変化はみられなかった。γ は u_i, u_j の関係に影響があるものと思われる。実行は下記コードによった。

```
## データの生成
n = 50; d = 10; x = matrix(rnorm(n * d), n, d)
## 実行前の設定
w = ww(x, 1 / d, dd = sqrt(d))   ## dが大きいので調節
gamma = 10; nu = 1; max_iter = 1000
r = rep(1, d)
## gamma.2を変えて実行し,係数の値をグラフで表示
gamma.2.seq = seq(1, 10, 1)
m = length(gamma.2.seq)
z = array(dim = c(m, d))
h = 0
for (gamma.2 in gamma.2.seq) {
  h = h + 1
  u = s.convex.cluster()$u
  print(gamma.2)
  for (j in 1:d) z[h, j] = u[5, j]
}
plot(0, xlim = c(1, 10), ylim = c(-2, 2), type = "n",
```

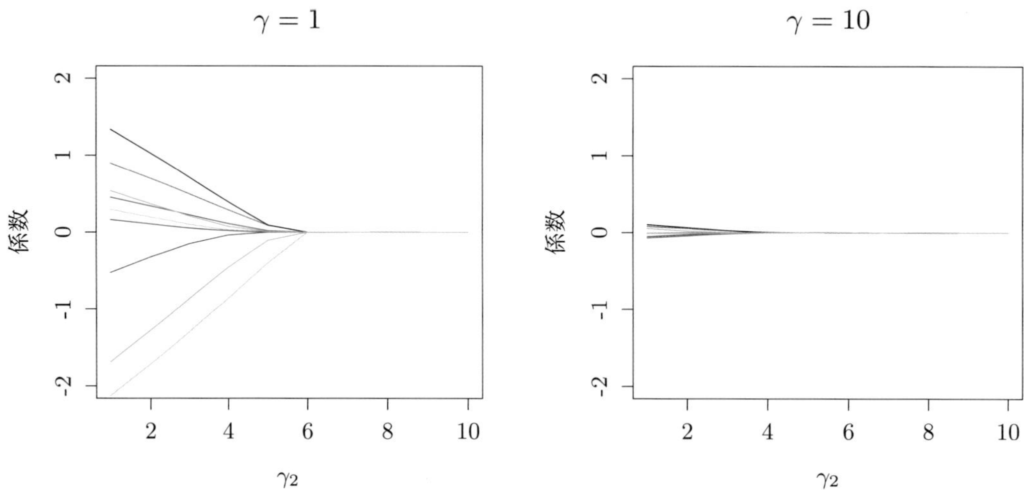

図 7.5 $\gamma = 1$（左）と $\gamma = 10$（右）を固定し，γ_2 の値を変化させて，特定のサンプル $(i = 5)$ の $u_{i,j}$ の値の変化をみた。$\gamma = 10$ は，$\gamma = 1$ と比較して係数の絶対値が低減されている。

```
     xlab = "gamma.2", ylab = "係数", main = "gamma = 10")
for (j in 1:d) lines(gamma.2.seq, z[, j], col = j + 1)
```

付録　命題の証明

命題 23　$s > 0$ および非負の成分をもつ $a \in \mathbb{R}^p$ を所与とする。$\|w\|_1 = s$ であって，$w^T a$ を最大にする w は，ある $\lambda \geq 0$ を用いて，

$$w = \frac{\mathcal{S}_\lambda(a)}{\|\mathcal{S}_\lambda(a)\|_2} \tag{7.12}$$

と書ける。

証明　$w_1, \ldots, w_p$ が Lagrange

$$L := \sum_{j=1}^{p} -w_j a_j + \frac{\lambda_1}{2}(w^T w - 1) + \lambda_2 \left(\sum_{j=1}^{p} w_j - s \right) - \sum_{j=1}^{p} \mu_j w_j$$

を最小にすることと，各 $j = 1, \ldots, p$ について

$$-a_j + \lambda_1 w_j + \lambda_2 - \mu_j = 0 \tag{7.19}$$

$$\mu_j w_j = 0 \tag{7.20}$$

$$w_j \geq 0 \tag{7.21}$$

であることと，以下の 4 式

$$w^T w \leq 1 \tag{7.22}$$

$$\sum_{j=1}^{p} w_j \leq s \tag{7.23}$$

$$\lambda_1 (w^T w - 1) = 0 \tag{7.24}$$

$$\lambda_2 \left(\sum_{j=1}^{p} w_j - s \right) = 0 \tag{7.25}$$

を満足する $\lambda_1, \lambda_2, \mu_1, \ldots, \mu_p \geq 0$ が存在することは同値である（KKT 条件）。

したがって，上記の条件をすべて満足する $\lambda_1, \lambda_2, \mu_1, \ldots, \mu_p$ が存在することを示せばよい。

まず，$w_j \geq 0$ であるから，(7.19) より $\lambda_1 w_j = a_j + \mu_j - \lambda_2 \geq 0$ が成立する。$a_j - \lambda_2 \geq 0$ のとき，$\mu_j > 0$ であれば $\lambda_1 w_j > 0$, $\mu_j w_j > 0$ となり (7.20) に矛盾するので，$\mu_j = 0$ となる。$a_j - \lambda_2 < 0$ のとき，(7.20) より $\mu_j = \lambda_2 - a_j$ かつ $w_j = 0$ である。したがって，$\lambda_1 w = S_{\lambda_2}(a)$ が成立する。このように，(7.20) および任意の λ_1, λ_2 について (7.19) を満足した $\mu_1, \ldots, \mu_p$ に対し，$\|w\|_1 < s$ なら 0，それ以外では $\|w\|_1 = s$ となるような $\lambda_2 > 0$ を選べば，$\lambda_1 \geq 0$ をどのように選んでも，(7.23), (7.25) が満足される。また，(7.12) のように w を構成すれば，(7.22), (7.24) も満足される。 □

命題 24　辺集合 E が $\{(i,j) \mid i < j,\ i,j \in V\}$ であること，すなわちすべての頂点が結合されていることを仮定する。V, Λ を固定したとき，

$$y_i := x_i + \sum_{j:(i,j) \in E} (\lambda_{i,j} + \nu v_{i,j}) - \sum_{j:(j,i) \in E} (\lambda_{j,i} + \nu v_{j,i}) \tag{7.14}$$

とおくと,

$$u_i = \frac{y_i + \nu \sum_{j \in V} x_j}{1 + N\nu} \tag{7.15}$$

のとき,(7.13) は最小になる。

証明 V, Λ を固定した U の最適化は,

$$f(U) := \frac{1}{2}\sum_{i \in V} \|x_i - u_i\|_2^2 + \frac{\nu}{2}\sum_{(i,j)\in E}\left\|\frac{1}{\nu}(\lambda_{i,j} + \nu v_{i,j}) - u_i + u_j\right\|_2^2$$

の最小化になる。$f(U)$ の第2項で u_i が書かれている箇所は

$$\frac{\nu}{2}\left\{\sum_{j \in V:(i,j)\in E}\left\|\frac{1}{\nu}(\lambda_{i,j} + \nu v_{i,j}) - u_i + u_j\right\|_2^2 + \sum_{j \in V:(j,i)\in E}\left\|\frac{1}{\nu}(\lambda_{i,j} + \nu v_{i,j}) - u_j + u_i\right\|_2^2\right\}$$

と書けるので,$f(U)$ を u_i で微分して0とおくと

$$-(x_i - u_i) - \sum_{j \in V:(i,j)\in E}(\lambda_{i,j} + \nu v_{i,j} - \nu(u_i - u_j)) + \sum_{j \in V:(j,i)\in E}(\lambda_{i,j} + \nu v_{i,j} - \nu(u_j - u_i)) = 0$$

となる。これを整理すると,

$$u_i - \nu\sum_{j \neq i}(u_j - u_i) = x_i + \sum_{j:(i,j)\in E}(\lambda_{i,j} + \nu v_{i,j}) - \sum_{j:(j,i)\in E}(\lambda_{i,j} + \nu v_{i,j})$$

となる。したがって,

$$(N\nu + 1)u_i - \nu\sum_{j \in V} u_j = y_i \tag{7.26}$$

とできる。(7.26) の両辺について $i \in V$ で和をとると,

$$\sum_{i \in V} u_i = \sum_{i \in V} y_i \tag{7.27}$$

とできて,(7.26), (7.27) および $\sum_{j \in V} y_j = \sum_{j \in V} x_j$ より,

$$u_i = \frac{y_i + \nu \sum_{j \in V} x_j}{1 + N\nu}$$

が最適になる。 □

命題25 V, Λ の各値を所与としたとき,(7.18) を最小にする $u^{(j)}$ $(j = 1, \ldots, p)$ は,

$$\frac{1}{2}\|G^{-1}y^{(j)} - Gu^{(j)}\|_2^2 + \gamma_2 r_j \|u^{(j)}\|_2$$

を最小にする $u^{(j)}$ として与えられる。ただし,$y^{(1)}, \ldots, y^{(p)} \in \mathbb{R}^N$ は (7.14) の $y_1, \ldots, y_N \in \mathbb{R}^p$ を列ベクトルで書いたものとし,また

$$G := \sqrt{1 + N\nu}\, I_N - \frac{\sqrt{1 + N\nu} - 1}{N} E_N$$

とおいた。ただし,$E_N \in \mathbb{R}^{N \times N}$ はすべての成分が1の行列である。

証明　(7.18) の γ_2 で始まる項を除いた部分を u_i の第 j 成分（a_j の第 i 成分）で微分すると，(7.26) より

$$(N\nu+1)u_{i,j} - \nu\sum_{k\in V} u_{k,j} - y_{i,j} \tag{7.28}$$

となる。ただし，

$$y_{i,j} := x_{i,j} + \sum_{k:(i,k)\in E}(\lambda_{i,k,j} + \nu v_{i,k,j}) - \sum_{k:(k,i)\in E}(\lambda_{i,k,j} + \nu v_{i,k,j})$$

とおいた。(7.28) を行列で書くと，

$$\{(N\nu+1)I_N - \nu E_N\}[u^{(1)},\ldots,u^{(p)}] - y$$

となる。ただし，y は $y_1,\ldots,y_N \in \mathbb{R}^p$ を行にもつ行列である。また，$I_N \in \mathbb{R}^{N\times N}$ は単位行列，$E_N \in \mathbb{R}^{N\times N}$ は要素がすべて 1 の行列であるとした。ここで，$E_N^2 = NE_N$ より，$M := (N\nu+1)I_N - \nu E_N \in \mathbb{R}^{N\times N}$ は，対称行列 G の二乗で書ける。実際，

$$\begin{aligned} G^2 &= N\left(\frac{\sqrt{1+N\nu}-1}{N}\right)^2 E_N - 2\frac{\sqrt{1+\nu N}-1}{N}\cdot\sqrt{1+N\nu}\,E_N + (1+N\nu)I_N \\ &= (N\nu+1)I_N - \nu E_N \end{aligned}$$

となり，(7.28) は

$$GG[u^{(1)},\ldots,u^{(p)}] - [y^{(1)},\ldots,y^{(p)}]$$

と書ける。したがって，$\gamma_2\sum_{j=1}^p r_j\|u^{(j)}\|_2$ の劣微分まで考慮すると，最適化問題は，各 $j=1,\ldots,p$ で

$$\frac{1}{2}\|G^{-1}y^{(j)} - Gu^{(j)}\|_2^2 + \gamma_2 r_j\|u^{(j)}\|_2 \tag{7.29}$$

を最小にする $u^{(j)}$ を求める問題に帰着される。 □

問題 88〜100

以下では，$X \in \mathbb{R}^{N\times p}$ が中心化されているものとする： $X=(x_{i,j})$, $\sum_{i=1}^N x_{i,j}=0$ $(j=1,\ldots,p)$. また，x_i は行ベクトルをあらわすものとする。

□ **88** 大きさが 1 で $\|Xv\|$ を最大にする $v_1 \in \mathbb{R}^p$ を第 1 主成分ベクトルといい，第 1 主成分ベクトルから第 $i-1$ 主成分ベクトルまでと直交し，大きさが 1 のベクトルの中で，$\|Xv_i\|$ を最大にする $v_i \in \mathbb{R}^p$ を第 i 主成分ベクトルという。これを $i=1,\ldots,m$ $(m\le p)$ について求めたい。

(a) 第 1 主成分ベクトルは標本共分散行列 $\Sigma := X^TX/N$ の固有ベクトルであることを示せ。

(b) Σ の p 個の固有値がすべて異なるとき，それらの固有ベクトルは直交することを示せ。また，p 個の固有値の中に同じ値のものが含まれていても，それら p 個の固有ベクトルを直交させることができる。どうすればよいか。

(c) 1 番目から m 番目までの主成分ベクトルを得るには，固有値が最大の m 個の固有ベクトルを選んで正規化すればよい。「第 1 主成分ベクトルから第 $i-1$ 主成分ベクトルまでと直交する」という条件を無視してよいのはなぜか。

□ **89** 問題 88 で定義された主成分ベクトル $V_m := [v_1,\ldots,v_m]$ について，$(I-V_mV_m^T)^2 = I-V_mV_m^T$ を示せ。また，問題 88 で定義された V_m と再構成誤差 $\sum_{i=1}^N x_i(I-V_mV_m^T)x_i^T$ を最小にする $V_m \in \mathbb{R}^{N\times m}$ が一致することを示せ。

□ **90** $\|Xv\|_2$ を最大にする $\|v\|_2=1$ なる $v\in\mathbb{R}^p$ を求めるとき，v の非ゼロの要素を制限する主成分分析：$\|v\|_0 \le t$ のもとで，$\|v\|_2=1$ に関して，$v^TX^TXv-\lambda\|v\|_0$ を最大化すると凸性が失われる。また，$\|v\|_1\le t$ $(t>0)$ の制約をもたせて，

$$\max_{\|v\|_2=1}\{v^TX^TXv-\lambda\|v\|_1\} \qquad \text{(cf. (7.3))} \tag{7.30}$$

の最大化を求める (SCoTLASS) としても，凸にはならない。そこで，$u\in\mathbb{R}^N$ として，

$$\max_{\|u\|_2=\|v\|_2=1}\{u^TXv-\lambda\|v\|_1\} \qquad \text{(cf. (7.4))} \tag{7.31}$$

を求める定式化が提案された。

(a) (7.31) で得られる最適な v が (7.30) の最適解になっていることを示せ。

ヒント

$$L := -u^TXv+\lambda\|v\|_1+\frac{\mu}{2}(u^Tu-1)+\frac{\delta}{2}(v^Tv-1) \qquad \text{(cf. (7.5))} \tag{7.32}$$

を u で偏微分すると，$Xv-\mu u=0$, $u=\dfrac{Xv}{\|Xv\|_2}$ となる。これを u^TXv に代入する。

(b) (7.31) のように変形したのは，以下の手順によって効率よく (7.30) の解が得られるからである：まず，$\|v\|_2 = 1$ なる $v \in \mathbb{R}^p$ を任意に選ぶ。次に，u, v の変化が少なくなるまで，$u \in \mathbb{R}^N$ を $u \leftarrow \dfrac{Xv}{\|Xv\|_2}$ で更新することと $v \in \mathbb{R}^p$ を $v \leftarrow \dfrac{\mathcal{S}_\lambda(X^T u)}{\|\mathcal{S}_\lambda(X^T u)\|_2}$ で更新することを繰り返す。ただし，$\mathcal{S}_\lambda(z)$ は $\beta = z \in \mathbb{R}^p$ の各成分 z_j $(j = 1, \ldots, p)$ について，$z_j > \lambda$ であれば $z_j - \lambda$ を，$z_j < -\lambda$ であれば $z_j + \lambda$ を，それ以外では 0 を返す関数である。$\dfrac{\partial L}{\partial u} = \dfrac{\partial L}{\partial v} = 0$ から，$v = \dfrac{\mathcal{S}_\lambda(X^T u)}{\|\mathcal{S}_\lambda(X^T u)\|_2}$ および $u = \dfrac{Xv}{\|Xv\|_2}$ を導け。

ヒント $\|v\|_1$ の劣微分をとると，$v > 0$, $v < -1$, $v = 0$ のそれぞれで $1, -1, [-1, 1]$ となる。これは各 $j = 1, \ldots, p$ で

$$
\begin{cases}
(X^T u \text{ の } j \text{ 列目}) - \lambda + \delta v_j = 0, & (X^T u \text{ の } j \text{ 列目}) > \lambda \\
(X^T u \text{ の } j \text{ 列目}) + \lambda + \delta v_j = 0, & (X^T u \text{ の } j \text{ 列目}) < -\lambda \\
(X^T u \text{ の } j \text{ 列目}) + \lambda[-1, 1] \ni 0, & -\lambda \le (X^T u \text{ の } j \text{ 列目}) \le \lambda
\end{cases}
$$

となることを，さらには $\delta v = \mathcal{S}_\lambda(X^T u)$ を意味する。

□ **91** 各 $\alpha \in \mathbb{R}^m$ について $\beta \mapsto f(\alpha, \beta)$ が凸であって，各 $\beta \in \mathbb{R}^n$ について $\alpha \mapsto f(\alpha, \beta)$ が凸であるとき，関数 $f : \mathbb{R}^m \times \mathbb{R}^n \to \mathbb{R}$ は双凸 (biconvex) であるという。

(a) (7.32) は u, v について双凸であることを示せ。

ヒント $\|v\|_1$ は凸なので，それ以外について u_j, v_k でそれぞれ 2 回偏微分して，非負であることをいえばよい。

(b) 一般に，双凸であることは凸であることを意味しない。$N = p = 1$, $X > \sqrt{\mu\delta}$ のとき，凸にはならないことを示せ。

ヒント L は u, v の 2 変数関数になるので，$\nabla^2 L = \begin{bmatrix} \dfrac{\partial^2 L}{\partial u^2} & \dfrac{\partial^2 L}{\partial u \partial v} \\ \dfrac{\partial^2 L}{\partial u \partial v} & \dfrac{\partial^2 L}{\partial v^2} \end{bmatrix} = \begin{bmatrix} \mu & X \\ X & \delta \end{bmatrix}$ となる。この行列式 $\mu\delta - X^2$ が負であれば，負の固有値を含んでいることになる。

□ **92** 一般に，$\Psi : \mathbb{R}^p \times \mathbb{R}^p \to \mathbb{R}$ が $f : \mathbb{R}^p \to \mathbb{R}$ に対して

$$
\begin{cases}
f(\beta) \le \Psi(\beta, \theta), & \theta \in \mathbb{R}^p \\
f(\beta) = \Psi(\beta, \beta)
\end{cases}
\qquad \text{(cf. (7.6))}
$$

を満足するとき，$\beta \in \mathbb{R}^p$ において Ψ は f より優勢であるという。

(a) Ψ が f より優勢であるとする。$\beta^0 \in \mathbb{R}^p$ を任意に選び，漸化式

$$
\beta^{t+1} = \arg\min_{\beta \in \mathbb{R}^p} \Psi(\beta, \beta^t)
$$

によって $\beta^1, \beta^2, \ldots$ を生成するとき，以下の 2 個の不等号が成立することを示せ。

$$
f(\beta^t) = \Psi(\beta^t, \beta^t) \ge \Psi(\beta^{t+1}, \beta^t) \ge f(\beta^{t+1})
$$

(b) $f(v) := -\|Xv\|_2 + \lambda\|v\|_1$，$\Psi(v, v') := -\dfrac{(Xv)^T(Xv')}{\|Xv'\|_2} + \lambda\|v\|_1$ とおくとき，Schwartz の不等式を用いて，Ψ は v において f より優勢であることを示せ。

(c) v^0 を任意に決めてから，$v^{t+1} := \arg\max_{\|v\|_2=1} \Psi(v, v^t)$ によって系列 $v^0, v^1, \ldots$ を生成するとき，右辺の値を X, v, λ を用いてあらわせ。また，右辺の値は $\dfrac{\mathcal{S}_\lambda(X^T u)}{\|\mathcal{S}_\lambda(X^T u)\|_2}$ とも一致していることを示せ。

□ **93** SCoTLASS の処理について，空欄を埋めて，サンプルを実行せよ。

```
soft.th = function(lambda, z) return(sign(z) * pmax(abs(z) - lambda, 0))
## zがベクトルでも，soft.thは動作する
SCoTLASS = function(lambda, X) {
  n = nrow(X); p = ncol(X); v = rnorm(p); v = v / norm(v, "2")
  for (k in 1:200) {
    u = X %*% v; u = u / norm(u, "2"); v = ## 空欄 ##
    v = soft.th(lambda, v); size = norm(v, "2")
    if (size > 0) v = v / size else break
  }
  if (norm(v, "2") == 0) print("vの全要素が0になった"); return(v)
}
## サンプル
n = 100; p = 50; X = matrix(rnorm(n * p), nrow = n); lambda.seq = 0:10 / 10
S = NULL; T = NULL
for (lambda in lambda.seq) {
  v = SCoTLASS(lambda, X)
  S = c(S, sum(sign(v ^ 2)))
  T = c(T, norm(X %*% v, "2"))
}
plot(lambda.seq, S, xlab = "lambda", ylab = "非ゼロベクトルの個数")
plot(lambda.seq, T, xlab = "lambda", ylab = "分散の和")
```

□ **94** スパース主成分分析の SCoTLASS とは別の定式化として，以下を求めるものがある (SPCA, Sparse Principal Component Analysis)。

$$\min_{u,v\in\mathbb{R}^p, \|u\|_2=1} \left\{ \frac{1}{N}\sum_{i=1}^N \|x_i - x_i v u^T\|_2^2 + \lambda_1\|v\|_1 + \lambda_2\|v\|_2^2 \right\} \qquad \text{(cf. (7.8))} \qquad (7.33)$$

この方法では，u を固定して v で最適化をはかるとき，elastic ネットのアルゴリズムが適用できる。以下の２点を示せ。

(a) (7.33) は u, v に関する双凸になる。

ヒント　(7.33) は，$\|u\|_2 = 1$ の制約も入れると，以下のように書ける。

$$L := \frac{1}{N}\sum_{i=1}^N x_i x_i^T - \frac{2}{N}\sum_{i=1}^N u^T x_i^T x_i v + \frac{1}{N}\sum_{i=1}^N v^T x_i^T x_i v + \lambda_1\|v\|_1 + \lambda_2\|v\|_2 + \mu(u^T u - 1)$$

u_j で 2 回偏微分して非負であること，（$\|v\|_1$ の部分を除いて）v_k で 2 回偏微分して非負であることを示す。

(b) v を固定して u で最適化をはかるとき，$z_1 = v^T x_1, \ldots, z_N = v^T x_N$ として，

$$u = \frac{X^T z}{\|X^T z\|_2}$$

で解が与えられる。

ヒント　L を u_j で偏微分して，その偏微分した値の $j = 1, \ldots, p$ に関するベクトルが，$-\frac{2}{N}\sum_{i=1}^{N} x_i^T x_i v + 2\mu u = 0$ を満足することを示す。

□ **95** SPCA の処理を R 言語で構成し，その処理を繰り返して，ベクトル v の各要素の値が回数ごとにどのように変化するかを観測してみた。空欄を埋めて処理を実行し，出力をグラフで表示させよ。

```
## データ生成
n = 100; p = 5; x = matrix(rnorm(n * p), ncol = p)
## u,vの計算
lambda = 0.001; m = 100
g = array(dim = c(m, p))
for (j in 1:p) x[, j] = x[, j] - mean(x[, j])
for (j in 1:p) x[, j] = x[, j] / sqrt(sum(x[, j] ^ 2))
r = rep(0, n)
v = rnorm(p)
for (h in 1:m) {
  z = x %*% v
  u = as.vector(t(x) %*% z)
  if (sum(u ^ 2) > 0.00001) u = u / sqrt(sum(u ^ 2))
  for (k in 1:p) {
    for (i in 1:n) r[i] = sum(u * x[i, ]) - sum(u ^ 2) * sum(x[i, -k] * v[-k])
    S = sum(x[, k] * r) / n
    v[k] = ## 空欄(1) ##
  }
  if (sum(v ^ 2) > 0.00001) v = ## 空欄(2) ##
  g[h, ] = v
}
## グラフ表示
g.max = max(g); g.min = min(g)
plot(1:m, ylim = c(g.min, g.max), type = "n",
     xlab = "繰り返し回数", ylab = "v の各要素", main = "lambda = 0.001")
for (j in 1:p) lines(1:m, g[, j], col = j + 1)
```

□ **96** スパース主成分分析を，第 1 主成分ではなく一般の複数成分について行うのは容易ではなく，SCoTLASS に関しては以下を求める方法が用いられている：

$$\|v_k\|_2 \le 1\ ,\ \|v_k\|_1 \le c\ ,\ \|u_k\|_2 \le 1\ ,\ u_k^T u_j = 0 \quad (j = 1, \ldots, k-1)$$

のもとで u_k, v_k について $u_k^T X v_k$ の最大化をはかる。v_k を固定したときの u_k が，$P_{k-1}^{\perp} := I - \sum_{i=1}^{k-1} u_i u_i^T$ として，以下で与えられることを示せ。

$$u_k := \frac{P_{k-1}^{\perp} X v_k}{\|P_{k-1}^{\perp} X v_k\|_2} \qquad \text{(cf. (7.7))}$$

ヒント $u_1, \ldots, u_{k-1}$ が与えられたときに $u_j P_{k-1}^{\perp} X v_k = u_j (I - \sum_{i=1}^{k-1} u_i u_i^T) X v_k = 0$ $(j = 1, \ldots, k-1)$ がいえることと，$L = u_k^T X v_k - \mu(u_k^T u_k - 1)$ を最大にする u_k が $u_k = X v_k / (u_k^T X v_k)$ になることを示す。

□ **97** データ $x_1, \ldots, x_N \in \mathbb{R}^p$ および正の整数 K から，

$$\sum_{k=1}^{K} \sum_{i \in C_k} \|x_i - \bar{x}_k\|_2^2$$

の値を最小にする，データの排他的な部分集合 $C_1, \ldots, C_K$ を求める処理をクラスタリングという。ただし，$\bar{x}_k$ は C_k に含まれるデータの算術平均である。Witten-Tibshirani (2010) では，クラスタ内とクラスタ間の差を重みづけして，その和

$$\sum_{h=1}^{p} w_h \left\{ \frac{1}{N} \sum_{i=1}^{N} \sum_{j=1}^{N} d_{i,j,h}^2 - \sum_{k=1}^{K} \frac{1}{N_k} \sum_{i,j \in C_k} d_{i,j,h}^2 \right\} \tag{7.34}$$

を最大化するという定式化を行った。ただし，$d_{i,j,h} := |x_{i,h} - x_{j,h}|$, $s > 0$ として，$\|w\|_2 \le 1$, $\|w\|_1 \le s$, $w \ge 0$（すべての成分が非負）という制約のもとである。また，N_k で C_k に含まれる要素数をあらわすものとする。

(a) 一般的な K-means クラスタリングの処理を構成してみた。空欄を埋めて，処理を完成させよ。

```
k.means = function(X, K, weights = w) {
  n = nrow(X); p = ncol(X)
  y = sample(1:K, n, replace = TRUE)
  center = array(dim = c(K, p))
  for (h in 1:10) {
    for (k in 1:K) {
      if (sum(y[] == k) == 0) center[k, ] = Inf else
        for (j in 1:p) center[k, j] = ## 空欄(1) ##
    }
    for (i in 1:n) {
      S.min = Inf
      for (k in 1:K) {
        if (center[k, 1] == Inf) break
        S = sum((X[i, ] - center[k, ]) ^ 2 * w)
        if (S < S.min) {S.min = S; ## 空欄(2) ##}
      }
```

```
    }
  }
  return(y)
}
## データの生成
K = 10; p = 2; n = 1000; X = matrix(rnorm(p * n), nrow = n, ncol = p)
w = c(1, 1); y = k.means(X, K, w)
## 結果の出力
plot(-3:3, -3:3, xlab = "x", ylab = "y", type = "n")
points(X[, 1], X[, 2], col = y + 1)
```

(b) $C_1, \ldots, C_K$ が与えられたとき,

$$a_j(C_1, \ldots, C_K) := \frac{1}{N}\sum_{i=1}^{N}\sum_{i'=1}^{N}(x_{i,j} - x_{i',j})^2 - \sum_{k=1}^{K}\frac{1}{N_k}\sum_{i \in C_k}\sum_{i' \in C_k}(x_{i,j} - x_{i',j})^2 \qquad \text{(cf. (7.11))}$$

として, $\sum_{j=1}^{p} w_j a_j$ を最小にする $w_1, \ldots, w_p$ を得るには, 非負成分からなる $a \in \mathbb{R}^p$ について, $\|w\|_2 = 1$, $\|w\|_1 \le s$, $w \ge 0$ のもとで, 内積 $\sum_{h=1}^{p} w_h a_h$ を最大にする w を求める問題を解けばよい。λ を $\|w\|_1 < s$ なら 0, それ以外では $\|w\|_1 = s$ となるような $\lambda > 0$ として定義する。非負の成分をもつベクトル $a \in \mathbb{R}^p$ について, 非負成分をもつ $w \in \mathbb{R}^p$ の中で

$$w = \frac{\mathcal{S}_\lambda(a)}{\|\mathcal{S}_\lambda(a)\|_2} \qquad \text{(cf. (7.12))}$$

が $w^T a$ を最小にする, という事実に基づいて, 以下のような処理を構成した。空欄を埋めて, 処理を確認せよ。

```
w.a = function(a, s) {
  a = a / sqrt(sum(a ^ 2))
  if (sum(a) < s) return(a)
  p = length(a)
  lambda = max(a) / 2
  delta = lambda / 2
  for (h in 1:10) {
    for (j in 1:p) w[j] = soft.th(lambda, ## 空欄(1) ##)
    ww = sqrt(sum(w ^ 2))
    if (ww == 0) w = 0 else w = w / ww
    if (sum(w) > s) lambda = lambda + delta else lambda = ## 空欄(2) ##
    delta = delta / 2
  }
  return(w)
}
```

□ **98** 問題 96 にさらに以下の関数を追加して, スパース K-means の処理を構成した。空欄を埋めて, 処理を確認せよ。

```
sparse.k.means = function(X, K, s) {
  p = ncol(X); w = rep(1, p)
  for (h in 1:10) {
    y = k.means(## 空欄(1) ##)
    a = comp.a(## 空欄(2) ##)
    w = w.a(## 空欄(3) ##)
  }
  return(list(w = w, y = y))
}
comp.a = function(X, y) {
  n = nrow(X); p = ncol(X); a = array(dim = p)
  for (j in 1:p) {
    a[j] = 0
    for (i in 1:n) for (h in 1:n) a[j] = a[j] + (X[i, j] - X[h, j]) ^ 2 / n
    for (k in 1:K) {
      S = 0
      index = which(y == k)
      if (length(index) == 0) break
      for (i in index) for (h in index) S = S + (X[i, j] - X[h, j]) ^ 2
      a[j] = a[j] - S / length(index)
    }
  }
  return(a)
}
## 以下の2行で実行
p = 10; n = 100; X = matrix(rnorm(p * n), nrow = n, ncol = p)
sparse.k.means(X, 5, 1.5)
```

□ **99** データ $x_1,\ldots,x_N \in \mathbb{R}^p$ から，$\gamma > 0$ として，

$$\frac{1}{2}\sum_{i=1}^{N}\|x_i - u_i\|^2 + \gamma\sum_{i<j} w_{i,j}\|u_i - u_j\|_2$$

の値を最小にする $u_1,\ldots,u_N \in \mathbb{R}^p$ を求めたい。ただし，$w_{i,j}$ は x_i, x_j から決める定数で，たとえば $\exp(-\|x_i - x_j\|_2^2)$ などが用いられる。$u_i = u_j$ であれば，同じクラスタに属すとみなしてクラスタリングを行うことになる。$U \in \mathbb{R}^{N\times p}$，$V \in \mathbb{R}^{N\times N\times p}$，$\Lambda \in \mathbb{R}^{N\times N\times p}$ として，拡張 Lagrange を

$$\begin{aligned}L_\nu(U,V,\Lambda) := \frac{1}{2}\sum_{i\in V}\|x_i - u_i\|_2^2 + \gamma\sum_{(i,j)\in E} w_{i,j}\|v_{i,j}\| + \sum_{(i,j)\in E}\langle \lambda_{i,j}, v_{i,j} - u_i + u_j\rangle \\ + \frac{\nu}{2}\sum_{(i,j)\in E}\|v_{i,j} - u_i + u_j\|_2^2 \qquad \text{(cf. (7.13))}\end{aligned}$$

のようにおき，ADMM でクラスタリングの解を求めたい。空欄を埋めて，処理を実行せよ。また，下記のプログラムから，V, Λ 固定のもとでの U の最適化，Λ, U 固定のもとで

の V の最適化，U,V 固定のもとでの Λ の最適化として，どのような処理を行っているのか説明せよ。

```
ww = function(x, mu = 1, dd = 0) {
  n = nrow(x)
  w = array(dim = c(n, n))
  for (i in 1:n) for (j in 1:n) w[i, j] = exp(-mu * sum((x[i, ] - x[j, ]) ^ 2))
  if (dd > 0) for (i in 1:n) {
    dis = NULL
    for (j in 1:n) dis = c(dis, sqrt(sum((x[i, ] - x[j, ]) ^ 2)))
    index = which(dis > dd)
    w[i, index] = 0
  }
  return(w)
}
prox = function(x, tau) {
  if (sum(x ^ 2) == 0) return(x)
  else return(max(0, 1 - tau / sqrt(sum(x ^ 2))) * x)
}
update.u = function(v, lambda) {
  u = array(dim = c(n, d))
  z = 0; for (i in 1:n) z = z + x[i, ]
  y = x
  for (i in 1:n) {
    if (i < n)
      for (j in (i + 1):n) y[i, ] = y[i, ] + lambda[i, j, ] + nu * v[i, j, ]
    if (1 < i)
      for (j in 1:(i - 1)) y[i, ] = y[i, ] - lambda[j, i, ] - nu * v[j, i, ]
    u[i, ] = (y[i, ] + nu * z) / (n * nu + 1)
  }
  return(u)
}
update.v = function(u, lambda) {
  v = array(dim = c(n, n, d))
  for (i in 1:(n - 1)) for (j in (i + 1):n) {
    v[i, j, ] = prox(u[i, ] - u[j, ] - lambda[i, j, ] / nu, gamma * w[i, j] / nu)
  }
  return(v)
}
update.lambda = function(u, v, lambda) {
  for (i in 1:(n - 1)) for (j in (i + 1):n) {
    lambda[i, j, ] = lambda[i, j, ] + nu * (v[i, j, ] - u[i, ] + u[j, ])
  }
  return(lambda)
}
## u,v,lambdaの更新のサイクルをmax_iterだけ繰り返す
convex.cluster = function() {
  v = array(rnorm(n * n * d), dim = c(n, n, d))
```

```
  lambda = array(rnorm(n * n * d), dim = c(n, n, d))
  for (iter in 1:max_iter) {
    u = ## 空欄(1) ##
    v = ## 空欄(2) ##
    lambda = ## 空欄(3) ##
  }
  return(list(u = u, v = v))
}
## データ生成
n = 50; d = 2; x = matrix(rnorm(n * d), n, d)
## 凸クラスタリングの実行
w = ww(x, 1, dd = 1); gamma = 10; nu = 1; max_iter = 1000; v = convex.cluster()$v
## 隣接行列の計算
a = array(0, dim = c(n, n))
for (i in 1:(n - 1)) for (j in (i + 1):n) {
  if (sqrt(sum(v[i, j, ] ^ 2)) < 1 / 10 ^ 4) {a[i, j] = 1; a[j, i] = 1}
}
## 作図
k = 0
y = rep(0, n)
for (i in 1:n) {
  if (y[i] == 0) {
    k = k + 1
    y[i] = k
    if (i < n) for (j in (i + 1):n) if (a[i, j] == 1) y[j] = k
  }
}
plot(0, xlim = c(-3, 3), ylim = c(-3, 3), type = "n", main = "gamma = 10")
points(x[, 1], x[, 2], col = y + 1)
```

□ **100** $X, U \in \mathbb{R}^{N\times p}$ の列ベクトルをそれぞれ $x^{(j)}, u^{(j)} \in \mathbb{R}^N$ $(j = 1, \ldots, p)$ とする。また $U \in \mathbb{R}^{N\times p}$, $V \in \mathbb{R}^{N\times N\times p}$, $\Lambda \in \mathbb{R}^{N\times N\times p}$ として，ADMM に適用する際の拡張 Lagrange を

$$L_\nu(U,V,\Lambda) := \frac{1}{2}\sum_{j=1}^{p}\|x^{(j)} - u^{(j)}\|_2^2 + \gamma_1 \sum_{(i,k)\in E} w_{i,k}\|v_{i,k}\| + \gamma_2 \sum_{j=1}^{p} r_j \|u^{(j)}\|_2 + \sum_{(i,k)\in E}\langle \lambda_{i,k}, v_{i,k} - u_i + u_k\rangle + \frac{\nu}{2}\sum_{(i,k)\in E}\|v_{i,k} - u_i + u_k\|_2^2$$

(cf. (7.18))

とするような凸最適化を考える（スパース凸クラスタリング）。ただし，r_j はその変数の罰則についての重みである。下記がその設定をしたコードである。通常の凸クラスタリングとは，パラメータ $\gamma_2, r_1, \ldots, r_p$ の追加部分と 2 関数 `s.update.u`, `s.convex.cluster` の修正部分が異なっている。具体的に，どの箇所がどのような理由で異なっているか答えよ。

```
s.update.u = function(v, lambda) {
  u = array(dim = c(n, d))
  y = x
  for (i in 1:n) {
    if (i < n)
      for (j in (i + 1):n) y[i, ] = y[i, ] + lambda[i, j, ] + nu * v[i, j, ]
    if (1 < i)
      for (j in 1:(i - 1)) y[i, ] = y[i, ] - lambda[j, i, ] - nu * v[j, i, ]
  }
  for (j in 1:d) u[, j] = gr(G, G.inv %*% y[, j], gamma.2 * r[j])
  for (j in 1:d) u[, j] = u[, j] - mean(u[, j])
  return(u)
}
s.convex.cluster = function() {
  ## gamma.2,r[1],...,r[p]を設定しておく
  G = sqrt(1 + n * nu) * diag(n) - (sqrt(1 + n * nu) - 1) / n %*% matrix(1, n, n)
  G.inv = (1 + n * nu) ^ (-0.5) %*%
    (diag(n) + (sqrt(1 + n * nu) - 1) / n * matrix(1, n, n))
  v = array(rnorm(n * n * d), dim = c(n, n, d))
  lambda = array(rnorm(n * n * d), dim = c(n, n, d))
  for (iter in 1:max_iter) {
    u = s.update.u(v, lambda); v = update.v(u, lambda)
    lambda = update.lambda(u, v, lambda)
  }
  return(list(u = u, v = v))
}
```

参考文献

[1] Alizadeh, A., Eisen, M., Davis, R. E., Ma, C., Lossos, I., Rosenwal, A., Boldrick, J., Sabet, H., Tran, T., Yu, X., Pwellm, J., Marti, G., Moore, T., Hudsom, J., Lu, L., Lewis, D., Tibshirani, R., Sherlock, G., Chan, W., Greiner, T., Weisenburger, D., Armitage, K., Levy, R., Wilson, W., Greve, M., Byrd, J., Botstein, D., Brown, P. and Staudt, L. (2000), "Distinct types of diffuse large B-cell lymphoma identified by gene expression profiling", *Nature* **403**, 503–511.

[2] Arnold, T. and Tibshirani, R. "genlasso: Path Algorithm for Generalized Lasso Problems", R package version 1.5.

[3] Beck, A. and Teboulle, M. (2009), "A fast iterative shrinkage-thresholding algorithm for linear inverse problems", *SIAM Journal on Imaging Sciences* **2**, 183–202.

[4] Bertsekas, D. (2003), *Convex Analysis and Optimization*, Athena Scientific.

[5] Boyd, S., Parikh, N., Chu, E., Peleato, B. and Eckstein, J. (2011), "Distributed optimization and statistical learning via the alternating direction method of multipliers", *Foundations and Trends in Machine Learning* **3**(1), 1–124.

[6] Boyd, S. and Vandenberghe, L. (2004), *Convex Optimization*, Cambridge University Press.

[7] Chi, E. C. and Lange, K. (2014), "Splitting methods for convex clustering", *Journal of Computational and Graphical Statistics* (online access).

[8] Danaher, P. and Witten, D. (2014), "The joint graphical lasso for inverse covariance estimation across multiple classes", *Journal of the Royal Statistical Society: Series B* **76**(2), 373–397.

[9] Efron, B., Hastie, T., Johnstone, I. and Tibshirani, R. (2004), "Least angle regression", *Annals of Statistics* **32**(2), 407–499.

[10] Friedman, J., Hastie, T., Höfling, H. and Tibshirani, R. (2007), "Pathwise coordinate optimization", *Annals of Applied Statistics* **1**(2), 302–332.

[11] Friedman, J., Hastie, T., Simon, N. and Tibshirani, R. (2015), "glmnet: Lasso and Elastic-Net Regularized Generalized Linear Models", R package version 4.0.

[12] Friedman, J., Hastie, T. and Tibshirani, R. (2008), "Sparse inverse covariance estimation with the graphical lasso", *Biostatistics* **9**, 432–441.

[13] Jacob, L., Obozinski, G. and Vert, J.-P. (2009), "Group lasso with overlap and graph lasso", in *Proceedings of the 26th International Conference on Machine Learning*, Montreal, Canada.

[14] Johnson, N. (2013), "A Dynamic Programming Algorithm for the Fused Lasso and L_0-Segmentation", *Journal of Computational and Graphical Statistics* **22**(2), 246–260.

[15] Jolliffe, I. T., Trendafilov, N. T. and Uddin, M. (2003), "A Modified Principal Component Technique Based on the LASSO", *Journal of Computational and Graphical Statistics* **12**, 531–547.

[16] 鈴木 讓 (2020)『統計的機械学習の数理100問 with R』共立出版.

[17] 川野秀一・松井秀俊・廣瀬 慧 (2018)『スパース推定法による統計モデリング』共立出版.

[18] Lauritzen, S. L. (1996), *Graphical Models*, Oxford University Press.

[19] Lee, J., Sun, Y. and Saunders, M. (2014), "Proximal newton-type methods for minimizing composite functions", *SIAM Journal on Optimization* **24**(3), 1420–1443.

[20] Mazumder, R., Hastie, T. and Tibshirani, R. (2010), "Spectral regularization algorithms for learning large incomplete matrices", *Journal of Machine Learning Research* **11**, 2287–2322.

[21] Meinshausen, N. and Bühlmann, P. (2006), "High-dimensional graphs and variable selection with the Lasso", *Annals of Statistics* **34**, 1436–1462.

[22] Mota, J., Xavier, J., Aguiar, P. and Püschel, M. (2011), "A Proof of Convergence For the Alternating Direction Method of Multipliers Applied to Polyhedral-Constrained Functions", *Mathematics arXiv: Optimization and Control.*

[23] Nesterov, Y. (2007), "Gradient methods for minimizing composite objective function", Technical Report 76, Center for Operations Research and Econometrics (CORE), Catholic University of Louvain (UCL).

[24] Ravikumar, P., Liu, H., Lafferty, J. and Wasserman, L. (2009), "Sparse additive models", *Journal of the Royal Statistical Society: Series B* **71**(5), 1009–1030.

[25] Ravikumar, P., Wainwright, M. J., Raskutti, G. and Yu, B. (2011), "High-dimensional covariance estimation by minimizing 1-penalized logdeterminant divergence", *Electronic Journal of Statistics* **5**, 935–980.

[26] Simon, N., Friedman, J., Hastie, T. and Tibshirani, R. (2011), "Regularization paths for Cox's proportional hazards model via coordinate descent", *Journal of Statistical Software* **39**(5), 1–13.

[27] Simon, N., Friedman, J., Hastie, T. and Tibshirani, R. (2013), "A Sparse-Group Lasso", *Journal of Computational and Graphical Statistics* **22**(2), 231–245.

[28] Simon, N., Friedman, J. and Hastie T. (2013), "A Blockwise Descent Algorithm for Group-penalized Multiresponse and Multinomial Regression", *Mathematics arXiv: Computation.*

[29] Tibshirani, R. (1996), "Regression Shrinkage and Selection via the Lasso", *Journal of the Royal Statistical Society: Series B* **58**, 267–288.

[30] Tibshirani, R. and Taylor, J. (2011), "The solution path of the generalized lasso", *Annals of Statistics* **39**(3), 1335–1371.

[31] Wang, B., Zhang, Y., Sun, W. and Fang, Y. (2018), "Sparse Convex Clustering", *Journal of Computational and Graphical Statistics* **27**(2), 393–403.

[32] Witten, D. and Tibshirani, R. (2010), "A framework for feature selection in clustering", *Journal of the American Statistical Association* **105**(490), 713–726.

[33] Zou, H., Hastie, T. and Tibshirani, R. (2006), "Sparse principal component analysis", *Journal of Computational and Graphical Statistics* **15**(2), 265–286.

索　引

【A】

ADMM (Alternating Direction Method of Multipliers)　120, 121, 151, 202, 203, 206

【B】

backfitting　90

【C】

CGH (Comparative Genomic Hybridization)　104
Cholesky 分解　34
Cox 回帰　33
Cox モデル　49

【E】

Eckart-Young の定理　173
elastic ネット　1, 18, 19, 22, 80, 196

【F】

FISTA (Fast Iterative Shrinkage-Thresholding Algorithm)　77
Frobenius ノルム　169, 175, 176
Fused Lasso　103, 104, 107–109, 118, 123, 151, 152, 154

【G】

`genlasso`　115, 152
Gershgorin　42, 56
`glasso`　146
`glmnet`　10, 21, 40, 43, 44, 149

【I】

ISTA (Iterative Shrinkage-Thresholding Algorithm)　77

【J】

Joint グラフィカル Lasso　137, 151

【K】

Kaplan-Meier 曲線　54
Kaplan-Meier 推定量　50
K-means クラスタリング　198, 199, 206

【L】

L1 ノルム　1, 3, 18, 177
L2 ノルム　1, 3, 87, 177
LARS (Least Angle Regression)　110, 111
Lasso　1, 3, 6, 14, 33, 113, 141
Lipschitz 定数　77, 87

【M】

Markov ネットワーク　140, 146

【N】

Newton 法　33, 36, 37
nuclear ノルム　169, 177–179

【R】

Ridge　1, 3, 12, 14

【S】

SCoTLASS　191, 192, 195, 196, 198
Slater 条件　120
SPCA　191, 195, 196, 198
spectral ノルム　169, 177

【T】

Trend Filtering　106, 113

【W】

warm start　10

【ア行】

オーバーラップグループLasso　82

【カ行】

拡張Lagrange　151, 202
疑似尤度　137, 148, 149
行列分解　169
近接Newton法　38
近接勾配法　76
クラスタリング　191
グラフィカルLasso　141, 147, 149
グラフィカルモデル　137, 138, 147, 148
グループLasso　71, 79, 80, 82, 84, 86, 90, 151, 154, 206
クロスバリデーション　3, 21–23, 40, 44, 47

【サ行】

再構成誤差　196
座標降下法　7, 10
主成分分析　191, 195
主問題　113, 114, 116, 117
条件付き独立　137–140
スパースFused Lasso　103, 109, 152
スパース K-meansクラスタリング　206
スパースグループLasso　80
スパース凸クラスタリング　206
スパースな状況　2, 137
スパースポアッソン回帰　46
生存時間解析　48
双対ノルム　177
双対問題　113–115, 117
双凸　193

【タ行】

中心化　1, 8, 33, 84
動的計画法　108
特異値　169, 178–180
特異値分解　170
凸　3
凸クラスタリング　191, 202, 206

【ハ行】

ハザード関数　49
比較ゲノムハイブリダイゼーション法　104
分離　120, 137
ポアッソン回帰　33, 45–47

【マ行】

無向グラフ　137, 138, 145, 146

【ヤ行】

優勢　193

【ラ行】

劣微分　4, 6, 178, 179
ロジスティック回帰　33, 34, 40, 41, 44, 71, 86, 148

著者紹介

鈴木 讓（すずき じょう）**大阪大学教授，博士（工学）**

1984年早稲田大学理工学部，1989年早稲田大学大学院博士課程修了，同大学理工学部助手，1992年青山学院大学理工学部助手，1994年大阪大学理学部に（専任）講師として着任。Stanford大学客員助教授（1995年～1997年），Yale大学客員准教授（2001年～2002年）などを経て，現職（基礎工学研究科数理科学領域，基礎工学部情報科学科数理科学コース）。データ科学，機械学習，統計教育に興味をもつ。現在もトップ会議として知られるUncertainty in Artificial Intelligenceで，ベイジアンネットワークに関する研究発表をしている（1993年7月）。著書に『ベイジアンネットワーク入門』（培風館），『確率的グラフィカルモデル』（編著，共立出版），『統計的機械学習の数理100問 with R』，『統計的機械学習の数理100問 with Python』（共立出版）など。

機械学習の数理100問シリーズ3
スパース推定100問 with R
Sparsity in Statistics with 100 Math & R Problems

2020年10月30日　初版1刷発行

検印廃止
NDC 417, 007.13
ISBN 978-4-320-12508-7

著　者　鈴木　讓　© 2020
発行者　南條光章
発行所　**共立出版株式会社**
東京都文京区小日向4-6-19（〒112-0006）
電話　03-3947-2511（代表）
振替口座　00110-2-57035
www.kyoritsu-pub.co.jp

印　刷　啓文堂
製　本　協栄製本

一般社団法人
自然科学書協会
会員

Printed in Japan